高等学校土木工程专业"十二五"规划教材

工程招投标与合同管理

主　编　李明顺

副主编　刘　艺　彭庆辉　王　达

主　审　罗　毅

 中南大学出版社
www.csupress.com.cn

内容提要

本书根据"工程招投标与合同管理"课程教学大纲编写。全书以工程项目招投标与合同管理基本原理、方法为主线，以公路工程项目施工招投标及施工承包合同为重点，紧密结合工程实践，紧扣《公路工程标准施工招标文件》(2009 年版)及 FIDIC 施工合同条件(新版"红皮书")，全面阐述了招投标与合同管理相关法律、建设工程市场与招投标制度、勘测设计招投标、建设工程监理招投标、物资采购招投标、工程施工招投标、建设工程合同体系、FIDIC 施工合同条件、工程变更与索赔等基本原理、方法与实务。

本书注重理论和实践的有机结合，可作为高等院校工程管理专业、土木工程类专业及其他相关专业的本科教材和研究生教材，也可供土木工程建设领域企事业单位经营管理人员作为学习培训教材和专业工作手册。

前　言

　　随着我国社会主义市场经济体制的建立和完善，以及项目招标承包制、合同管理制、项目法人责任制和建设监理制等基本制度的健全和发展，工程招投标与合同管理已成为工程建设实施过程中的核心内容。同时，实施"走出去"战略是我国对外开放新阶段的重要举措，而对外承包工程是我国企业"走出去"的重要内容，改革开放30多年来，中国企业积极参与国际工程领域的竞争与合作，国际竞争力不断提高，影响力日益增强，目前已成为国际工程市场上的一支重要力量。

　　工程招标与投标在我国实施以来，对于规范建筑市场，提高工程项目建设效果、节约投资、提高工程质量、节省工期；对于促进承包商加强科学管理、提高综合实力、主动参与市场竞争；对于促进承包商走向国际市场寻求更广阔的生存与发展空间等方面，均取得了十分明显的成效。2007年，国家九部委联合编制《中华人民共和国标准施工招标资格预审文件》(2007年版)、《中华人民共和国标准施工招标文件》(2007年版)，适用于一定规模以上且设计和施工不是由同一承包商承担的工程施工招标。2009年，中华人民共和国交通运输部为加强公路工程施工招标管理，规范资格预审文件和招标文件编制工作，在国家九部委联合编制的文件基础上，结合公路工程施工招标特点和管理需要，组织制定了《公路工程标准施工招标资格预审文件》(2009年版)、《公路工程标准施工招标文件》(2009年版)，规定自2009年8月1日起施行。

　　国际咨询工程师联合会编写的FIDIC系列合同文件，因具有逻辑性强、权利义务界限分明等优点，被世界银行、亚洲开发银行和非洲开发银行等国际金融组织以及许多国家所接受，广泛应用于国际工程项目中，其中以《土木工程施工合同条件》应用最为广泛，我国的相关合同范本都是在此基础上修订的。因此，熟练掌握和应用FIDIC条款，对于我国企业提高项目管理水平和国际竞争力具有重要意义。

　　本书从培养21世纪我国社会主义现代化建设的工程管理高级应用型人才目标出发，根据土木工程、工程管理等专业人才培养目标及课程教学要求编写。

　　为适应不同行业对项目管理人才的需要，以及对工程招投标与合同管理的实用要求，本书作者密切联系实际，紧扣规范、条款，组织编写了大量的招投标与合同管理新型案例，使严谨的理论鲜活起来，也增加了本书的趣味性。全书理论体系完善，内容新颖，案例分析丰富，实践性和可操作性很强。

全书由长沙理工大学李明顺总体策划、构思并负责统编定稿。全书共分10章，第1章、第2章、第3章、第7章由长沙理工大学刘艺编写，第4章、第5章、第6章、第10章由李明顺编写，第8章由湖南科技大学彭庆辉编写，第9章由长沙理工大学王达编写。全书由长沙理工大学罗毅审核。

编写过程中，得到了中南大学出版社、长沙理工大学教务处的大力支持；参考了许多国内外专家学者的论文、专著、教材及资料；研究生邓秋菊、李阳驭、张婷在资料查阅、文字录入和编排方面给予了许多协助。在此，向曾经帮助过本书编写和出版的朋友们表示衷心的感谢！

编者努力做到内容体系完善，理论与工程实例结合，通俗易懂，但鉴于学术水平与实践经验有限，本书不足之处在所难免，敬请各位读者批评指正。

编 者

2013 年 6 月

目　录

第 1 章　招投标与合同管理相关法律

1.1　民法

1.1.1　民法的概念及其基本原则

（一）民法的概念

（1）广义：民法是调整平等民事主体的法人之间、公民之间、法人与公民之间的财产关系和人身关系的法律规范的总称。

（2）狭义：指具体的法律规定。如 1986 年 4 月 12 日第六届中华人民共和国全国人民代表大会第四次会议通过，1987 年 1 月 1 日实施的《中华人民共和国民法通则》，共 9 章 156 条。主要包括：基本原则、民事主体、民事权利、民事责任、民事法律行为、诉讼时效等。

（3）民法是为了保障公民、法人的合法的民事权益，正确调整民事关系，适应社会主义现代化建设事业发展的需要，根据宪法和我国实际情况，总结民事活动的实践经验而制定的。

（二）民法基本原则

民法包括以下基本原则：

（1）地位平等原则：当事人在民事活动中的民事法律地位平等。

（2）自愿、公平、等价、诚信原则：民事活动应当自愿、公平、等价有偿、诚实信用。

（3）保护合法权益原则：公民、法人的合法的民事权益受法律保护，任何组织和个人不得侵犯。

（4）守法原则：民事活动必须遵守法律，法律没有规定的，应当遵守国家政策。

（5）维护国家和社会利益原则：民事活动应当尊重社会公德，不得损害社会公共利益，破坏国家经济计划，扰乱社会经济秩序。

1.1.2　民事法律构成要素

（一）民事主体

民事主体包括公民和法人。

1. 公民

公民指具有民事权利能力和民事行为能力，依法享有民事权利，承担民事义务的自然人。

民事权利能力是指公民享有民事权利，承担民事义务的资格。民法规定：公民的民事权利能力始于出生，终于死亡；公民在整个生存期间，无论其年龄大小还是健康状况怎样，都享有民事权利能力。

民事行为能力是指公民通过自己的行为取得民事权利、设定民事义务的能力。公民的民事行为能力与其民事权利能力是不同步的。

民法规定民事行为能力分为三类：

①年满18周岁的公民具有完全民事行为能力，16周岁以上不满18周岁的公民，以自己的劳动收入为主要生活来源的，视为完全民事行为能力人。

②10周岁以上的未成年人或不能完全辨认自己行为的精神病人是限制民事行为能力人，可以进行与他的年龄、智力相适应或与他的精神健康状况相适应的民事活动；其他民事活动由他的法定代理人代理，或者征得他的法定代理人的同意。

③不满10周岁的未成年人或不能辨认自己行为的精神病人是无民事行为能力人，由他的法定代理人代理民事活动。

民事权利能力和民事行为能力的关系是：公民的民事权利能力是公民民事行为能力的前提；公民的民事权利能力的实现必须依赖于公民民事行为能力。

个体工商户、农村承包经营户、个人合伙：

①个体工商户：在法律允许的范围内，依法经核准登记，从事工商业经营的公民。

②农村承包经营户：在法律允许的范围内，按照承包合同规定从事商品经营的农村集体经济组织的成员。

③个人合伙：是指两个以上公民按照协议，各自提供资金、实物、技术等，合伙经营、共同劳动。

2. 法人

(1)法人指具有民事权利能力和民事行为能力，依法独立享有民事权利和承担民事义务的组织。

(2)法人应具备的条件：

①依法成立；

②有必要的财产或经费；

③有自己的名称、组织和办公场地；

④能独立承担民事责任。

(3)法人的特征：

①独立的组织；

②独立的财产；

③独立的责任。

(4)法人的民事权利能力和民事行为能力：

①法人的民事权利能力和民事行为能力始于法人成立，终于法人终止；

②法人的民事权利能力和民事行为能力相一致，同时产生、同时消失；

③法人的民事权利能力和民事行为能力受其经营范围限制；

④法人的民事权利能力和民事行为能力由其法人代表来体现。

(5)法人的分类：

①企业法人：以营利为目的、从事生产经营活动的法人。企业法人可以分为公司法人和非公司法人。

②非企业法人：不以营利为目的、从事生产经营活动的法人。非企业法人可以分为机关法人、事业法人和社会团体法人。

(6)联营：

联营是指两个或两个以上的法人之间，在平等自愿的基础上，为实现一定的某种目的而实行联合的一种法律形式。可分为：

①法人型联营：企业之间或者企业、事业单位之间联营，组成新的经济实体，独立承担民事责任、具备法人条件的，经主管机关核准登记，取得新法人资格。

②合伙型联营：企业之间或者企业、事业单位之间联营，共同经营、不具备法人条件的，由联营各方按照出资比例或者协议的约定，以各自所有的或者经营管理的财产承担民事责任。依照法律的规定或者协议的约定负连带责任。

③协作型联营：企业之间或者企业、事业单位之间联营，按照合同的约定各自独立经营的，它的权利和义务由合同约定，各自承担民事责任。

(二)客体

民事法律关系的客体包括财产关系和人身关系。

1. 财产关系

(1)财产关系是指人们在生产、分配、交换和消费过程中所形成的具有经济内容的社会关系。

(2)财产关系的特点：

①自愿发生在公民之间、法人之间、公民与法人之间；

②在法律上表现在静态的财产所有关系和动态的财产流转关系；

③当事人的民事法律关系平等；

④当事人在经济利益上互利互惠、等价有偿。

2. 人身关系

(1)人身关系是指与人身有密切联系而无直接财产内容的社会关系。

(2)人身关系的特点：

①与财产关系相对应；

②当事人的民事法律关系平等；

③体现在人格关系和身份关系上，并以特定的精神利益为内容；

④与作为民事主体的法人、公民密切相关，不可分离。

(三)民事法律行为和代理

1. 民事法律行为

(1)民事法律行为是指民事主体设立、变更、终止民事权利和民事义务的合法行为。

(2)民事法律行为的条件：

①行为人具有相应的民事行为能力；

②意思表示真实；

③不违法；

④不伤害他人利益和社会公共利益。

2. 代理

(1)代理是指代理人以被代理人的名义，在代理权限内实施民事法律行为，所产生的权利与义务直接归属被代理人。

(2)代理的特征：

①代理人是以被代理人的名义进行的法律行为；

②代理人向相对人实施意思表示；

③代理人应在代理权限内进行；

④代理的法律后果由被代理人承担。

（3）代理的种类：

代理可分为委托代理、指定代理、法定代理三种。

①委托代理：是指基于被代理人本人委托的代理，必须有授权委托书；

②指定代理：是指根据法院或有关单位指定的代理，应有指定授权委托书；

③法定代理：是根据法律的直接规定而产生的代理，无需当事人的授权委托书。

（4）无权代理：

无权代理是指没有代理权而为的代理行为。有三种表现形式：

①没有代理权而为的代理行为；

②超越代理权限而为的代理行为；

③代理权终止后而为的代理行为。

（5）代理权的终止：

①代理期间届满或者代理事务完成；

②被代理人取消委托或者代理人辞去委托；

③代理人死亡；

④代理人丧失民事行为能力；

⑤作为被代理人或者代理人的法人终止。

1.1.3　民事权利与民事责任

（一）民事权利

民事权利是指民事主体依照法律规定，在国家强制力的保护下为一定行为或者要求他人为一定行为或不为一定行为的权利。

1. 民事权利的种类

民事权利主要有财产所有权、债权、知识产权、人身权。

（1）财产所有权：财产所有权是指所有人依法对自己的财产享有占有、使用、收益和处分的权利。其中最重要的是财产所有权。

①财产所有权的取得，不得违反法律规定，主要有原始取得和继受取得两种方式。

②财产所有权的消灭是指所有权的丧失，主要包括所有权的转让与抛弃、所有权客体和所有权主体的消灭、所有权因强制手段而消灭等方式。

③财产所有权的保护主要通过诉讼程序来实现，其保护方式有请求确认、返还原物、恢复原状、停止伤害、排除妨碍、赔偿损失等。

（2）债权：债是按照合同的约定或者依照法律的规定，在当事人之间产生的特定的权利和义务关系，享有权利的人是债权人，负有义务的人是债务人。

①债权人有权要求债务人按照合同的约定或者依照法律的规定履行义务。

②债产生的原因有：发生在当事人之间的合同关系；发生在不当得利者和利益所有者之间的不当得利；发生在管理人和本人之间的无因管理；发生在侵权者和受害者之间的债权债务关系。

③债的消灭方式有：履行、协议、混同、当事人死亡、抵消、提存。

（3）知识产权：知识产权也称智力成果权，是指公民、法人对自己的作品、专利、商标或发现、发明和其他科技成果依法享有的民事权利。在我国，知识产权是著作权、科学技术成果权、专利权和商标权的总称。

（4）人身权：人身权是指民事主体依法享有的与其人身不可分离的、以特定人身利益（精神利益）为内容的民事权利。包括生命健康权、姓名权、肖像权、名誉权、荣誉权等具体的人身权利。

（二）民事责任

民事责任是指对不履行民事义务产生的后果所应承担的责任。

1. 民事责任的构成条件

①民事违法行为的存在；

②民事违法行为造成损害事实；

③违法行为与损害事实之间存在因果关系；

④行为人有主观过错。

2. 民事责任的种类

（1）侵权责任。侵权责任主要包括侵犯财产所有权、人身权、知识产权及正当防卫、紧急避险造成损害的民事责任。

（2）违约责任。违约责任是指不履行合同、不完全履行合同、不按时履行合同而产生的民事责任。

3. 承担民事责任的方式

承担民事责任的方式主要有：

①停止侵害；

②排除妨碍；

③消除危险；

④返还财产；

⑤恢复原状；

⑥修理、重作、更换；

⑦赔偿损失；

⑧支付违约金；

⑨消除影响、恢复名誉；

⑩赔礼道歉。

1.1.4　诉讼时效

诉讼时效指权利人在法定期间内不行使权利就丧失请求人民法院保护其民事权益的权利的法律制度。

诉讼时效分为一般诉讼时效和特别诉讼时效。一般诉讼时效适用于民事权利，我国民事诉讼的一般诉讼时效为 2 年。

1.2　合同法

1.2.1　合同与合同法

（一）合同

1. 合同的定义

合同是指两个或两个以上当事人之间为实现一定目标而明确双方权利与义务关系的协议。

2．合同的特征

①合同是当事人协商一致的协议，是双方或多方的民事法律行为；

②合同主体具有广泛性，公民之间、法人之间、公民与法人之间都可为了某种目的达成协议，签订合同；

③合同客体是双方或多方经过友好协商，在平等、互利、互惠的条件下，有关设立、变更、终止民事权利与义务关系的约定，是通过合同条款具体体现的；

④法律约束性，合同只有主体合法、客体合法、依法成立才具有法律约束力。

（二）合同法

1．合同法的定义

（1）广义：调整合同关系的法律关系的总和。

（2）狭义：1999 年 7 月第九届全国人民代表大会第二次会议通过，1999 年 10 月 1 日实施的《中华人民共和国合同法》（以下简称《合同法》）。

2．合同法的基本内容

《合同法》共 23 章 428 条，分为总则、分则和附则三个部分。其中：总则部分共 8 章，将各类合同所涉及的共性问题进行了统一规定，包括一般规定、合同的订立、合同的效力、合同的履行、合同的变更和转让、合同的权利义务终止、违约责任和其他规定等内容。分则部分共 15 章，分别对买卖合同、借款合同、租赁合同、承揽合同、建设工程合同、运输合同、技术合同、委托合同等进行了具体规定。附则部分仅 1 条，规定了《合同法》的实施日期。

3．合同法的基本原则

（1）地位平等原则：不论当事人的社会地位如何，只要签订了合同，合同当事人的民事法律地位就是平等的，即合同当事人享有民事权利和承担民事义务的资格是平等的。

（2）自愿订立原则：任何单位和个人都不得非法干预当事人签订合同；合同当事人一方都不得将自己的意志强加给对方；合同当事人自愿订立合同，必须遵守法律和行政法规，不得损害他人的合法权益，不得扰乱社会经济秩序。

（3）公平原则：合同当事人在订立和履行合同时，应根据公平的要求约定各自的权利和义务，兼顾他人的利益。

（4）诚信原则：合同当事人在订立合同时要诚实，不得有欺诈行为；合同生效后，合同当事人应严守信用，积极履行合同义务，不违约。

（5）合法原则：这里包括合同主体合法、合同客体合法、合同形式合法、合同订立程序合法等；同时应遵守法律和行政法规，不得损害他人的合法权益，不得损害社会公共利益，不得扰乱社会经济秩序。

1.2.2　合同的订立

（一）概念

合同的订立是指合同当事人依照法律，在平等互利互惠的条件下，就合同的内容进行协商，并达成协议的法律行为。合同的订立过程是当事人双方互相协商并最后就各方的权利和义务达成一致意见的过程。

1．主体的资格

合同主体包括法人和公民，当事人应具有民事权利能力和民事行为能力；当事人可以自己订立合同，也可以委托代理人订立合同，代理人参加订立合同时，应向对方出具其委托人签发的授权委托书。

2. 合同的形式

当事人订立合同，有口头形式、书面形式和其他形式。

(1)口头形式：当事人以口头语言表达而达成的合同形式。简便易行，但稍纵即逝，发生合同纠纷时难以取证。口头形式适用于能即时清结的合同关系。

(2)书面形式：当事人以文字表达而达成的合同形式。既是当事人履行合同的依据，又是发生合同纠纷时的证据。书面形式包括合同书、信件和数据电文(包括电报、电传、传真、电子数据交换和电子邮件)等可以有形地表现所载内容的形式。

(3)其他形式：当事人以行为或特定情形推定成立的合同形式。除以行为推定成立的外，主要包括以下五种：

①公证形式：公证形式是当事人约定或者依照法律规定，以国家公证机关对合同内容加以审查公证的方式，订立合同时所采取的一种合同形式。

②鉴证形式：鉴证形式是当事人约定或依照法律规定，以国家合同管理机关对合同内容的真实性和合法性进行审查的方式订立合同的一种合同形式。

③批准形式：批准形式是指法律规定某些类别的合同须采取经国家有关主管机关审查批准的一种合同形式。

④登记形式：登记形式是指当事人约定或依照法律规定，采取将合同提交国家登记主管机关登记的方式订立合同的一种合同形式。登记形式一般常用于不动产的买卖合同。某些特殊的动产，如船舶等，在法律上视为不动产，其转让也采取登记形式。合同的登记形式可由当事人自行约定，也可以由法律加以规定。

⑤合同确认书：合同确认书即当事人采用信件、数据电文等形式订立合同，一方当事人可以在合同成立之前要求以书面形式加以确认的合同形式。

3. 合同的内容

合同的内容由当事人约定，一般包括以下条款：

(1)当事人的名称或者姓名和住所：明确合同权利义务的享有者、承担者；明确合同地域管辖。

(2)标的：标的是合同当事人权利义务共同指向的对象。

(3)数量：数量是用数字和计量单位衡量标的的尺度。

(4)质量：质量是标的的内在素质和外观形态的综合。

(5)价款或者报酬：价款或者报酬是合同当事人一方向另一方支付标的的货币代价。

(6)履行期限：履行期限是合同当事人履行义务的时间界限。

(7)履行地点：履行地点是合同当事人交付标的或支付价款的地方。

(8)方式：方式是指合同当事人履行合同义务而采用的方法。

(9)违约责任：违约责任是指当事人一方或双方不履行合同或不完全履行合同，按照法律规定或合同的约定应承担的经济制裁。

(10)解决争议的方法：和解、调解、仲裁、诉讼。

当事人可以参照各类合同的示范文本订立合同。

(二)合同订立的原则

合同的订立应遵循以下原则：

(1)合同当事人的法律地位平等，一方不得将自己的意志强加给另一方。

（2）当事人依法享有自愿订立合同的权利，任何单位和个人不得非法干预。

（3）当事人应当遵循公平原则确定各方的权利和义务。

（4）当事人行使权利、履行义务应当遵循诚实守信的原则。

（5）当事人订立、履行合同，应当遵循法律、行政法规，尊重社会公德，不得干扰社会经济秩序，损害社会公共利益。

（三）合同的一般订立程序

《合同法》第十三条规定，当事人订立合同，采取要约、承诺方式。

1. 要约

（1）要约又称为发盘、出盘、发价、出价或报价等。要约是希望和他人订立合同的意思表示。发出要约的当事人称要约人，而要约所指向的对方当事人则称为受要约人。一个有效的要约必须具备以下条件：

①要约必须是特定人所为的意思表示。一项要约，可以由任何一方当事人提出，不管他是自然人还是法人。但是，发出要约的人必须是特定的，即人们能够确定发出要约的是谁。一般情况下，要约的相对人（受要约人）也是特定的，即要约是向特定人提出的。但在一些场合，要约也可以向不特定人提出。如商店中明码标价的商品销售，就是要约人（商家）向不特定的顾客（受要约人）发出的要约。

②要约内容必须明确、具体、肯定。要约是订立合同的提议，必须包括合同主要条款，以使受要约人确切知道要约的内容，决定是否接受要约。

③要约必须表明经受要约人承诺即受该意思表示约束，即要约必须具有缔结合同的目的。当事人发出要约，是为了与对方订立合同，要约人要在其意思表示中将这一意愿表示出来。要约作为表达希望与他人订立合同的一种意思表示，其内容已经包含了一份可以得到履行的合同成立所需要具备的基本条件，在此情况下，如果受要约人表示接受此要约，则双方达成了订立合同的合意，合同也即告成立。因此，一项有效的要约，必须在受要约人表示承诺的情况下，要约人就要受该要约的约束。

（2）要约邀请是希望他人向自己发出要约的意思表示。要约邀请是当事人订立合同的预备行为，在发出要约邀请时，当事人仍处于订约的准备阶段。要约邀请只是引诱他人发出要约，它既不能因相对人的承诺而成立合同，也不能因为自己作出某种承诺而约束要约人。

要约与要约邀请区别在于：要约是当事人自己发出的愿意订立合同的意思表示，而要约邀请则是当事人希望对方当事人向自己发出订立合同的意思表示；要约一般是向特定人发出，要约邀请是向不特定人发出；要约中要约人提出合同主要条款以供对方考虑，要约邀请中要约邀请方没有提出合同订立的主要具体条款；要约发出后，受要约人接受要约，要约人即受此要约的约束，而要约邀请的发出，在法律上没有意义，不能产生合同成立与否的法律后果，要约邀请对要约邀请人和相对人都没有法律约束力。

（3）要约的生效与失效。《合同法》规定，要约到达受要约人时生效。一个有效的要约产生以下法律后果：

①要约生效后，受要约人取得依其承诺而使合同成立的法律资格，即受要约人承诺的，合同即告成立；受要约人不承诺的，合同不能成立，受要约人不负任何责任。

②要约人发出要约在要约中规定要约答复的期限，称要约的有效期。

③口头要约规定了承诺期限的，于承诺期限内有效；未规定期限的，受要约人如没立即承诺，要约即失效。书面形式的要约，有承诺期限的，在承诺期内有效；未定期限的，在依通

常情形能够收到承诺所需一段合理的期间内，要约有效。受要约人作出拒绝承诺的表示的，要约即失去效力。

（4）要约撤回：合同法规定，要约可以撤回。要约的撤回是指要约人发出要约，到达受要约人之前，要约人有权宣告取消要约，使其丧失法律效力的意思表示。

（5）要约可以撤销：要约人发出的要约，并已到达受要约人的情况下，要约人可以根据情况，撤销要约。撤销要约的通知应当在受要约人发出承诺通知之前到达受要约人。因为，要约人想要撤销的要约，是已经到达受要约人并发生法律效力的要约，此时，受要约人完全有理由进行订立合同甚至履行合同的准备工作，所以必须有严格的限制，以保护受要约人的利益不受损害。

（6）要约的失效：要约的失效又称要约消灭，是指要约丧失了法律拘束力，要约不再对要约人和受要约人产生法律上的拘束，合同失去其成立的基础。

2．承诺

（1）承诺是受要约人同意要约的意思表示。承诺一经作出，并送达要约人，合同即告成立。要约人有义务接受受要约人的承诺，不得拒绝。一个有效的承诺必须具备以下条件才能具有法律效力：

①承诺必须由受要约人本人、或其法定代表人或其委托代理人作出。要约如果是向特定人发出的，则承诺必须由该特定人或其授权的代理人作出，如果要约是向一定范围的人作出的，承诺可以由该范围内的任何人作出。

②承诺不附带任何条件，承诺的内容必须和要约的内容一致。承诺必须是无条件接受，承诺对要约的内容作出实质性变更的，为新要约。

③承诺必须在合理期限内向要约人作出。如果要约规定了承诺期限，则应该在规定的承诺期限内作出；如果没有规定期限，则应当在合理期限内作出，超过了要约有效期（承诺期限）或合理期限的承诺，视为一项新要约。如果要约中没在规定要约有效期，即承诺期限的，承诺应该在合理期限向要约人作出，合理期限一般指要约的送达时间、受要约方考虑是否接受要约的时间、接受要约送达到要约方的时间的总和。承诺是对要约的全部接受，只对要约人和受要约人有拘束力，所以，承诺必须向要约人本人或其授权代理人作出，对要约人以外的人作出的承诺，合同不能成立。

④承诺必须明确表示受要约人同意与要约人订立合同。承诺必须清楚明确，不能含糊。

（2）承诺的方式。根据合同法的规定，承诺的方式有如下几种：

①承诺的方式应当符合要约中提出的要求。要约人在要约中明确提出承诺方式的，受要约人在作出承诺时必须以要约所要求的方式作出。

②要约中没有对承诺方式提出特定要求的，承诺应以通知的方式作出。

③依交易习惯默示的承诺方式。

④推定承诺，即要约中表明可以通过行为作出承诺的，以行为方式作出承诺有效。

（3）承诺期限与承诺生效。承诺期限是指受要约人作出有效承诺的期限。根据合同法的规定，承诺应当在要约确定的期限内到达要约人，要约没有确定承诺期限的，要约以对话方式作出的，应当即时作出承诺，对话的方式可以是面对面，也可以用电信手段，要约以非对话方式作出的，承诺应当在合理期限到达。非对话方式包括信件、电报、传真、数据电文形式。

（4）逾期承诺的后果。逾期承诺是受要约人超过一定承诺期限或在合理期限外作出的承诺。其后果有二，一是承诺无效。合同法规定，受要约人超过承诺期限发出承诺的，除要约人及时通知受要约人该承诺有效的以外，为新要约。二是承诺有效。只要要约人对逾期承诺予以承认并能及时通知受要约人，就可以视为该承诺有效，合同成立。承诺迟延指受要约人在承诺期限内发出承诺，但因传递原因在超过承诺期限的情况下到达要约人。

（5）承诺生效：我国合同法对承诺生效的时间采用的是到达主义，即承诺通知到达要约人时生效。

（6）承诺撤回：承诺撤回是指受要约人对要约人作出承诺以后，承诺人阻止承诺发生法律效力的意思表示。

3．建设工程合同的特殊订立程序

建设工程的合同订立有其特殊的程序，主要包括以下四个程序：

①招标投标程序。

②招标：要约引诱。

③投标：要约。

④向中标人发出中标通知书：承诺。

1.2.3　合同的生效

（一）合同的效力

（1）合同的效力是指合同所具有的法律效力。

（2）合同有效成立的条件：当事人具有民事权利能力和民事行为能力；意思表示真实；不违法；不侵害他人利益；内容切实可能。

（二）方式

（1）成立生效：依法成立的合同，自成立时生效。

（2）批准登记生效：法律、行政法规规定应办理批准登记等手续的合同，经批准登记生效。

（3）约定生效：附生效条件的合同，自条件成就时生效。

（三）效力待定合同

（1）效力待定合同是行为人未经权利人同意而订立的合同，因其不完全符合合同生效的要件，合同有效与否，需要权利人确定。

（2）效力待定合同的种类：

①限制民事行为能力人订立的合同，经法定代理人追认后，该合同有效，但纯获利益的合同或者与其年龄、智力、精神健康状况相适应而订立的合同，不必经法定代理人追认。

相对人可以催告法定代理人在一个月内予以追认。法定代理人未作表示的，视为拒绝追认。合同被追认之前，善意相对人有撤销的权利。撤销应当以通知的方式作出。

②行为人没有代理权、超越代理权或者代理权终止后以被代理人名义订立的合同，未经被代理人追认，对被代理人不发生效力，由行为人承担责任。

相对人可以催告被代理人在一个月内予以追认。被代理人未作表示的，视为拒绝追认。合同被追认之前，善意相对人有撤销的权利。撤销应当以通知的方式作出。

③行为人没有代理权、超越代理权或者代理权终止后以被代理人名义订立合同，相对人有理由相信行为人有代理权的，该代理行为有效。

④法人或者其他组织的法定代表人、负责人超越权限订立的合同，除相对人知道或者应

当知道其超越权限的以外，该代表行为有效。

⑤无处分权的人处分他人财产，经权利人追认或者无处分权的人订立合同后取得处分权的，该合同有效。

（四）无效合同

（1）无效合同是指虽经当事人协商订立，但因其不具备合同生效条件，不能产生法律约束力的合同。

（2）无效合同具有两个特点：一是违法性，二是自始无效。

（3）《合同法》规定，有下列情形之一的，合同无效：

①一方以欺诈、胁迫的手段订立合同，损害国家利益；

②恶意串通，损害国家、集体或者第三人利益；

③以合法形式掩盖非法目的；

④损害社会公共利益；

⑤违反法律、行政法规的强制性规定。

（4）合同中的下列免责条款无效：

①造成对方人身伤害的；

②因故意或者重大过失造成对方财产损失的。

（5）合同无效、被撤销或者终止的，不影响合同中独立存在的有关解决争议方法的条款的效力。

（五）可变更或可撤销合同

（1）可变更合同是指合同部分内容可以调整、替代和取消的合同。可撤销合同是指虽经当事人协商一致，但因非对方的过错而导致一方当事人意思表示不真实、允许当事人依照自己的意思，使合同效力归于消灭的合同。

（2）《合同法》规定，下列合同，当事人一方有权请求人民法院或者仲裁机构变更或者撤销：

①因重大误解订立的；

②在订立合同时显失公平的。

（3）一方以欺诈、胁迫的手段或者乘人之危，使对方在违背真实意思的情况下订立的合同，受损害方有权请求人民法院或者仲裁机构变更或者撤销。

（4）当事人请求变更的，人民法院或者仲裁机构不得撤销。

（六）无效合同或可撤销合同的法律责任

合同无效或者被撤销后，因该合同取得的财产，应当予以返还；不能返还或者没有必要返还的，应当折价补偿。有过错的一方应当赔偿对方因此所受到的损失，双方都有过错的，应当各自承担相应的责任。《合同法》规定，有过错一方应该：

（1）返还财产。合同当事人应将履行无效合同或可撤销合同而取得的对方财产归还给对方。

（2）赔偿损失。合同当事人对因无效合同或可撤销合同而给对方造成损失、且不能因返还财产而被补偿时，还应承担赔偿责任。

（3）追缴财产。对于合同当事人恶意串通，损害国家、集体或者第三人利益的合同，由于其有明显的违法性，应当追缴当事人因合同而取得的财产，以示对其违法性的制裁。

1.2.4　合同的履行

（一）合同的履行

1. 合同的履行的定义

合同的履行是指合同生效后，当事人双方按照合同的约定，各自履行自己的义务，享受自己的权利的法律行为。

2. 合同履行的原则

（1）全面履行原则。合同当事人只有全面履行合同，才能实现双方预期的目标。《合同法》规定：

①质量要求不明确的，按照国家标准、行业标准履行；没有国家标准、行业标准的，按照通常标准或者符合合同目的的特定标准履行。

②价款或者报酬不明确的，按照订立合同时履行地的市场价格履行；依法应当执行政府定价或者政府指导价的，按照规定履行。

③履行地点不明确，给付货币的，在接受货币一方所在地履行；交付不动产的，在不动产所在地履行；其他标的，在履行义务一方所在地履行。

④履行期限不明确的，债务人可以随时履行，债权人也可以随时要求履行，但应当给对方必要的准备时间。

⑤履行方式不明确的，按照有利于实现合同目的的方式履行。

⑥履行费用的负担不明确的，由履行义务一方负担。

（2）协作履行原则：经济合同一般都是双务合同，即双方都有权利和义务，一方当事人的权利就是另一方当事人的义务，一方当事人的义务也就是另一方的权利，这就要求双方都切实协作履行义务，才能享受权利。

（3）诚实信用原则：当事人应当遵循诚实信用原则，根据合同的性质、目的和交易习惯履行通知、协助、保密等义务。

（二）几种权利

1. 抗辩权

抗辩权是指在双务合同中双方当事人因履行合同义务的时间而产生的权利。主要有同时履行抗辩权、异时履行抗辩权、不安抗辩权。

（1）同时履行抗辩权。同时履行抗辩权是指在双务合同中，双方当事人履行合同义务没有时间顺序，应该同时履行，当一方当事人不履行合同义务时，另一方当事人有拒绝履行其合同义务的权利。

（2）异时履行抗辩权。异时履行抗辩权是指在双务合同中，双方当事人约定了履行合同义务时间顺序，当应先履行合同义务的一方未履行合同义务时，后履行义务的另一方有拒绝履行其合同义务的权利。

（3）不安抗辩权。不安抗辩权是指在双务合同中，先履行合同义务的一方掌握了后履行义务的另一方未履行合同义务的确切证据时，有中止履行其合同义务的权利。《合同法》规定，应当先履行债务的当事人，有确切证据证明对方有下列情形之一的，可以中止履行：

①经营状况严重恶化；

②转移财产、抽逃资金，以逃避债务；

③丧失商业信誉；

④有丧失或者可能丧失履行债务能力的其他情形。

注意：当事人使用了不安抗辩权，并不意味着合同的终止，只是暂时停止履行合同。《合同法》规定："当事人依照本法第六十八条的规定中止履行的，应当及时通知对方。对方提供适当担保时，应当恢复履行。中止履行后，对方在合理期限内未恢复履行能力并且未提供适当担保的，中止履行的一方可以解除合同。"

2. 代位权

代位权是指债权人为了使其债权免受损害，代为行使债务人的权利。《合同法》规定：因债务人怠于行使其到期债权，对债权人造成损害的，债权人可以向人民法院请求以自己的名义代位行使债务人的债权，但该债权专属于债务人自身的除外。

代位权的行使范围以债权人的债权为限。债权人行使代位权的必要费用，由债务人负担。

3. 撤销权

撤销权是指债权人对于债务人实施的损害其债权的行为，请求人民法院予以撤销的权利。《合同法》规定：因债务人放弃其到期债权或者无偿转让财产，对债权人造成损害的，债权人可以请求人民法院撤销债务人的行为。债务人以明显不合理的低价转让财产，对债权人造成损害，并且受让人知道该情形的，债权人也可以请求人民法院撤销债务人的行为。

撤销权的行使范围以债权人的债权为限。债权人行使撤销权的必要费用，由债务人负担。

1.2.5　合同的变更转让解除和终止

(一)合同的变更

(1)合同的变更是指合同依法成立后在尚未履行或尚未完全履行时，双方依法对合同的内容进行修订或调整的法律行为。

(2)合同变更的条件：

①当事人之间本来就有合同；

②双方约定；

③必须有合同内容的变化；

④应采取适当的形式。

(3)《合同法》规定：当事人协商一致，可以变更合同。

(二)合同的转让

合同的转让是指合同当事人一方将合同的权利全部或者部分转让给第三人，由第三人接受权利和承担义务的法律行为。

《合同法》规定了合同权利转让、合同义务转让、合同权利义务转让三种形式。

(1)合同权利转让是指合同当事人将合同中的权利全部或部分地转让给第三人的法律行为。但有下列情形之一的除外：

①根据合同性质不得转让；

②按照当事人约定不得转让；

③依照法律规定不得转让。

《合同法》规定：债权人转让权利的，应当通知债务人。未经通知，该转让对债务人不发生效力。

（2）合同义务转让是指合同当事人将合同中的义务全部或部分地转让给第三人的法律行为。

（3）合同权利义务一并转让是指合同当事人将合同中的权利义务一并转让给第三人，由第三人概括地接受这些权利义务的法律行为。对于因当事人组织变更而引起的合同权利义务的转让，《合同法》规定：当事人订立合同后合并的，由合并后的法人或者其他组织行使合同权利，履行合同义务。当事人订立合同后分立的，除债权人和债务人另有约定的以外，由分立的法人或者其他组织对合同的权利和义务享有连带债权，承担连带债务。

（三）合同的终止

合同的终止是指因某种原因而引起合同的债权债务客观上不复存在的一种法律行为。

1. 合同终止的理由

①合同当事人已按合同的履行原则全面履行了合同；

②合同解除；

③债务相互抵消；

④债务人依法将标的物提存；

⑤债权人免除债务；

⑥债权债务同归一人；

⑦法律规定或者当事人约定终止的其他情形。

2. 合同终止后的义务

《合同法》规定：合同的权利义务终止后，当事人应当遵循诚实信用原则，根据交易习惯履行通知、协助、保密等义务。

（四）合同的解除

合同解除是指在合同尚未履行和尚未完全履行以前，根据法律规定或合同约定，合同当事人双方提前消灭合同关系的法律行为。

1. 合同解除的条件

（1）业已存在合同关系。

（2）合同的解除必须经过当事人协商一致。

（3）满足法律规定的合同解除条件。

（4）合同约定的解除条件成就。

（6）解除必须遵守法定的程序和方式。

（7）必须消灭业已存在的合同关系。

2. 合同解除的方式

（1）约定解除（协议解除，约定解除权）。当事人双方通过协商达成一致消灭合同效力。

（2）法定解除。法定解除指在合同成立并生效后，在尚未履行或尚未完全履行之前，由当事人一方行使法定的解除权而使合同效力消灭的行为。《合同法》规定，有下列情形之一的，当事人可以解除合同：

①因不可抗力致使不能实现合同目的；

②在履行期限届满之前，当事人一方明确表示或者以自己的行为表明不履行主要债务；

③当事人一方迟延履行主要债务，经催告后在合理期限内仍未履行；

④当事人一方迟延履行债务或者有其他违约行为致使不能实现合同目的；

⑤法律规定的其他情形。

3．合同解除的效力

（1）《合同法》规定：合同解除后，尚未履行的，终止履行；已经履行的，根据履行情况和合同性质，当事人可以要求恢复原状、采取其他补救措施，并有权要求赔偿损失。

（2）非持续性合同，合同解除的效力使合同当事人之间的财产状况恢复到合同订立时的状态。

（3）持续性合同，合同解除的效力不能解除当事人的义务。

1.2.6　违约责任

（一）违约

违约是指合同当事人完全没有履行合同或者履行合同义务不符合约定的行为。违约有两种类型：

（1）完全没有履行合同，包括当事人不能履行合同义务和当事人拒绝履行合同义务两种情况。

（2）履行合同义务不符合约定。

（二）违约责任

违约责任是指合同当事人任何一方违约后，依照法律规定或合同约定必须承担的法律制裁。

1．承担违约责任的方式

《合同法》规定，违约方承担违约责任的方式有以下三种：

（1）继续履行合同。继续履行合同是要求违约的当事人按照合同的约定，切实履行所承担的合同义务。主要包括：

①债权人要求债务人按合同的约定履行合同；

②债权人向法院提起起诉，由法院判决强迫违约方具体履行其合同义务。

《合同法》规定：当事人一方未支付价款或者报酬的，对方可以要求其支付价款或者报酬。当事人一方不履行非金钱债务或者履行非金钱债务不符合约定的，对方可以要求履行，但有下列情形之一的除外：①法律上或者事实上不能履行；②债务的标的不适于强制履行或者履行费用过高；③债权人在合理期限内未要求履行。

（2）采取补救措施。采取补救措施是指合同当事人在违反合同后，为了防止损失发生或扩大，由其依照法律或者合同约定而采取的修理、更换、退货、减少报酬或价款等措施。《合同法》规定：质量不符合约定的，应当按照当事人的约定承担违约责任。对违约责任没有约定或者约定不明确，依照本法第六十一条的规定仍不能确定的，受损害方根据标的的性质以及损失的大小，可以合理选择要求对方承担修理、更换、重作、退货、减少价款或者报酬等违约责任。

（3）赔偿损失。赔偿损失是指合同当事人就其违约而给对方造成的损失给予补偿。《合同法》规定：

①当事人一方不履行合同义务或者履行合同义务不符合约定，给对方造成损失的，损失赔偿额应当相当于因违约所造成的损失，包括合同履行后可以获得的利益，但不得超过违反合同一方订立合同时预见到或者应当预见到的因违反合同可能造成的损失。

②经营者对消费者提供商品或者服务有欺诈行为的，依照《中华人民共和国消费者权益保护法》的规定承担损害赔偿责任。

③当事人可以约定一方违约时应当根据违约情况向对方支付一定数额的违约金，也可以约定因违约产生的损失赔偿额的计算方法。约定的违约金低于造成的损失的，当事人可以请求人民法院或者仲裁机构予以增加；约定的违约金过分高于造成的损失的，当事人可以请求人民法院或者仲裁机构予以适当减少。

当事人迟延履行约定违约金的，违约方支付违约金后，还应当履行债务。

④当事人可以依照《中华人民共和国担保法》，约定一方向对方给付定金作为债权的担保。债务人履行债务后，定金应当抵作价款或者收回。给付定金的一方不履行约定的债务的，无权要求返还定金；收受定金的一方不履行约定的债务的，应当双倍返还定金。

⑤当事人既约定违约金，又约定定金的，一方违约时，对方可以选择适用违约金或者定金条款。

2. 违约责任的免除

合同生效后，合同当事人不履行合同或履行合同不符合合同约定，都应承担违约责任。但《合同法》规定：因不可抗力不能履行合同的，根据不可抗力的影响，部分或者全部免除责任。

（1）不可抗力。不可抗力是指不能预见、不能避免、不能克服履行期间发生的客观事件。主要包括：

①不能预见性：是指合同当事人在订立合同时不能预见到，即一个有经验的当事人所不能估计和预测到的。

②不能避免性：是指合同当事人尽管在主观上采取了合理的措施，但在客观上不能阻止不可抗力事件的发生。

③不可克服性：是指合同当事人对不可抗力事件的发生导致合同不能履行的后果克服不了。

④履行期间性：不可抗力作为免责理由的前提是，其发生必须是在合同订立后、履行期限届满前。《合同法》规定，当事人迟延履行后发生不可抗力的，不能免除责任。

（2）不可抗力的法律后果：

①合同全部不能履行：合同当事人可以解除合同，并免除其合同全部不能履行的责任；

②合同部分不能履行：合同当事人可部分履行合同，并免除其合同不能履行部分的责任；

③合同不能按期履行：合同当事人可延期履行合同，并免除其合同迟延履行的责任。

（3）合同中关于不可抗力条款的内容：

①不可抗力事件的范围；

②不可抗力事件发生后，合同当事人一方通知另一方的期限；

③出具不可抗力事件证明的机构及证明的内容；

④不可抗力事件发生后对合同的处置。

（4）不可抗力事件发生后，合同双方当事人的义务：

①遭遇不可抗力事件一方当事人的义务。《合同法》规定：遭遇不可抗力事件一方当事人应当采取一切可能采取的有效措施避免或减少损失；应当及时通知对方，以减轻可能给对方造成的损失；应当在合理期限内提供证明。

②非违约一方的义务。《合同法》规定：当事人一方违约后，对方应当采取适当措施防止损失的扩大；没有采取适当措施致使损失扩大的，不得就扩大的损失要求赔偿；当事人因防止损失扩大而支出的合理费用，由违约方承担。

1.2.7　合同管理

（一）合同的管理

1. 合同管理的含义

合同管理是指县级以上各级人民政府的工商行政管理部门和其他有关主管部门，依法对合同的订立、履行等进行指导、监督、检查和处理利用合同进行违法活动的法律行为。《合同法》规定：工商行政管理部门和其他有关行政主管部门在各自的职权范围内，依照法律、行政法规的规定，对利用合同危害国家利益、社会公共利益的违法行为，负责监督处理；构成犯罪的，依法追究刑事责任。

2. 合同管理的类别

（1）工商行政管理部门对合同的管理。县级以上各级人民政府的工商行政管理部门是统一的合同管理机关，其主要职责是：

①统一管理和监督检查所属地区合同的订立和履行情况，特别是对主体资格与标的合法性的确认；

②根据当事人双方的申请对合同进行鉴证；

③查处危害国家利益、社会公共利益的违法合同。

（2）有关行政主管部门对合同的管理。有关行政主管部门既是本系统所属企事业单位的国家行政管理机关，又是本系统所属企事业单位的合同管理机关，其主要职责是：

①监督检查本系统所属企事业单位合同的订立和履行情况。

②指导本系统所属企事业单位建立合同管理机构，健全合同管理制度，特别是对合同规范与履行的指导，即实施行业管理；

③协调本系统所属企事业单位之间的关系，调解合同纠纷；

④查处危害国家利益、社会公共利益的违法合同。

（二）合同争议

1. 合同争议的含义

合同争议是指合同当事人双方对合同订立和履行情况以及不履行合同的后果所产生的纠纷。

2. 合同争议解决方式

《合同法》规定：当事人可以通过和解或者调解解决合同争议。当事人不愿和解、调解或者和解、调解不成的，可以根据仲裁协议向仲裁机构申请仲裁。涉外合同的当事人可以根据仲裁协议向中国仲裁机构或者其他仲裁机构申请仲裁。当事人没有订立仲裁协议或者仲裁协议无效的，可以向人民法院起诉。当事人应当履行发生法律效力的判决、仲裁裁决、调解书；拒不履行的，对方可以请求人民法院执行。

（1）和解。

①和解是指有争议的合同当事人依据法律规定和合同约定，在互谅互让的基础上经过谈判和磋商，自愿对合同争议事项达成协议，从而解决合同争议的方法。

②和解无须第三人介入，以合法、自愿和平等为原则。

（2）调解。

①调解是有争议的合同当事人在第三方的主持下，通过其劝说引导，在互谅互让的基础上自愿对合同争议事项达成协议，从而解决合同争议的方法。

②调解的类型有民间调解、仲裁机构调解、法庭调解三种。

民间调解是指有争议的合同当事人临时选任的社会组织或个人作为调解人对合同争议进行调解的方法。通过调解人的调解，当事人达成协议的，双方签署调解协议书。调解协议书与当事人签订的合同一样具有法律效力。

仲裁机构调解是指有争议的合同当事人将其争议提交仲裁机构后，仲裁机构在仲裁前进行调解的方法。通过仲裁的调解，当事人达成协议的，制作调解书，双方签字后生效。调解不成才进行仲裁。调解书与裁决书一样具有法律效力。

法庭调解是指有争议的合同当事人将其争议提起诉讼后，法庭在判决前进行调解的方法。通过法庭的调解，当事人达成协议的，制作调解书，双方签字后生效。调解不成才进行判决。调解书与判决书一样具有法律效力。

③调解可以不伤和气，使双方当事人互相谅解，有利于促进合作，但受当事人自愿的局限。

（3）仲裁。

①仲裁是有争议的合同当事人通过协议，自愿将争议交给仲裁机构作出裁决，并负有履行裁决义务的解决合同争议的方法。

②仲裁须合同双方当事人在争议发生前或发生后自愿交仲裁机构作出裁决，争议双方当事人有义务执行该裁决。

（4）诉讼。

诉讼是有争议的合同当事人通过将争议交给法院作出判决，来解决合同争议的方法。这是合同争议解决方式中唯一不是自愿的方式。

1.3　建筑法

1.3.1　概述

（一）建筑法的概念

（1）广义：建筑法是调整建筑活动的法律规范的总称。

（2）狭义：1997 年 11 月 1 日第八届全国人民代表大会常务委员会第二十八次会议通过，根据 2011 年 4 月 22 日第十一届全国人民代表大会常务委员会第二十次会议《关于修改〈中华人民共和国建筑法〉的决定》修正，1998 年 3 月 1 日实施的《中华人民共和国建筑法》（以下简称《建筑法》），共 8 章 85 条。

（3）《建筑法》以规范建筑市场为出发点，以建筑工程质量和安全为主线，包括总则、建筑许可、建筑工程发包与承包、建筑工程监理、建筑安全生产管理、法律责任附则等内容，并确定了建筑活动中的一些基本法律制度。

（4）《建筑法》的调整对象：

①从事建筑活动的单位和人：包括勘察设计单位、施工安装单位、工程咨询单位和各种专业人士。

②建筑行业行政主管：国务院建设行政主管部门对全国的建筑活动实施统一监督管理。

③各种建筑产品和活动：包括房屋建筑、公路工程、桥梁工程、水利水电工程、港航工程、铁路工程、矿山工程等及其建造和与其配套的线路、管道、设备的安装活动。

（二）建筑法的立法目的

《建筑法》规定：为了加强对建筑活动的监督管理，维护建筑市场秩序，保证建筑工程的质量和安全，促进建筑业健康发展，制定本法。

（1）加强对建筑活动的监督管理。为了保证建筑活动正常、有序地进行，应建立统一的建筑活动行为规范和基本的活动程序，加强对建筑活动的监督管理。

（2）维护建筑市场秩序。建筑市场作为社会主义市场经济的重要组成部分，需要建立与社会主义市场经济相适应的新的建筑市场管理体制，以维护建筑市场秩序。

（3）保证建筑工程的质量和安全。《建筑法》规定：

①建筑活动应当确保建筑工程质量和安全，符合国家的建筑工程安全标准；

②建筑工程的质量与安全贯彻建筑活动的全过程，应当进行全过程的监督管理；

③建筑活动的各个阶段、各个环节都要保证质量和安全；

④明确建筑活动各有关方面在保证建筑工程质量与安全中的责任。

（4）促进建筑业健康发展。建筑业是国民经济的重要物质生产部门，是国家重要的支柱产业之一。建筑活动的管理水平、效果、效益，直接影响到我国固定资产投资的效果和效益，从而影响到国民经济的健康发展。同时在当今世界经济全球化的形势下，迫切要求建筑业走出去，适应国际建筑业的管理。因此，需要制定《建筑法》，促进建筑业健康发展。

1.3.2　建筑工程许可

（一）建筑工程许可制度

1. 建筑工程施工许可

建设单位必须在建筑工程立项批准后，工程发包前，向建设行政主管部门或授权的部门办理报建登记手续。《建筑法》规定：建筑工程开工前，建设单位应当按照国家有关规定向工程所在地县级以上人民政府建设行政主管部门申请领取施工许可证；但是，国务院建设行政主管部门确定的限额以下的小型工程除外。

2. 申请建筑工程施工许可证的条件

《建筑法》规定，申请领取施工许可证，应当具备下列条件：

①已经办理该建筑工程用地批准手续；

②在城市规划区的建筑工程，已经取得规划许可证；

③需要拆迁的，其拆迁进度符合施工要求；

④已经确定建筑施工企业；

⑤有满足施工需要的施工图纸及技术资料；

⑥有保证工程质量和安全的具体措施；

⑦建设资金已经落实；

⑧法律、行政法规规定的其他条件。

建设行政主管部门应当自收到申请之日起 15 日内，对符合条件的申请颁发施工许可证。

3. 申请建筑工程施工许可证的法律后果

《建筑法》规定：

（1）建设单位应当自领取施工许可证之日起 3 个月内开工。因故不能按期开工的，应当向发证机关申请延期；延期以两次为限，每次不超过 3 个月。既不开工又不申请延期或者超过延期时限的，施工许可证自行废止。

（2）在建的建筑工程因故中止施工的，建设单位应当自中止施工之日起1个月内，向发证机关报告，并按照规定做好建筑工程的维护管理工作。

（3）建筑工程恢复施工时，应当向发证机关报告；中止施工满1年的工程恢复施工前，建设单位应当报发证机关核验施工许可证。

（4）按照国务院有关规定批准开工报告的建筑工程，因故不能按期开工或者中止施工的，应当及时向批准机关报告情况。因故不能按期开工超过6个月的，应当重新办理开工报告的批准手续。

（二）建筑工程从业者资格

1. 国家对建筑工程的从业企业实施资质管理

《建筑法》规定：

（1）从事建筑活动的建筑施工企业、勘察单位、设计单位和工程监理单位，应当具备下列条件：

①有符合国家规定的注册资本；

②有与其从事的建筑活动相适应的具有法定执业资格的专业技术人员；

③有从事相关建筑活动所应有的技术装备；

④法律、行政法规规定的其他条件。

（2）从事建筑活动的建筑施工企业、勘察单位、设计单位和工程监理单位，按照其拥有的注册资本、专业技术人员、技术装备和已完成的建筑工程业绩等资质条件，划分为不同的资质等级，经资质审查合格，取得相应等级的资质证书后，方可在其资质等级许可的范围内从事建筑活动。

2. 对建筑工程的从业人员实施资格管理

（1）《建筑法》规定：从事建筑活动的专业技术人员，应当依法取得相应的执业资格证书，并在执业资格证书许可的范围内从事建筑活动。

（2）建筑工程从业人员资格证件的管理。建筑工程从业人员资格证件，严禁出卖、转让、出借、涂改、伪造。违反上述规定者将视具体情节，追究法律责任。

1.3.3 建筑工程承发包

（一）建筑工程发包

1. 一般规定

《建筑法》规定：

（1）建筑工程的发包单位与承包单位应当依法订立书面合同，明确双方的权利和义务。发包单位和承包单位应当全面履行合同约定的义务。不按照合同约定履行义务的，依法承担违约责任。

（2）建筑工程发包与承包的招标投标活动，应当遵循公开、公正、平等竞争的原则，择优选择承包单位。建筑工程的招标投标，本法没有规定的，适用有关招标投标法律的规定。

（3）建筑工程造价应当按照国家有关规定，由发包单位与承包单位在合同中约定。公开招标发包的，其造价的约定，须遵守招标投标法律的规定。发包单位应当按照合同的约定，及时拨付工程款项。

2. 建筑工程发包方式

（1）招标发包是业主对自愿参加某一特定工程项目的承包人进行审查、评比和选定的过程。《建筑法》规定：建筑工程依法实行招标发包，对不适于招标发包的可以直接发包。目前，国内外通常采用公开招标、邀请招标和议标三种形式。

（2）建筑工程实行公开招标的，发包单位应当依照法定程序和方式，发布招标公告，提供载有招标工程的主要技术要求、主要的合同条款、评标的标准和方法以及开标、评标、定标的程序等内容的招标文件。

开标应当在招标文件规定的时间、地点公开进行。开标后应当按照招标文件规定的评标标准和程序对标书进行评价、比较，在具备相应资质条件的投标者中，择优选定中标者。

（3）建筑工程招标的开标、评标、定标由建设单位依法组织实施，并接受有关行政主管部门的监督。

3．发包单位发包行为规范

（1）发包单位及其工作人员在建筑工程发包中不得收受贿赂、回扣或者索取其他好处。

（2）建筑工程实行招标发包的，发包单位应当将建筑工程发包给依法中标的承包单位。建筑工程实行直接发包的，发包单位应当将建筑工程发包给具有相应资质条件的承包单位。

（3）按照合同约定，建筑材料、建筑构配件和设备由工程承包单位采购的，发包单位不得指定承包单位购入用于工程的建筑材料、建筑构配件和设备或者指定生产厂、供应商。

4．发包活动中政府及所属部门权力的限制

《建筑法》规定：政府及其所属部门不得滥用行政权力，限定发包单位将招标发包的建筑工程发包给指定的承包单位。

5．禁止肢解发包

（1）《建筑法》规定：提倡对建筑工程实行总承包，禁止将建筑工程肢解发包。

（2）《建筑法》规定：建筑工程的发包单位可以将建筑工程的勘察、设计、施工、设备采购一并发包给一个工程总承包单位，也可以将建筑工程勘察、设计、施工、设备采购的一项或者多项发包给一个工程总承包单位；但是，不得将应当由一个承包单位完成的建筑工程肢解成若干部分发包给几个承包单位。

（二）建筑工程承包

1．承包人的资质管理

（1）《建筑法》规定：承包建筑工程的单位应当持有依法取得的资质证书，并在其资质等级许可的业务范围内承揽工程。

（2）《建筑法》规定：禁止建筑施工企业超越本企业资质等级许可的业务范围或者以任何形式用其他建筑施工企业的名义承揽工程。禁止建筑施工企业以任何形式允许其他单位或者个人使用本企业的资质证书、营业执照，以本企业的名义承揽工程。

2．联合承包

（1）《建筑法》规定：大型建筑工程或者结构复杂的建筑工程，可以由两个以上的承包单位联合共同承包。共同承包的各方对承包合同的履行承担连带责任。

（2）《建筑法》规定：两个以上不同资质等级的单位实行联合共同承包的，应当按照资质等级低的单位的业务许可范围承揽工程。

3．建筑工程的转包和分包

（1）《建筑法》禁止建筑工程的转包。《建筑法》规定：禁止承包单位将其承包的全部建筑工程转包给他人，禁止承包单位将其承包的全部建筑工程肢解以后以分包的名义分别转包给他人。

(2)建筑法允许建筑工程的分包。《建筑法》规定：建筑工程总承包单位可以将承包工程中的部分工程发包给具有相应资质条件的分包单位；但是，除总承包合同中约定的分包外，必须经建设单位认可。施工总承包的，建筑工程主体结构的施工必须由总承包单位自行完成。建筑工程总承包单位按照总承包合同的约定对建设单位负责；分包单位按照分包合同的约定对总承包单位负责。总承包单位和分包单位就分包工程对建设单位承担连带责任。禁止总承包单位将工程分包给不具备相应资质条件的单位。禁止分包单位将其承包的工程再分包。

4. 承包单位承包行为规范

《建筑法》规定：承包单位及其工作人员不得利用向发包单位及其工作人员行贿、提供回扣或者给予其他好处等不正当手段承揽工程。

1.3.4　建设工程监理制度

(一)建设工程监理概念

(1)建设工程监理是指具有相应资质等级的工程监理企业，接受业主的委托，根据国家批准的工程项目建设文件、有关工程建设的法律、法规和工程建设委托监理合同及其他工程建设合同，代表业主对承包商的建设行为实施监控的一种专业化服务活动。

(2)建设监理制度适应市场经济规律，是完善我国建筑市场，开拓国际建筑市场，进入国际经济大循环的需要。《建筑法》规定，国家推行建筑工程监理制度。

(3)建设工程监理的实质是专业化、社会化、建设单位的项目管理。

①监理主体是建设监理单位(必须是有资质的监理单位)。

②受委托而监理(监理委托合同是监理单位对项目进行监理的前提)。

③依法监理、按约监理(主要指有关法律法规、项目建设批文以及监理合同及本项目的其他工程合同)。

④针对建设工程项目(法定监理项目和监理阶段)。

(4)《建筑法》规定：实施建筑工程监理前，建设单位应当将委托的工程监理单位、监理的内容及监理权限，书面通知被监理的建筑施工企业。

(二)建设工程监理范围

1. 法定监理项目范围

为有效发挥建设工程监理的作用，加大推行监理的力度，根据《建筑法》，国务院公布的《建设工程质量管理条例》对实行强制性监理的工程范围作了原则性的规定，建设部又进一步在《建设工程监理范围和规模标准规定》中对实行强制性监理的工程范围作了具体规定。下列建设工程必须实行监理：

(1)国家重点建设工程：依据《国家重点建设项目管理办法》所确定的对国民经济和社会发展有重大影响的骨干项目。

(2)中型公用事业工程：项目总投资额在 3 000 万元以上的供水、供电、供气、供热等市政工程项目；科技、教育、文化等项目；体育、旅游、商业等项目；社会福利等项目；其他公用事业项目。

(3)成片开发建设的住宅小区工程：建筑面积在 5 万平方米以上的住宅建设工程。

(4)利用外国政府或者国际组织贷款、援助资金的工程：包括使用世界银行、亚洲开发银行等国际组织贷款资金的项目；使用国外政府及其机构贷款资金的项目；使用国际组织或者圈外政府援助资金的项目。

（5）国家规定必须实行监理的其他工程：项目总投资额在 3000 万元以上关系社会公共利益、公众安全的交通运输、水利建设、城市基础设施、生态环境保护、信息产业、能源等基础设施项目，以及学校、影剧院、体育场馆项目。

2．监理阶段范围

监理阶段范围包括前期开发介入、设计阶段介入、施工阶段介入，所以就有了对应的三种阶段性的范围，但我国目前主要是施工阶段监理。

（三）建设工程监理合同及其管理

（1）实行监理的建筑工程，由建设单位委托具有相应资质条件的工程监理单位监理。建设单位与其委托的工程监理单位应当订立书面委托监理合同。

（2）建筑工程监理应当依照法律、行政法规及有关的技术标准、设计文件和建筑工程承包合同，对承包单位在施工质量、建设工期和建设资金使用等方面，代表建设单位实施监督。

工程监理人员认为工程施工不符合工程设计要求、施工技术标准和合同约定的，有权要求建筑施工企业改正。

工程监理人员发现工程设计不符合建筑工程质量标准或者合同约定的质量要求的，应当报告建设单位要求设计单位改正。

（3）工程监理单位应当在其资质等级许可的监理范围内，承担工程监理业务。

工程监理单位应当根据建设单位的委托，客观、公正地执行监理任务。

工程监理单位与被监理工程的承包单位以及建筑材料、建筑构配件和设备供应单位不得有隶属关系或者其他利害关系。

工程监理单位不得转让工程监理业务。

（4）监理单位的责任：

①工程监理单位不按照委托监理合同的约定履行监理义务，对应当监督检查的项目不检查或者不按照规定检查，给建设单位造成损失的，应当承担相应的赔偿责任。

②工程监理单位与承包单位串通，为承包单位谋取非法利益，给建设单位造成损失的，应当与承包单位一起承担连带赔偿责任。

1.3.5　建设工程质量管理

（一）建设工程质量概念

（1）建设工程质量是指在国家现行的有关法律、法规、技术标准、设计文件和合同中对工程的安全、适用、经济、美观等特性的综合要求。

（2）国家有关质量管理法规：

①《建筑工程质量责任暂行规定》；

②《建筑工程保修办法》；

③《建筑工程质量检验评定标准》；

④《建筑工程质量监督条例》；

⑤《建筑工程质量监督站工作暂行规定》；

⑥《建筑工程质量监测工作规定》；

⑦《建筑工程质量监督管理规定》；

⑧《建筑工程质量管理办法》。

(3)建筑工程质量管理。《建筑法》规定：

①建筑工程勘察、设计、施工的质量必须符合国家有关建筑工程安全标准的要求，具体管理办法由国务院规定。有关建筑工程安全的国家标准不能适应确保建筑安全的要求时，应当及时修订。

②国家对从事建筑活动的单位推行质量体系认证制度。从事建筑活动的单位根据自愿原则可以向国务院产品质量监督管理部门或者国务院产品质量监督管理部门授权的部门认可的认证机构申请质量体系认证。经认证合格的，由认证机构颁发质量体系认证证书。

(二)参与建筑工程各方的质量责任

1. 建设单位的质量责任

《建筑法》规定：

(1)建设单位不得以任何理由，要求建筑设计单位或者建筑施工企业在工程设计或者施工作业中，违反法律、行政法规和建筑工程质量、安全标准，降低工程质量。

(2)建筑设计单位和建筑施工企业对建设单位违反前款规定提出的降低工程质量的要求，应当予以拒绝。

2. 施工单位的质量责任

《建筑法》规定：

(1)建筑工程实行总承包的，工程质量由工程总承包单位负责，总承包单位将建筑工程分包给其他单位的，应当对分包工程的质量与分包单位承担连带责任。分包单位应当接受总承包单位的质量管理。

(2)建筑施工企业对工程的施工质量负责。建筑施工企业必须按照工程设计图纸和施工技术标准施工，不得偷工减料。工程设计的修改由原设计单位负责，建筑施工企业不得擅自修改工程设计。

(3)建筑施工企业必须按照工程设计要求、施工技术标准和合同的约定，对建筑材料、建筑构配件和设备进行检验，不合格的不得使用。

(4)交付竣工验收的建筑工程，必须符合规定的建筑工程质量标准，有完整的工程技术经济资料和经签署的工程保修书，并具备国家规定的其他竣工条件。建筑工程竣工经验收合格后，方可交付使用；未经验收或者验收不合格的，不得交付使用。

(5)建筑工程实行质量保修制度。

3. 勘察、设计单位的质量责任

《建筑法》规定：

(1)建筑工程的勘察、设计单位必须对其勘察、设计的质量负责。勘察、设计文件应当符合有关法律、行政法规的规定和建筑工程质量、安全标准、建筑工程勘察、设计技术规范以及合同的约定。设计文件选用的建筑材料、建筑构配件和设备，应当注明其规格、型号、性能等技术指标，其质量要求必须符合国家规定的标准。

(2)建筑设计单位对设计文件选用的建筑材料、建筑构配件和设备，不得指定生产厂、供应商。

《建筑法》还规定，任何单位和个人对建筑工程的质量事故、质量缺陷都有权向建设行政主管部门或者其他有关部门进行检举、控告、投诉。

1.3.6　建筑安全生产管理

（一）建筑安全生产管理的概念

（1）建筑安全生产管理是指建设行政主管部门、建筑安全监督管理机构、建筑施工企业及有关单位对建筑生产过程中的安全工作，进行计划、组织、指挥、控制、监督等一系列的管理活动。

（2）建筑安全生产管理的目的是保证建筑工程安全和建筑职工的人身安全。

（3）建筑安全生产管理的内容。

①纵向管理：是指建设行政主管部门及其授权的建筑安全监督管理机构对建筑安全生产的行业监督管理；

②横向管理：是指建筑生产有关各方和建筑单位、设计单位、建筑施工单位等的安全责任和义务。

③施工现场管理：是指建筑施工单位在施工现场控制人的不安全行为和物的不安全状态。施工现场管理是建筑安全生产管理的关键。

（二）建筑安全生产管理的基本制度

《建筑法》规定：建筑工程安全生产管理必须坚持安全第一、预防为主的方针，建立健全安全生产的责任制度和群防群治制度。

建筑安全生产管理的基本制度包括安全责任制度；安全教育制度；安全检查制度；安全事故报告、调查、处理制度。

（三）建筑安全生产的基本要求

《建筑法》规定：

（1）建筑工程设计应当符合按照国家规定制定的建筑安全规程和技术规范，保证工程的安全性能。

（2）建筑施工企业在编制施工组织设计时，应当根据建筑工程的特点制定相应的安全技术措施；对专业性较强的工程项目，应当编制专项安全施工组织设计，并采取安全技术措施。

（3）建筑施工企业应当在施工现场采取维护安全、防范危险、预防火灾等措施；有条件的，应当对施工现场实行封闭管理。

（4）施工现场对毗邻的建筑物、构筑物和特殊作业环境可能造成损害的，建筑施工企业应当采取安全防护措施。

（5）建设单位应当向建筑施工企业提供与施工现场相关的地下管线资料，建筑施工企业应当采取措施加以保护。

（6）建筑施工企业应当遵守有关环境保护和安全生产的法律、法规的规定，采取控制和处理施工现场的各种粉尘、废气、废水、固体废物以及噪声、振动对环境的污染和危害的措施。

（7）建设行政主管部门负责建筑安全生产的管理，并依法接受劳动行政主管部门对建筑安全生产的指导和监督。

（8）建筑施工企业必须依法加强对建筑安全生产的管理，执行安全生产责任制度，采取有效措施，防止伤亡和其他安全生产事故的发生。

（9）建筑施工企业的法定代表人对本企业的安全生产负责。

（10）施工现场安全由建筑施工企业负责。实行施工总承包的，由总承包单位负责。分包单位向总承包单位负责，服从总承包单位对施工现场的安全生产管理。

（11）建筑施工企业应当建立健全劳动安全生产教育培训制度，加强对职工安全生产的教育培训；未经安全生产教育培训的人员，不得上岗作业。

（12）建筑施工企业和作业人员在施工过程中，应当遵守有关安全生产的法律、法规和建筑行业安全规章、规程，不得违章指挥或者违章作业。作业人员有权对影响人身健康的作业程序和作业条件提出改进意见，有权获得安全生产所需的防护用品。作业人员对危及生命安全和人身健康的行为有权提出批评、检举和控告。

（13）建筑施工企业必须为从事危险作业的职工办理意外伤害保险，支付保险费。

（14）施工中发生事故时，建筑施工企业应当采取紧急措施减少人员伤亡和事故损失，并按照国家有关规定及时向有关部门报告。

1.4　招标投标法

1.4.1　概述

（一）招标投标法的概念

（1）广义：调整招投标活动的法律规范的总称。

（2）狭义：1999 年 8 月 30 日第九届全国人民代表大会常务委员会第十一次会议通过，2000 年 1 月 1 日起实施的《中华人民共和国招标投标法》（以下简称《招标投标法》），共 5 章 65 条。

（3）《招标投标法》是为了规范招标投标活动，保护国家利益、社会公共利益和招标投标活动当事人的合法权益，提高经济效益，保证项目质量而制定。

（二）招标范围

在中华人民共和国境内进行下列工程建设项目包括项目的勘察、设计、施工、监理以及与工程建设有关的重要设备、材料等的采购，必须进行招标：

（1）大型基础设施、公用事业等关系社会公共利益、公众安全的项目。

（2）全部或者部分使用国有资金投资或者国家融资的项目。

（3）使用国际组织或者外国政府贷款、援助资金的项目。

（三）原则

（1）任何单位和个人不得将依法必须进行招标的项目化整为零或者以其他任何方式规避招标。

（2）招标投标活动应当遵循公开、公平、公正和诚实信用的原则。

（3）依法必须进行招标的项目，其招标投标活动不受地区或者部门的限制。任何单位和个人不得违法限制或者排斥本地区、本系统以外的法人或者其他组织参加投标，不得以任何方式非法干涉招标投标活动。

（4）招标投标活动及其当事人应当接受依法实施的监督。有关行政监督部门依法对招标投标活动实施监督，依法查处招标投标活动中的违法行为。对招标投标活动的行政监督及有关部门的具体职权划分，由国务院规定。

1.4.2　招标

（一）招标条件

招标人是依照本法规定提出招标项目、进行招标的法人或者其他组织。

1.　招标人条件

（1）具有法人资格，即具有民事权利能力和民事行为能力；

(2)具有与招标工程相适应的经济、技术、管理人员；

(3)具有组织编制招标文件的能力；

(4)具有审查投标单位资质的能力；

(5)具有组织开标、评标定标的能力。

招标人不具有(2)～(5)能力的，须委托具有相应资质的招标代理机构办理招标事宜。

2. 招标项目条件

(1)项目概算已经批准；

(2)项目已经正式列入国家、部门或地方的年度固定资产投资计划；

.(3)已办理相关手续，如土地使用权证、规划许可证、施工许可证；

(4)已完成项目勘察、设计；

(5)项目建设资金已经落实；

(6)现场已经"三通一平"。

(二)招标的种类

招标分为公开招标和邀请招标。

1. 公开招标

公开招标是指招标人以招标公告的方式邀请不特定的法人或者其他组织投标。

《招标投标法》规定：招标人采用公开招标方式的，应当发布招标公告。依法必须进行招标的项目的招标公告，应当通过国家指定的报刊、信息网络或者其他媒介发布。招标公告应当载明招标人的名称和地址，招标项目的性质、数量、实施地点和时间以及获取招标文件的办法等事项。

2. 邀请招标

邀请招标是指招标人以投标邀请书的方式邀请特定的法人或者其他组织投标。

《招标投标法》规定：招标人采用邀请招标方式的，应当向三个以上具备承担招标项目的能力、资信良好的特定的法人或者其他组织发出投标邀请书。

(三)招标要求

(1)招标人可以根据招标项目本身的要求，在招标公告或者投标邀请书中，要求潜在投标人提供有关资质证明文件和业绩情况，并对潜在投标人进行资格审查；国家对投标人的资格条件有规定的，依照其规定。

招标人不得以不合理的条件限制或者排斥潜在投标人，不得对潜在投标人实行歧视待遇。

(2)招标人应当根据招标项目的特点和需要编制招标文件。招标文件应当包括招标项目的技术要求、对投标人资格审查的标准、投标报价要求和评标标准等所有实质性要求和条件以及拟签订合同的主要条款。

(3)招标文件不得要求或者标明特定的生产供应者以及含有倾向或者排斥潜在投标人的其他内容。

(4)招标人根据招标项目的具体情况，可以组织潜在投标人踏勘项目现场。

(5)招标人不得向他人透露已获取招标文件的潜在投标人的名称、数量以及可能影响公平竞争的有关招标投标的其他情况。招标人设有标底的，标底必须保密。

(6)招标人对已发出的招标文件进行必要的澄清或者修改的，应当在招标文件要求提交投标文件截止时间至少 15 日前，以书面形式通知所有招标文件收受人。该澄清或者修改的内容为招标文件的组成部分。

(7)招标人应当确定投标人编制投标文件所需要的合理时间；但是，依法必须进行招标的项目，自招标文件开始发出之日起至投标人提交投标文件截止之日止，最短不得少于20日。

1.4.3 投标

(一)投标人条件

投标人是响应招标、参加投标竞争的法人或者其他组织。依法招标的科研项目允许个人参加投标的，投标的个人适用本法有关投标人的规定。投标人应具备以下条件：

(1)投标人应当具备承担招标项目的能力。

(2)国家有关规定对投标人资格条件或者招标文件对投标人资格条件有规定的，投标人应当具备规定的资格条件。

(二)投标要求

(1)投标人应当按照招标文件的要求编制投标文件。投标文件应当对招标文件提出的实质性要求和条件作出响应。招标项目属于建设施工的，投标文件的内容应当包括拟派出的项目负责人与主要技术人员的简历、业绩和拟用于完成招标项目的机械设备等。

(2)投标人应当在招标文件要求提交投标文件的截止时间前，将投标文件送达投标地点。招标人收到投标文件后，应当签收保存，不得开启。投标人少于三个的，招标人应当依照本法重新招标。在招标文件要求提交投标文件的截止时间后送达的投标文件，招标人应当拒收。

(3)投标人在招标文件要求提交投标文件的截止时间前，可以补充、修改或者撤回已提交的投标文件；并书面通知招标人。补充、修改的内容为投标文件的组成部分。

(4)两个以上法人或者其他组织可以组成一个联合体，以一个投标人的身份共同投标。联合体各方均应当具备承担招标项目的相应能力；国家有关规定或者招标文件对投标人资格条件有规定的，联合体各方均应当具备规定的相应资格条件。由同一专业的单位组成的联合体，按照资质等级较低的单位确定资质等级。

联合体各方应当签订共同投标协议，明确约定各方拟承担的工作和责任，并将共同投标协议连同投标文件一并提交招标人。联合体中标的，联合体各方应当共同与招标人签订合同，就中标项目向招标人承担连带责任。招标人不得强制投标人组成联合体共同投标，不得限制投标人之间的竞争。

(5)投标人不得相互串通投标报价，不得排挤其他投标人的公平竞争，损害招标人或者其他投标人的合法权益。投标人不得与招标人串通投标，损害国家利益、社会公共利益或者他人的合法权益。

(6)禁止投标人以向招标人或者评标委员会成员行贿的手段谋取中标。

(7)投标人不得以低于成本的报价竞标，也不得以他人名义投标或者以其他方式弄虚作假，骗取中标。

1.4.4 开标、评标和中标

(1)开标应当在招标文件确定的提交投标文件截止时间的同一时间公开进行；开标地点应当为招标文件中预先确定的地点。

(2)开标由招标人主持，邀请所有投标人参加。

（3）开标时，由投标人或者其推选的代表检查投标文件的密封情况，也可以由招标人委托的公证机构检查并公证；经确认无误后，由工作人员当众拆封宣读投标人名称、投标价格和投标文件的其他主要内容。

招标人在招标文件要求提交投标文件的截止时间前收到的所有投标文件，开标时都应当当众予以拆封、宣读。开标过程应当记录，并存档备查。

（4）评标由招标人依法组建的评标委员会负责。依法必须进行招标的项目，其评标委员会由招标人的代表和有关技术、经济等方面的专家组成，成员人数为 5 人以上单数，其中技术、经济等方面的专家不得少于成员总数的 2/3。与投标人有利害关系的人不得进入相关项目的评标委员会，已经进入的应当更换。

评标委员会成员的名单在中标结果确定前应当保密。

（5）招标人应当采取必要的措施，保证评标在严格保密的情况下进行。任何单位和个人不得非法干预、影响评标的过程和结果。

（6）评标委员会应当按照招标文件确定的评标标准和方法，对投标文件进行评审和比较；设有标底的，应当参考标底。评标委员会完成评标后，应当向招标人提出书面评标报告，并推荐合格的中标候选人。招标人根据评标委员会提出的书面评标报告和推荐的中标候选人确定中标人。招标人也可以授权评标委员会直接确定中标人。中标人的投标应当符合下列条件之一：

①能够最大限度地满足招标文件中规定的各项综合评价标准；

②能够满足招标文件的实质性要求，并且经评审的投标价格最低，但是投标价格低于成本的除外。

（7）中标人确定后，招标人应当向中标人发出中标通知书，并同时将中标结果通知所有未中标的投标人。

中标通知书对招标人和中标人具有法律效力。中标通知书发出后，招标人改变中标结果的，或者中标人放弃中标项目的，应当依法承担法律责任。

（8）招标人和中标人应当自中标通知书发出之日起 30 日内，按照招标文件和中标人的投标文件订立书面合同。招标人和中标人不得再行订立背离合同实质性内容的其他协议。招标文件要求中标人提交履约保证金的，中标人应当提交。

1.4.5　法律责任

（1）任何单位违反本法规定，限制或者排斥本地区、本系统以外的法人或者其他组织参加投标价，为招标人指定招标代理机构的，强制招标人委托招标代理机构办理招标事宜的，或者以其他方式干涉招标投标活动的，责令改正；对单位直接负责的主管人员和其他直接责任人员依法给予警告、记过、记大过的处分，情节较重的，依法给予降级、撤职、开除的处分。个人利用职权进行前款违法行为的，依照前款规定追究责任。

（2）对招标投标活动依法负有行政监督职责的国家机关工作人员徇私舞弊、滥用职权或者玩忽职守，构成犯罪的，依法追究刑事责任；不构成犯罪的，依法给予行政处分。

（3）依法必须进行招标的项目违反本法规定，中标无效的，应当依照本法规定的中标条件从其余投标人中重新确定中标人或者依照本法重新进行招标。

第2章　建设工程市场与招投标制度

2.1　建设市场

2.1.1　建设市场

(一)概述

1. 建设市场的概念

(1)广义的建设市场是指建筑工程建设生产和交易关系的总称。

(2)狭义的建设市场是指有形建设市场,有固定的交易场所。

2. 建设市场特点

(1)由于建筑产品具有生产周期长、价值巨大、生产过程的不同阶段对承包单位的能力和特点的要求不同,决定了建设市场交易贯穿于建筑产品生产的整个过程。

(2)业主和承包单位从工程建设项目发包开始,一直到工程竣工、保修期结束,始终都在联系,生产活动与交易活动始终都交织在一起。

3. 建设市场体系

建设市场体系由下面几个部分组成:

(1)工程市场。工程市场包括房屋建筑、公路建筑、桥梁建筑、铁路建筑、水利电力建筑、矿山建筑等一切土木工程。

(2)活动市场。活动市场包括项目开发、勘测设计、施工安装、项目咨询、工程监理等活动。

(3)要素市场。要素市场包括劳务、建筑材料、施工机械、资金、技术、信息等市场。

(二)政府对建设市场的管理

(1)建设项目根据资金的来源不同可以分为两类:公共投资项目和私人投资项目,政府对这两类项目的管理方式是不同的。

①公共投资项目:政府既是业主,又是管理者。以不伤害纳税人利益和保证公务员廉洁为出发点,除了必须遵守一般法律外,还应公开招投标、保证项目实施过程的透明。

②私人投资项目:政府要求在实施过程中应遵守有关环境保护、规划范围内、安全生产等方面的法律规定。

(2)建设行政管理部门的管理任务主要是:

①制定建筑法律、法规;

②制定建筑规范与标准;

③对从业企业和专业人士进行资质管理和资格管理;

④质量管理;

⑤安全生产管理;

⑥行业资料统计；

⑦公共工程管理；

⑧国际合作和开拓国际市场。

2.1.2　建设市场的主体与客体

1. 建筑市场主体

建筑市场主体包括业主、承包商、工程咨询服务机构。

(1)业主是建设发包者，也是投资者，是建设项目的法人，在建筑市场交易行为中处于买方地位。

交通部 2000 年 8 月 28 日制定，同年 10 月 1 日实施的《公路建设四项制度实施办法》中，就对业主有明确规定，要求公路建设项目实施项目法人制，而项目法人为业主。

(2)承包人是工程建设中参与投标获得承包权的勘察设计单位、工程施工单位和材料设备供应单位，他们在建筑市场交易行为中处于卖方地位。

(3)工程咨询服务机构包括工程技术咨询、监理及仲裁机构、工程造价事务所、工程法律事务所等，他们在工程建设中处于服务地位。

2. 建筑市场客体

建筑市场客体包括有形的建筑产品和无形的各类活动(即建筑生产)。

(1)有形的建筑产品主要包括房屋建筑、公路建筑、桥梁建筑、铁路建筑、水利电力建筑、矿山建筑等一切土木工程。

有形的建筑产品的特点是：

①固定性，与土地连在一起，这是造成建筑产品价值不同的主要因素；

②单件性，一套图纸只能生产一件产品；

③价值巨大；

④体积庞大；

⑤整体性和分部分项工程的相对独立性。

(2)建筑生产：是指将投资变成固定资产的生产安装活动。

建筑生产的特点是：

①单件生产；

②产品不动，生产人员和机械移动；

③生产的不可逆转性；

④施工周期长，并受环境的影响；

⑤社会关注性。

3. 工程建设标准的法定性

工程建设标准是对工程勘察、工程设计、工程施工、工程验收、质量检验等各个环节中统一的技术要求，主要包括：

(1)建设工程勘察、设计、施工、验收等方面的质量要求和方法；

(2)建设工程勘察、设计、施工的安全、卫生与环境保护的技术要求；

(3)建设工程的术语、符号、代号、计量、单位等要求；

(4)建设工程的试验、检验、质量等评定标准与方法；

(5)建设工程的信息技术要求。

2.1.3 基本建设程序

(一)基本概念

1. 基本建设

基本建设指建造新的固定资产,从而扩大生产能力或工作效益的过程。

2. 基本建设内容

(1)建筑安装工程:建筑工程和安装工程。

(2)设备、工具、器具的购置:为满足项目的营运、管理、养护管理需要购置的设备等。

(3)其他基本建设工作:勘测、设计等工作。

3. 基本建设程序

基本建设程序指建设项目从酝酿、提出、决策、设计、施工、竣工验收、交付使用等整个过程中各项工作的先后顺序。

(二)我国的基本建设程序

我国基本建设程序如图1-1所示,主要包括以下内容:

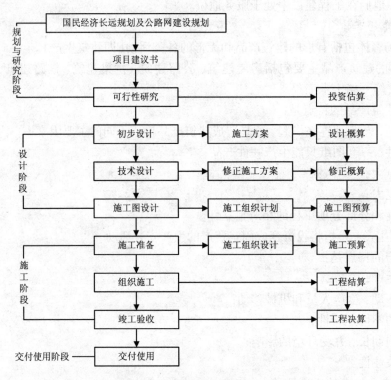

图1-1 我国基本建设程序框图

(1)项目建议:提交项目建议书,重点说明项目建设的必要性。

(2)可行性研究:提交项目可行性研究报告,包括预可、工可,重点论述"四性"——建设的必要性、经济的合理性、技术的可行性、实施的可能性。

(3)勘察设计:完成工程设计文件,根据项目建设规模和技术复杂程度,可分一阶段设计、二阶段设计、三阶段设计,即初步设计、技术设计、施工图设计。

(4)工程施工招投标和工程监理招投标:选择施工单位和监理单位。

(5)项目施工：三控及合同管理，完成合格工程。

(6)竣工验收，交付使用。

(7)项目运营，投资回收。

(8)项目后评价。

(三)违反基本建设程序的后果

(1)拖长了工期——事倍功半。

(2)前期工作没做好——工程无法完成。

(3)降低工程质量——增加事故。

(4)加大工程造价——降低了效益。

(5)工程建成了不能使用。

2.1.4　公路工程建设市场

(一)公路工程建设市场概述

(1)公路工程建设市场是国民经济整个大市场中的有机组成部分，是公路工程供求关系的总和。

(2)公路工程建设市场表现为公路工程产品、公路工程生产活动、与公路工程生产活动有关的机构三个方面的相互联系和相互作用。

①公路工程产品：包括高速公路、一级公路、二级公路、三级公路等。

②公路工程生产活动：包括规划、勘察设计、招投标、施工、监理、养护等。

③与公路工程生产活动有关的机构：业主、施工单位、监理单位、设计单位、政府主管机构等。

(二)公路工程建设市场特点

公路工程建设市场的特点，主要表现在以下五个方面：

(1)公路工程具有单件性和生产过程必须在其使用地点最终完成的特点，只能按照具体用户的要求，在指定的地位为其制造某种特定的公路工程。

(2)公路工程的交易过程很长：由于公路工程价值巨大，生产周期长，因而在确定交易条件时，生产者不可能接受先垫付资金进行生产、待交货后由需求者全额付款的结算方式；同样需求者也不可能接受先支付全部工程款、待工程完工后才由生产者向需求者交货的交易方式。公路工程的交易基本上都是采用分期交货、分期付款的方式，通常是按月度进行结算。

这样，从货款支付和交货过程(即公路工程形成的过程)来看，公路工程的交易就表现为一个很长的过程。

(3)公路工程建设市场具有明显的地区性：由于公路工程的固定性，公路工程的生产地点和使用地点是一致的，表现出明显的地区性。

(4)公路工程建设市场竞争激烈：由于不同的生产者在专业特长、管理和技术水平、生产组织的具体方式、对公路工程所在地各方面情况了解和市场熟悉程度以及竞争策略等方面有较大的差异，因而他们之间竞争更加激烈。

(5)公路工程建设市场风险较大。

①对公路工程生产者来说，公路工程建设市场的风险主要表现在：

a. 定价风险。由于建筑市场中的竞争主要表现为价格竞争，定价过高就意味着竞争失败，招揽不到工程任务；定价过低则可能亏本，甚至导致破产。

b. 生产过程中的风险。由于公路工程的生产周期长,在生产过程中会遇到许多干扰因素,如气候条件、地质条件、环境条件的变化等。这些干扰因素不仅直接影响到生产成本,而且影响生产周期,甚至影响到公路工程的质量与功能。

c. 需求者支付能力的风险。公路工程的价值巨大,其生产过程中的干扰因素可能使生产成本和价格升高,从而超过需求者的支付能力;或因贷款条件变化而使需求者筹措资金发生困难,甚至有可能需求者一开始就不具备足够的支付能力。凡此种种,都有可能出现需求者对生产者已完成的阶段产品拖延支付,甚至中断支付的情况。

②对公路工程需求者来说,公路工程建设市场的风险主要表现在:

a. 价格与质量的矛盾。需求者往往希望在产品功能和质量一定的条件下价格尽可能低,由于生产者与需求者对最终产品的质量标准产生理解的分歧,从而在既定的价格条件下达不到需求者预期的质量标准。

b. 价格与交货时间的矛盾。需求者往往对影响建筑产品生产周期的各种干扰因素估计不足,提出的交货日期有时很不现实,生产者为获得生产任务当然要接受这一条件,但都有相应的对策,使需求者陷入"骑虎难下"的境地。

c. 预付工程生产者一般无力垫付巨额生产资金,故多由需求者先向生产者支付一笔工程款,以后根据工程进度逐步扣回。这就可能使某些经营作风不正的生产者有机可乘,给需求者造成严重的经济损失。

(三)公路工程建设市场机制

(1)价格机制:包括价格形成、价格运行、价格调控。

(2)竞争机制:包括平等竞争、工程报建制、工程招投标制。

(3)行为约束机制:包括业主资格与行为、承包商资格与行为、监理单位资格与行为。

(4)利益约束机制:包括项目法人制、建设监理制。

(5)市场运行机制:包括国家调控市场、市场引导企业。

2.2　招标投标制度

2.2.1　招标投标概念与特点

(1)招标投标是公路工程建设市场的交易方式,是在双方同意基础上的一种买卖行为,其特点是由唯一的买主(业主)设定标的,招请若干家卖主(投标人)公平竞争,通过秘密报价、评比从中择优选择卖主,并与其达成交易协议的过程。

(2)招标投标是市场竞争的表现形式,是建立社会主义市场经济体制的过程中培育和发展建设市场的一项重要的改革措施,是竞争机制在建设市场产生作用的体现,是促进竞争的重要手段,是促进建设市场由垄断、封闭市场逐步向完全竞争市场转化和开放市场的重要条件。

(3)招标投标是公路工程的价格形成方式,是价格机制(价值规律和供求规律)在建设市场产生作用的体现。

(4)招标投标是承包合同的订立方式,是承包合同的形成过程。

(5)招标投标是一种法律行为。根据我国的法律规定,合同的订立程序包括要约和承诺两个阶段,招标投标的过程是要约和承诺实现的过程(在招标投标过程中投送标书是一种要约行为，签发中标通知书是一种承诺行为）。招标投标是当事人双方合同法律关系产生的过程。正因为招标投标是一种法律行为，所以，它必然要受到法律的规范和约束，它必须服从法律的规范和要求。

2.2.2　招标投标意义

招标投标是我国公路建设事业改革的需要，是发展市场经济的需要，理论上符合市场经济及价值规律的原理。主要意义是：

(1)促使建设单位按基本建设程序办事；

(2)可以缩短建设工期；

(3)可以降低工程造价；

(4)可以提高工程质量；

(5)有利于采用、推广、发展新技术和现代化的科学管理方法和经验；

(6)简化了经济结算手续，提高了工作效率；

(7)促进承包队伍素质的不断提高；

(8)国家、集体、个人的利益都得到保证，调动了各方面的积极性；

(9)促使向国际市场接轨。

2.2.3　招标投标的基本原则

招标投标的基本原则是由招标投标的基本性质和法律特征决定的，是保证招标投标合法有效的基本条件。主要原则有：

1. 合法原则

由于招标投标是合同的订立方式，招标投标行为是一种法律行为，所以，它必然要受到法律的规范和约束，服从法律的规范和要求。

(1)主体资格合法。主体资格合法即招标投标过程中买卖双方的主体资格应符合要求。公路勘察设计合同的主体是业主和勘察设计单位，公路施工承包合同的主体是业主和施工承包单位，公路施工监理合同的主体是业主和监理单位。根据合同法的规定，它们都必须具备法人资格，而且要有相应的履约能力。所以，工程建设过程中，作为业主要取得合法资格，首先必须办理法人登记(实行建设项目法人制是我国建设市场经济体制改革的一项重要内容，实行项目法人制后的业主是一个自我发展、自负盈亏、自我约束的经济实体，而不是政府机构的附属物)，而且应具备(筹集到)工程建设所需要的资金。同样，作为设计单位、施工单位或监理单位在参加投标活动之前，也必须具有法人资格，而且必须具有相应的技术等级和履约能力。

(2)合同内容合法。合同内容合法即招标文件中的合同内容必须遵守法律和法规，不得损害国家利益和社会公共利益，内容表述应当真实、准确，主要条款应当完备齐全。

(3)程序形式合法。程序形式合法即组织招标投标活动时应符合法定的程序和要求。当前，规范公路工程招标投标行为的法律法规除《中华人民共和国合同法》、《中华人民共和国招标投标法》、《中华人民共和国反不正当竞争法》外，还有交通部颁发的《公路工程施工招标投标管理办法》、《公路工程建设市场管理办法》。公路工程招标投标过程中，必须符合上述法律和法规的规定。

(4)代理制度合法。代理制度合法即参与招标投标活动的各家，如要委托他人代理招标投标活动，则代理单位应取得代理人的合法资格，按要求办理法人代表证明书或法人代表授权委托书，在从事代理活动过程中，不得有违反合同法中有关代理制度的各项规定。

2. 平等原则

平等原则是市场交易的基本要求。即要求地位平等、权利平等、意志平等、平等竞争以及投标面前机会均等等内容。

3. 公开、公正原则

公开原则要求招标投标活动具有高度的透明度，实行招标信息、招标程序公开。评标时按公开发布招标通告，公开开标，公开中标结果，按事先规定的方法进行评标，使每一个投标人获得同等的信息，知悉一切条件和要求。公开原则是保证公平、公正的必要条件。公正原则要求评标时按事先公布的标准对待所有的投标人。

4. 优胜劣汰原则

优胜劣汰原则是效率优先的具体要求，也是通过市场竞争优化资源配置的必然结果。

5. 遵循价值规律和服从供求规律相统一的原则

遵循价值规律和服从供求规律相统一的原则即在定标时，其中标单位的价格既应符合价值规律，也应反映供求规律的作用；既应反映建筑产品的社会必要劳动消耗量，也应反映当前的市场价格；既应经济，也应合理。

6. 诚实信用原则

诚实信用原则要求招标投标双方尊重对方利益，信守要约和承诺的法律规定，履行各自义务，不得规避招标、串通哄抬投标、泄露标底、骗取中标、非法转包合同等。

正因为招标投标是一种法律行为，它必然产生相应的法律后果。这种法律后果的具体表现是，承包人在投标有效期内不能变更和撤销标书，否则业主有权没收投标保证金；而业主在签发中标通知书后，双方的合同关系即告形成。

招标投标的法律属性要求我们在实际工作中，必须严肃认真地对待招标工作，周密细致地组织招标投标工作，最大限度地保证招标投标工作质量。

世界银行在其贷款项目的施工招标中，要求奉行"三E"原则，即效率原则、经济原则、公平原则。"三E"原则实际上是上述原则中平等原则、优胜劣汰原则、遵循价值规律与服从供求规律相统一原则的反映。

2.2.4　招标投标类型

招投标可分为工程招投标、采购招投标、服务招投标三大类。与公路工程相关的招投标有：

(1)公路工程勘察设计招投标：招标人按照国家基本建设程序，依据批准的可行性研究报告，对公路工程初步设计、施工图设计通过招标活动选定勘察设计单位的招投标活动。

由业主在可行性研究工作的基础上提出勘察设计招标文件，包括勘察设计标准规范、勘察设计原始资料及基本的原则要求(如位置、计划工期等)，然后由勘察设计单位提出自己的勘察设计方案和投标文件，业主通过评标委员会选择优者。

建筑工程勘察设计招标重点考察设计单位的水平、设计方案的优劣。

(2)建筑工程施工招投标是由业主通过招标方式选择施工单位的过程。施工招标的目的是在保证施工质量和工期的前提下降低施工成本和工程造价。

(3)建筑工程材料、设备供应招投标：建筑工程建设过程的材料、设备供应招标主要是对一些特种材料和机械设备(国内市场上依赖进口、国际市场上受少数供应商或制造商垄断，易形成垄断价格的材料设备)进行招标。

业主在招标中明确提出材料、设备的品种、规格和数量，供应商或制造商据此提供自己的材料设备性能和报价，业主择优选择材料或设备供应商。

根据《工程建设项目招标范围和规模标准规定》，重要设备、材料等货物的采购，单项合同估算价在 100 万元人民币以上的必须招标。

(4)施工监理招投标：针对建筑工程施工监理工作、选定施工监理队伍的招标活动。

施工监理招标过程中，由业主制定招标文件，一般包括建立合同条款、服务范围、施工图纸、监理规范等内容，监理单位在此基础上提出监理规划和监理费，业主进行评比，确定监理单位。

(5)设计与施工总招投标：由业主事先提出设计施工的基本原则和要求，招标过程中，由设计单位和施工单位组成设计施工联合体进行投标，业主从中选择一家工程造价低、工期符合要求的单位承担本项目的设计和施工。

此方式有利于优化设计方案、减低造价；有利于设计、施工的综合安排。

2.2.5　招标投标的法律与法规

招标投标的法律法规，是组织招标投标工作的法律准绳规范。招标投标的法律法规很多，主要有：

(1)《中华人民共和国招标投标法》(1999 年 8 月 30 日中华人民共和国主席令第 21 号公布)；

(2)《关于国务院有关部门实施招标投标活动行政监督的职责分工意见》(2002 年 5 月 3 日国务院国办发〔2000〕第 34 号公布)；

(3)《关于禁止在市场经济活动中实行地区封锁的规定》(2001 年 4 月 21 日国务院〔2001〕第 303 号公布)；

(4)《公路工程标准施工招标资格预审文件》(2009 年 8 月 1 日交通运输部交公路发〔2009〕第 221 号公布)；

(5)《公路工程标准施工招标文件》(2009 年 8 月 1 日交通运输部发〔2009〕第 221 号公布)；

(6)《公路工程施工监理招标文件范本》(2008 年 12 月 25 日交质监发〔2008〕第 557 号)；

(7)《公路工程施工招标投标管理办法》(2006 年 6 月 23 日交通部令〔2006〕第 7 号公布)；

(8)《公路工程施工监理招标投标管理办法》(2006 年 5 月 25 日交通部令〔2006〕第 6 号公布)；

(9)《公路建设市场管理办法》(2004 年 12 月 21 日交通部令〔2004〕第 14 号公布)；

(10)《关于贯彻国务院办公厅关于进一步规范招投标活动的若干意见的通知》(2004 年 11 月 22 日交通部交公路发〔2004〕688 号公布)；

(11)《公路养护工程施工招标投标管理暂行规定》(2003 年 6 月 1 日交通部公路发〔2003〕第 89 号公布)；

(12)《公路工程施工招标评标委员会评标工作细则》(2003 年 3 月 11 日交通部交公路发〔2003〕第 70 号公布)；

(13)《工程建设项目施工招标投标办法》(2003 年 3 月 8 日国家发展计划委员会、建设部、铁道部、交通部、信息产业部、水利部、中国民用航空总局令〔2003〕第 30 号公布);

(14)《评标专家和评标专家库管理暂行办法》(2003 年 2 月 22 日国家发展计划委员会令〔2003〕第 29 号公布);

(15)关于发布《公路工程勘察设计招标资格预审文件范本》和《公路工程勘察设计招标文件范本》的通知(2003 年 2 月 21 日交通部交公路发〔2003〕第 52 号公布);

(16)《关于对参与公路工程投标和施工的公路施工企业资质要求的通知》(2002 年 11 月 25 日交通部交公路发〔2002〕第 544 号公布);

(17)《关于认真贯彻执行公路工程勘察设计招标投标管理办法的通知》(2002 年 7 月 11 日交通部交公路发〔2002〕303 号公布);

(18)《国家计委关于指定发布依法必须招标项目招标公告的媒介的通知》(2002 年 6 月 30 日国家发展计划委员会公布);

(19)《公路工程勘察设计招标评标办法》(2001 年 9 月 29 日交通部交公路发〔2001〕第 582 号公布);

(20)《公路工程勘察设计招标投标管理办法》(2001 年 8 月 21 日交通部令〔2001〕第 6 号公布);

(21)关于进一步贯彻《中华人民共和国招标投标法》的通知(2001 年 7 月 27 日国家发展计划委员会计政策〔2001〕第 1400 号公布);

(22)《评标委员会和评标方法暂行规定》(2001 年 7 月 5 日国家发展计划委员会等七部委令〔2001〕第 12 号公布);

(23)《公路建设项目评标专家库管理办法》(2001 年 6 月 11 日交通部交公路发〔2001〕第 300 号公布);

(24)《关于整顿和规范公路建设市场秩序的若干意见》(2001 年 5 月 21 日交通部交公路发〔2001〕第 190 号公布);

(25)《招标公告发布暂行办法》(2000 年 7 月 1 日国家发展计划委员会令〔2000〕第 4 号公布);

(26)《工程建设项目招标范围和规模标准规定》(2000 年 7 月 1 日国家发展计划委员会令〔2000〕第 4 号公布);

(27)《关于禁止串通招标投标行为的暂行规定》(国家工商总局 2000 年第 82 号令公布)。

2.3　公路工程特点与标准施工招标文件

2.3.1　公路的组成

公路一般由路基、路面、桥梁、隧道工程和交通工程设施等几大部分组成。

(一)路基工程

路基是用土或石料修筑而成的线形结构物。它承受着本身的岩土自重和路面重力,以及由路面传递而来的行车荷载,是整个公路构造的重要组成部分。路基主要包括路基体、边坡、边沟及其他附属设施等几个部分,路基的形式主要有填方路基、挖方路堑及半填半挖路基。

（二）路面工程

路面是用各种筑路材料或混合料分层铺筑在公路路基上供汽车行驶的层状构造物，其作用是保证汽车在道路上能全天候、稳定、高速、舒适、安全和经济地运行。路面通常由路面体、路肩、路缘石及中央分隔带等组成，其中路面体在横向又可分为行车道、人行道及路缘带。

（1）路面体按结构层次自上而下可分为面层、基层、垫层或联结层等。

（2）面层所用材料主要有：水泥混凝土、沥青混凝土、沥青碎（砾）混合料、沙砾或碎石掺土的混合料以及块石等。它要承受较大的行车荷载的垂直力、水平力和冲击力的作用，同时还要承受降水、侵蚀及气温等外界因素的影响。

（3）基层所用材料主要有：各种结合料（如石灰、水泥、沥青等）稳定土或稳定碎（砾）石、贫水混凝土、天然沙砾、各种碎石或砾石、片石、块石或圆石，各种工业废渣（如煤渣、粉煤灰、矿渣、石灰石等）和土、砂、石所组成的混合料。基层主要承受由面层传来的车辆荷载的垂直力，并扩散到下面的垫层和土基中去。

（4）垫层材料分为两类，一类是松散粒料，如砂、砾石、炉渣等组成的透水性垫层，另一类是用水泥或石灰稳定土等修筑的稳定类垫层。垫层介于土基和基层之间，它的功能是改善土基的湿度和温度状况，以保证面层和基层的强度、刚度和稳定性不受土基水温状况变化所造成的不良影响。

（三）桥隧工程

桥隧工程包括桥梁、涵洞、通道和隧道等。

（四）交通工程设施

交通工程设施是针对高等级公路行车速度快、通过能力大、交通事故少、服务水平高的特点而设置的，它包括安全设施、管理设施、服务设施、收费设施、供电设施、环保设施等内容。

2.3.2　公路工程施工特点

（1）公路是固定在土地上的构筑物，而施工生产是流动的，所以公路工程施工组织是复杂的，这是区别于工业生产的最根本的特点。由于公路工程的固定性，就需要把众多的劳力、施工机具、材料，在时间和空间上加以合理的组织，从而使它们在施工现场按照科学的施工顺序流动，不致互相妨碍而影响施工。

（2）公路工程是根据具体的设计来构造的，而构成公路的各项工程各有不同的功能要求和施工方法，使得各项工程具有各自不同的结构和造型。由于其施工生产的单件性和工程结构的多样性，所以施工组织是多变的，因而一般不能采用固定不变的施工模式，要按照不同的工程对象，采用不同的施工工艺和施工组织方法进行。

（3）公路工程规模大、建设周期长，所以施工组织工作是非常艰巨的。由于规模大，需要消耗大量的人力和物力；施工组织工作不仅要做好开工年度的安排，而且要对以后各年度作出统筹部署，同时还要考虑各种不同工程之间的开竣工的衔接，只有这样，方能保证公路工程施工生产的连续且有序的进行。

（4）公路工程是露天施工，有些是在高空和地下作业，所以极易受气候和自然条件的影响与制约，这就决定了公路施工组织工作的特殊性和不能全年连续均衡地进行施工生产。故在施工组织中，要对雨季、冬季和高温季节采取特殊的技术措施和施工方法，在高空和地下作业则要采取必要的防护措施，以确保工程质量和施工安全。

公路工程施工因具有以上特点，决定了它的施工规律，只有研究并遵循这些规律，科学地组织施工,才能圆满地完成施工任务。

2.3.3 标准施工招标文件

2007 年,国家九部委联合编制《中华人民共和国标准施工招标资格预审文件》(2007 年版)、《中华人民共和国标准施工招标文件》(2007 年版),适用于一定规模以上且设计和施工不是由同一承包商承担的工程施工招标。

2009 年,中华人民共和国交通运输部为加强公路工程施工招标管理,规范资格预审文件和招标文件编制工作,在国家九部委联合编制的《中华人民共和国标准施工招标资格预审文件》(2007 年版)、《中华人民共和国标准施工招标文件》(2007 年版)的基础上,结合公路工程施工招标特点和管理需要,组织制定了《公路工程标准施工招标资格预审文件》(2009 年版)、《公路工程标准施工招标文件》(2009 年版),规定自 2009 年 8 月 1 日起施行。自施行之日起,必须进行招标的二级及以上公路工程应当使用此文件,二级以下公路项目可参照执行。在具体项目招标过程中,招标人可根据项目实际情况,编制项目专用文件,与此文件共同使用,但不得违反九部委 56 号令的规定。

第 3 章　工程施工招标

3.1　施工招标概述

3.1.1　组建项目法人

（1）公路建设项目依法实行项目法人负责制：项目法人可自行管理公路建设项目，也可委托具备法人资格的项目管理单位进行项目管理。项目法人直接组织高速公路的建设，对项目筹划、资金筹措及资金安排、工程质量、工程进度、生态环境保护、运营管理、债务偿还和资金管理等负有全面责任。

（2）在完成立项后，正式成立或明确项目法人，按项目管理权限，报交通主管部门审批，并应依法成立有限责任公司。新组建的项目法人应依法办理公司的注册或事业法人登记手续。

（3）《中华人民共和国公司法》规定，以生产经营为主的项目，注册资本人民币 50 万元以上，有公司名称、组织机构、生产经营场所和必要的生产经营条件等，必须依法成立有限责任公司。注册资本人民币 1 000 万元以上，必须依法成立股份有限公司。

（4）公路建设项目法人应当按照公开、公平、公正的原则，依法组织公路建设项目的招标投标工作。不得规避招标，不得对潜在投标人和投标人实行歧视政策，不得实行地方保护和暗箱操作。

（5）公路工程勘察、设计、施工、监理、试验检测等从业单位，应按照法律、法规的规定，取得有关管理部门颁发的相应资质后，方可进入公路建设市场。

3.1.2　施工招标应具备的条件

交通部《公路工程施工招标投标管理办法》（交通部令 2006 年第 7 号）中规定了施工招标应具备的条件。

1. 必须进行招标的公路项目

下列公路工程施工项目必须进行招标，但涉及国家安全、国家秘密、抢险救灾或者利用扶贫资金实行以工代赈等不适宜进行招标的项目除外：

（1）投资总额在 3 000 万元人民币以上的公路工程施工项目；

（2）施工单项合同估算价在 200 万元人民币以上的公路工程施工项目；

（3）法律、行政法规规定应当招标的其他公路工程施工项目。

2. 公路工程项目施工招标应具备的条件

（1）初步设计文件已被批准；

（2）建设资金已经落实；

（3）项目法人已经确定，并符合项目法人资格标准要求。

3. 公路工程项目施工招标对招标人的规定

公路工程施工招标的招标人，应当是依照《公路工程施工招标投标管理办法》规定提出公路工程施工招标项目、进行公路工程施工招标的项目法人。公路工程项目施工招标招标人条件：

(1)具备下列条件的招标人，可以自行办理招标事宜：

①具有与招标项目相适应的工程管理、造价管理、财务管理能力；

②具有组织编制公路工程施工招标文件的能力；

③具有对投标人进行资格审查和组织评标的能力。

(2)招标人不具备上述规定条件的，应当委托具有相应资格的招标代理机构办理公路工程施工招标事宜。

(3)任何组织和个人不得为招标人指定招标代理机构。

3.1.3　工程项目施工招标方式

(一)国内施工招标方式

(1)公路工程施工招标分为公开招标和邀请招标。

①采用公开招标的，招标人应当通过国家指定的报刊、信息网络或者其他媒体发布招标公告，邀请具备相应资格的不特定的法人投标。

②采用邀请招标的，招标人应当以发送投标邀请书的方式，邀请3家以上具备相应资格的特定的法人投标。

(2)公路工程施工招标应当实行公开招标，法律、行政法规和本办法另有规定的除外。符合下列条件之一，不适宜公开招标的，依法履行审批手续后，可以进行邀请招标：

①项目技术复杂或有特殊技术要求，且符合条件的潜在投标人数量有限的；

②受自然地域环境限制的；

③公开招标的费用与工程费用相比，所占比例过大的。

(3)公路工程施工招标，可以对整个建设项目分标段一次招标，也可以根据不同专业、不同实施阶段分别进行招标，但不得将招标工程化整为零或者以其他任何方式规避招标。

(4)公路工程施工招标标段，应当按照有利于对项目实施管理和规模化施工的原则，合理划分。施工工期应当按照批复的初步设计建设工期，结合项目实际情况，合理确定。

(二)国际施工招标方式

1. 国际完全竞争性招标

国际完全竞争性招标：招标人在国际范围内，采用公平竞争方式，根据公开招标原则，对投标人进行评标和定标，最大限度地挑起竞争，形成买方市场，使招标人有最充分的挑选余地，取得最有利的成交条件。

2. 国际有限竞争性招标

国际有限竞争性招标主要有排他性招标、指定性招标、邀请性招标、地区性招标、保留性招标等几种方式。

3. 两阶段招标

两阶段招标一般是指公开招标和限制招标相结合，先公开后限制。

3.1.4　施工招标程序

（一）进行公路工程施工招标的程序

（1）确定招标方式。采用邀请招标的，应当按照国家规定报有关主管部门审批。

（2）编制投标资格预审文件和招标文件。国道主干线和国家高速公路网建设项目的工程施工招标文件应当报交通部备案；其他建设项目的工程施工招标文件应当按照项目管理权限报县级以上地方人民政府交通主管部门备案。

（3）发布招标公告，发售投标资格预审文件；采用邀请招标的，可直接发出投标邀请书，发售招标文件。资格预审文件和招标文件的发售时间不得少于 5 个工作日。

（4）对潜在投标人进行资格审查。招标人应当合理确定资格预审申请文件和投标文件的编制时间。编制资格预审申请文件的时间，自开始发售资格预审文件之日起至潜在投标人提交资格预审申请文件截止时间止，不得少于 14 日。

（5）向资格预审合格的潜在投标人发出投标邀请书和发售招标文件。

（6）组织潜在投标人考察招标项目工程现场，召开标前会议。

（7）接受投标人的投标文件，公开开标。编制投标文件的时间，自招标文件开始发售之日起至投标人提交投标文件截止时间止，高速公路、一级公路、技术复杂的特大桥梁、特长隧道不得少于 28 日，其他公路工程不得少于 20 日。

（8）组建评标委员会评标，推荐中标候选人。

（9）确定中标人。评标报告和评标结果按规定备案并公示。招标人应当自确定中标人之日起 15 日内，将评标报告向规定的备案机关进行备案：国道主干线和国家高速公路网建设项目的评标报告和评标结果，应当报交通部备案；其他建设项目的评标报告和评标结果，应当按照项目管理权限报县级以上地方人民政府交通主管部门备案。

（10）发出中标通知书。

（11）招标人和中标人应当自中标通知书发出之日起 30 日内订立书面公路工程施工合同。

①依据：招标文件、投标书及有效的补充文件和信函。

②投标单位拒签：无权请求返回投标保证金；招标单位拒签：双倍返回投标保证金。

招标人应当自订立公路工程施工合同之日起 5 个工作日内，向中标人和未中标的投标人退还投标保证金。由于中标人自身原因放弃中标，招标文件约定放弃中标不予返还投标保证金的，中标人无权要求返还投标保证金。

（二）施工招标基本程序中相关问题的说明

1. 招标的组织机构及其职能

成立招标的组织机构是有效地开展招标工作的先决条件。招标的组织机构包括决策机构和日常工作机构两个部分。

（1）决策机构及其职能。决策机构的组建应严格以《中华人民共和国招标投标法》及项目法人制的要求为依据，充分发挥业主的自主决策作用，转变政府职能，落实业主的招标自主决策权，由业主根据项目的特点和需要来确定决策机构人选。决策机构的职能和工作如下：

①确定招标方案。包括制订招标计划、合理划分标段等工作。

②确定招标方式。根据法律法规和项目特点确定招标项目是采用公开招标方式还是邀请招标方式。

③选定承包方式(承包合同形式)。即根据项目的特点和管理的需要确定招标项目的计价方式是采用总价合同、单价合同还是成本加酬金合同形式。

④划分标段。确定各标段的承、发包范围。

⑤确定招标文件的合同参数。如工期、预付款比例、缺陷责任期、保留金比例、迟付款利息的利率、拖期损失赔偿金或按时竣工奖金的额度、开工时间等。

⑥根据招标项目的需要选择招标代理单位,资格预审中确定投标人,评标定标时依法组建评标委员会,依法确定中标单位。

⑦依法对标底进行审查与管理。

(2)日常工作机构及职能。日常工作机构又称招标单位,其工作职能主要包括准备招标文件和资格预审文件、组织投标人资格预审、发布招标广告或投标邀请书、发售招标文件、组织现场考察、组织标前会议、组织开标评标等事项。日常工作可由业主自己来组织,也可委托专业监理单位或招标代理单位来承担。由于施工招标是合同的前期(合同订立的)管理工作,而施工监理是合同履行中的管理工作,监理工程师参加招标甚至将整个招标工作委托给监理单位承担,对搞好施工监理工作是很有帮助的,这也是国际惯例。

(3)根据《公路工程施工招标投标管理办法》的规定,具备下列条件的招标人可自行办理招标事宜:

①具有与招标项目相适应的工程管理、造价管理、财务管理能力;

②具有组织编制公路工程施工招标文件的能力;

③具有对投标人进行资格审查和组织评标的能力。

(4)招标代理:招标人不具备本条前款规定条件的,应当委托具有相应资格的招标代理机构办理公路工程施工招标事宜。所谓招标代理机构是依法设立、从事招标代理业务并提供相关服务的社会中介组织。任何组织和个人不得为招标人指定招标代理机构。招标代理机构的成立应具备以下条件:

①有从事招标代理业务的营业场所和相应资金;

②有能够编制招标文件和组织评标的相应专业力量;

③有符合法定条件、可以作为评标委员会人选的技术、经济等方面的专家库。

从事工程建设项目招标代理业务的招标代理机构,其资格由国务院或者省级人民政府的建设行政主管部门认定。

2. 标段划分

工程是可以进行分标的。因为一个建设项目投资额很大,所涉及的各个项目技术复杂,工程量也巨大,往往一个承包商难以完成。为了加快工程进度,发挥各承包商的优势,降低工程造价,对一个建设项目进行合理分标,是非常必要的。所以,编制招标文件前,应适当划分标段,选择分标方案。这是一项十分重要而又棘手的准备工作。确定好分标方案后,要根据分标的特点编制招标文件。

(1)标段划分原则。分标时必须坚持不肢解工程的原则,保持工程的整体性和专业性。

(2)标段划分必须综合考虑以下因素:

①工程的特点。如工程建设场地面积大、工程量大、有特殊技术要求、管理不便的,可以考虑对工程进行分标。如工程建设场地比较集中、工程量不大、技术上不复杂、便于管理的,可以不进行分标。

②对工程造价的影响。大型、复杂的工程项目,一般工期长,投资大,技术难题多,因而

对承包商在能力、经验等方面的要求很高。对这类工程，如果不分标，可能会使有资格参加投标的承包商数量大为减少，竞争对手少必然会导致投标报价提高，招标人就不容易得到满意的报价。如果对这类工程进行分标，就会避免这种情况，对招标人、投标人都有利。

③工程资金的安排情况。建设资金的安排，对工程进度有重要影响。有时，根据资金筹措、到位情况和工程建设的次序，在不同时间进行分段招标，就十分必要。如对国际工程，当外汇不足时，可以按国内承包商有资格投标的原则进行分标。

④对工程管理上的要求。现场管理和工程各部分的衔接，也是分标时应考虑的一个因素。分标要有利于现场的管理，尽量避免各承包商之间在现场分配、生活营地、附属厂房、材料堆放场地、交通运输、弃渣场地等方面的相互干扰，在关键线路上的项目一定要注意相互衔接，防止因一个承包商在工期、质量上的问题而影响其他承包商的工作。

　　3. 相关法规对招标内容的规定

发改办法规〔2005〕824 号《关于我委办理工程建设项目审批（核准）时核准招标内容的意见》指出，审批核准招标内容应包括：

（1）建设项目的勘察、设计、施工、监理以及重要设备、材料等采购活动的具体招标范围（全部或者部分招标）。

（2）建设项目的勘察、设计、施工、监理以及重要设备、材料等采购活动拟采用的招标组织形式（委托招标或者自行招标）；拟自行招标的，还应按照《工程建设项目自行招标试行办法》（原国家计委令第 5 号）规定报告书面材料。

（3）建设项目的勘察、设计、施工、监理以及重要设备、材料等采购活动拟采用的招标方式（公开招标或者邀请招标）；国家重点项目拟采用邀请招标的，应对采用邀请招标的理由作出说明。

3.2　施工招标文件

招标文件的规范化对做好招标投标工作是非常重要的，为满足规范化的要求，编写招标文件时，应遵循合法性、公平性和可操作性的编写原则。在此基础上，根据交通部组织专家编写的《公路工程标准施工招标文件范本》（2009 年 8 月 1 日交通运输部交公路发〔2009〕第 221 号公布），结合项目的具体情况和法律法规的要求予以补充。根据范本的格式和当前招标工作的实践，施工招标文件应包括以下内容：招标公告/投标邀请书、投标人须知、评标方法、合同条款及格式、工程量清单、图纸、技术规范、投标书格式。

招标文件的组成会因合同类型的不同而有所差别。例如，对总价合同而言，图纸中须包括施工图纸但无需工程量清单，而单价合同可以没有施工图纸但工程量清单必不可少。

3.2.1　招标公告/投标邀请书

（一）招标公告

1. 主要内容

主要内容有招标条件，项目概况与招标范围，投标人资格要求，招标文件的获取，投标文件的递交及相关事宜，发布公告的媒介，联系方式。

2. 注意事项

（1）招标人可根据项目具体特点和实际需要对本章内容进行补充、细化，但应遵守《中华人民共和国招标投标法》第十六条和《招标公告发布暂行办法》等有关法律法规的规定。

（2）对于被招标项目所在地省级交通主管部门评为最高信用等级的投标人，招标人可在招投标方面给予一定的奖励。

（3）国务院国有资产监督管理机构直接监管的中央企业均不属于本条规定的"母公司"，其一级子公司可同时对同一标段投标，但同属一个子公司的二级子公司不得同时对同一标段投标。

（4）招标文件（未进行资格预审）的发售时间不得少于 5 个工作日。

（5）招标文件中所有复印件均指彩色扫描件或彩色复印件。

（6）招标文件中提到的货币单位除有特别说明外，均指人民币元。

（7）每套招标文件售价只计工本费，最高不超过 1000 元（不含图纸部分）；图纸每套售价最高不超过 3000 元；参考资料也应只计工本费，最高不超过 1000 元。

（8）投标预备会与发售招标文件的时间应有一定的间隔，一般不得少于 3 天，以便投标人阅读招标文件和准备提出问题。

（9）自招标文件开始发售之日起至投标人递交投标文件截止时间止，高速公路、一级公路、技术复杂的特大桥梁、特长隧道不得少于 28 天，其他公路工程不得少于 20 天。

（二）投标邀请书

投标邀请书是招标人向通过资格预审的投标人或潜在投标人正式发出参与本项目投标的邀请。因此，投标邀请书也是投标人具有参加投标资格的证明，而没有得到投标邀请书的投标人，无权参加本项目的投标。

投标邀请书应当载明下列内容：招标条件，项目概况与招标范围，投标人资格要求，招标文件的获取，投标文件的递交及相关事宜，确认，联系方式。

3.2.2　投标人须知

（一）投标人须知前附表

"投标人须知前附表"用于进一步明确正文中的未尽事宜，由招标人根据招标项目具体特点和实际需要编制和填写。

1. 主要内容

投标人须知前附表包括条款号、条款名称和编列内容三部分。具体内容包括：

（1）招标人及招标代理机构名称、地址、联系人及联系方式；

（2）建设项目名称、建设地点、资金来源、出资比例、资金落实情况；

（3）招标范围、计划工期、质量要求；

（4）投标人资质条件、能力和信誉要求，是否接受联合体投标的规定；

（4）现场踏勘、投标预备会及问题的提出和澄清的规定；

（5）有关工程分包、偏离的规定；

（6）有关澄清招标文件截止时间、投标截止时间、收到澄清文件的截止时间等时间方面的规定；

（7）工程量清单的填写方式及是否接受调价函的规定；

（8）投标有效期、投标保证金的规定；

（9）对财务状况、业绩、诉讼及仲裁等有关资格要求方面的规定；

（10）是否允许递交备选投标方案的规定；

（11）投标文件签字、盖章、份数、装订、封套内容、递交等方面的规定；

(12)有关开标、评标、定标、履约担保、监督方面的规定。

2．注意事项

(1)"投标人须知前附表"用于进一步明确正文中的未尽事宜,由招标人根据招标项目具体特点和实际需要编制和填写,但务必做到与招标文件中其他章节的衔接,并不得与本章正文内容相抵触。

(2)"投标人须知前附表"中的附录表格同属"投标人须知前附表"内容,具有同等效力。

(3)对于技术特别复杂的特大桥梁和长大隧道工程,招标人还应增加附录6、附录7对投标人的其他主要管理人员和技术人员以及主要机械设备和试验检测设备提出要求。

(4)投标文件的密封情况可由监标人或投标人代表检查。

(5)评标委员会应由招标人代表和有关方面的专家组成,人数为5人以上单数,其中技术、经济专家人数应不少于成员总数的2/3。

(6)履约担保金额一般为10%签约合同价,如果采用经评审的最低投标价法评标,履约担保金额应符合本章"投标人须知"第7.3.1项的规定。

(7)对于被招标项目所在地省级交通主管部门评为最高信用等级的中标人,招标人可在履约担保方面给予一定的奖励,例如招标人可给予中标人1%~5%签约合同价履约担保金的优惠,具体优惠幅度由招标人自行确定。

(8)履约担保的现金比例一般不超过签约合同价的5%。

3．附录

附录一共有7个,主要内容如下:

附录1:施工企业资质等级要求。具体资质要求由招标人在满足国家相关法律法规前提下,根据招标项目具体特点和实际情况确定。

附录2:财务要求。具体财务要求由招标人在满足国家相关法律法规前提下,根据招标项目具体特点和实际情况确定。例如招标人可对投标人近3年的平均营业额、流动比率、投标能力等提出要求,其中投标能力应满足以下要求:$A \leq B - C$。其中:A 为投标人所投的标段中标后平均每年应完成的合同金额;B 为投标人近三年已实现的平均每年完成的合同金额;C 为在本项目投标时,投标人正在施工和新承接的项目平均每年应完成的合同金额。

附录3:业绩要求。具体业绩要求由招标人在满足国家相关法律法规前提下,根据招标项目具体特点和实际情况确定,但不得设置过高的业绩资格条件。

附录4:信誉要求。具体信誉要求由招标人在满足国家相关法律法规前提下,根据招标项目具体特点和实际情况确定。

附录5:项目经理和项目总工要求。对项目经理(以及备选人)和项目总工(以及备选人)的具体资格要求由招标人在满足国家相关法律法规前提下,根据招标项目具体特点和实际情况确定,但不得设置过高的资格条件。

附录6:其他主要管理人员和技术人员最低要求。对其他主要管理人员和技术人员的最低要求由招标人在满足国家相关法律法规前提下,根据招标项目具体特点和实际情况确定,但不得设置过高的资格条件。

附录7:主要机械设备和实验检测设备要求。对主要机械设备和试验检测设备的最低要求由招标人在满足国家相关法律法规前提下,根据招标项目具体特点和实际情况确定。

(二)投标人须知的内容

投标人须知是一份为让投标人了解招标项目及招标的基本情况和要求而准备的一份文

件，该文件中应说明以下内容。

（1）总则：包括项目概况、资金来源和落实情况、招标范围、计划工期和质量要求、投标人资格要求、费用承担、保密、语言文字、计量单位、踏勘现场、投标预备会、分包、偏离等。

（2）招标文件：包括招标文件的组成、招标文件的澄清、招标文件的修改。

（3）投标文件：包括投标文件的组成、投标报价、投标有效期、投标保证金、备选投标方案、投标文件的编制。

（4）投标：包括投标文件的密封和标志、投标文件的递交、投标文件的修改与撤回。

（5）开标：包括开标时间和地点、开标程序。

（6）评标：包括评标委员会、评标细则、评标。

（7）合同授予：包括定标方式、中标通知、履约担保、签订合同。

（8）重新招标和不再招标。

（9）纪律和监督：包括对招标人的纪律要求、对投标人的纪律要求、对评标委员会成员的纪律要求、对与评标活动有关的工作人员的纪律要求、投诉。

（10）需要补充的其他内容。

（三）投标人须知附表

投标人须知附表一共有6个，即开标记录表、问题澄清通知、问题的澄清、中标通知书、中标结果通知书、确认通知。

（四）投标人须知的相关规定

1. 关于联合体投标的规定

投标人须知前附表规定接受联合体投标的，除应符合投标人须知前附表的要求外，还应遵守以下规定：

（1）联合体各方应按招标文件提供的格式签订联合体协议书，明确联合体牵头人和各方权利义务；

（2）由同一专业的单位组成的联合体，按照资质等级较低的单位确定资质等级；

（3）联合体各方不得再以自己名义单独或参加其他联合体在同一标段中投标；

（4）联合体所有成员数量不得超过投标人须知前附表规定的数量；

（5）联合体牵头人所承担的工程量必须超过总工程量的50%；

（6）联合体各方应分别按照本招标文件的要求，填写投标文件中的相应表格，并由联合体牵头人负责对联合体各成员的资料进行统一汇总后一并提交给招标人；联合体牵头人所提交的投标文件应认为已代表了联合体各成员的真实情况；

（7）尽管委任了联合体牵头人，但联合体各成员在投标、签约与履行合同过程中，仍负有连带的和各自的法律责任。

2. 关于投标人的规定

投标人不得存在下列情形之一：

（1）为招标人不具有独立法人资格的附属机构（单位）；

（2）为本标段前期准备提供设计或咨询服务的，但设计施工总承包的除外；

（3）为本标段的监理人；

（4）为本标段的代建人；

（5）为本标段提供招标代理服务的；

（6）与本标段的监理人或代建人或招标代理机构同为一个法定代表人的；

（7）与本标段的监理人或代建人或招标代理机构相互控股或参股的；

（8）与本标段的监理人或代建人或招标代理机构相互任职或工作的；

（9）被责令停业的；

（10）被暂停或取消投标资格的；

（11）财产被接管或冻结的；

（12）在最近 3 年内有骗取中标或严重违约或重大工程质量问题的；

（13）经评标委员会认定会对承担本项目造成重大影响的正在诉讼的案件；

（14）被省级及以上交通主管部门取消项目所在地的投标资格或禁止进入该区域公路建设市场且处于有效期内；

（15）为投资参股本项目的法人单位。

3. 关于费用、保密、语言文字及计量单位的规定

（1）费用承担：投标人准备和参加投标活动发生的费用自理。

（2）保密：参与招标投标活动的各方应对招标文件和投标文件中的商业和技术等秘密保密，违者应对由此造成的后果承担法律责任。

（3）语言文字：除专用术语外，与招标投标有关的语言均使用中文。必要时专用术语应附有中文注释。

（4）计量单位：所有计量均采用中华人民共和国法定计量单位。

4. 关于踏勘现场及投标预备会的规定

（1）踏勘现场

投标人须知前附表规定组织踏勘现场的，招标人按投标人须知前附表规定的时间、地点组织投标人踏勘项目现场。

投标人踏勘现场发生的费用自理。

除招标人的原因外，投标人自行负责在踏勘现场中所发生的人员伤亡和财产损失。

招标人在踏勘现场中介绍的工程场地和相关的周边环境情况，供投标人在编制投标文件时参考，招标人不对投标人据此作出的判断和决策负责。

招标人提供的本合同工程的水文、地质、气象和料场分布、取土场、弃土场位置等参考资料，并不构成合同文件的组成部分，投标人应对自己就上述资料的解释、推论和应用负责，招标人不对投标人据此做出的判断和决策承担任何责任。

（2）投标预备会

投标人须知前附表规定召开投标预备会的，招标人按投标人须知前附表规定的时间和地点召开投标预备会，澄清投标人提出的问题。

投标人应在投标人须知前附表规定的时间前，以书面形式将提出的问题送达招标人，以便招标人在会议期间澄清。

投标预备会后，招标人在投标人须知前附表规定的时间内，将对投标人所提问题的澄清，以书面方式通知所有购买招标文件的投标人。该澄清内容为招标文件的组成部分。

5. 关于分包的规定

招标项目严禁转包和违规分包，且不得再次分包。投标人拟在中标后将中标项目的部分非主体、非关键性工作进行分包的，应符合以下规定：

（1）分包内容要求。允许分包的工程范围仅限于非关键性工程或者适合专业化队伍施工的专业工程。

（2）分包金额要求。专业工程分包的工程量累计不得超过总工程量的30%。

（3）接受分包的第三人资质要求。分包人的资格能力应与其分包工程的标准和规模相适应，具备相应的专业承包资质或劳务分包资质。

（4）其他要求。投标人如有分包计划，应按要求填写"拟分包项目情况表"，且投标人中标后的分包应满足合同条款的相关要求。

6．关于偏差的规定

投标人须知前附表允许投标文件偏离招标文件某些要求的，偏离应当符合招标文件规定的偏离范围和幅度。

偏离即偏差，偏差分重大偏差和细微偏差。

对投标价进行算术性错误修正及其他错误修正后，最终投标报价超过投标控制价上限的，属于重大偏差，视为对招标文件未做出实质性响应，按废标处理。

投标文件中的下列偏差为细微偏差：

（1）对投标价进行算术性错误修正及其他错误修正后，最终投标报价未超过投标控制价上限的情况下；

（2）施工组织设计（含关键工程技术方案）和项目管理机构不够完善。

评标委员会对投标文件中的细微偏差按如下规定处理：

（1）按照"评标办法"的规定予以修正并要求投标人进行澄清；

（2）如果采用合理低价法或经评审的最低投标价法评标，应要求投标人对细微偏差进行澄清，只有投标人的澄清文件被评标委员会接受，投标人才能参加评标价的最终评比。如果采用综合评估法评标，评标委员会会在相关评分因素的评分中酌情扣分，但最多扣分不得超过各评分因素权重分值的40%。

7．关于招标文件澄清和修改的规定

（1）招标文件的澄清：

①投标人应仔细阅读和检查招标文件的全部内容。如发现缺页或附件不全，应及时向招标人提出，以便补齐。如有疑问，应在投标人须知前附表规定的时间前以书面形式（包括信函、电报、传真等可以有形地表现所载内容的形式），要求招标人对招标文件予以澄清。

②招标文件的澄清将在规定的投标截止时间15天前以书面形式发给所有购买招标文件的投标人，但不指明澄清问题的来源。如果澄清发出的时间距投标截止时间不足15天，相应延长投标截止时间。招标人有责任保证所有购买招标文件的投标人收到招标文件的澄清。

③投标人在收到澄清后，应在投标人须知前附表规定的时间内以书面形式通知招标人，确认已收到该澄清。

（2）招标文件的修改：

①在投标截止时间15天前，招标人可以书面形式修改招标文件，并通知所有已购买招标文件的投标人。如果修改招标文件的时间距投标截止时间不足15天，相应延长投标截止时间。招标人有责任保证所有购买招标文件的投标人收到招标文件的修改。

②投标人收到修改内容后，应在投标人须知前附表规定的时间内以书面形式通知招标人，确认已收到该修改。

8．关于投标有效期及投标保证金的规定

（1）投标有效期：

①在规定的投标有效期内，投标人不得要求撤销或修改其投标文件。

②出现特殊情况需要延长投标有效期的，招标人以书面形式通知所有投标人延长投标有效期。投标人同意延长的，应相应延长其投标保证金的有效期，但不得要求或被允许修改或撤销其投标文件；投标人拒绝延长的，其投标失效，但投标人有权收回其投标保证金。

（2）投标保证金：

①投标人在递交投标文件的同时，应按规定的金额、担保形式和规定的投标保证金格式递交投标保证金，并作为其投标文件的组成部分。联合体投标的，其投标保证金由牵头人递交，并应符合投标人须知前附表的规定。

投标保证金必须选择下列任一种形式：电汇、银行保函或招标人规定的其他形式。

若采用电汇，投标人应在投标人须知前附表规定的投标保证金递交截止时间之前，将投标保证金由投标人的基本账户一次性汇入招标人指定账户，否则视为投标保证金无效。

若采用银行保函，则应由投标人开立基本账户的银行开具。银行保函应采用招标文件提供的格式，且应在投标有效期满后 30 天内保持有效，招标人如果延长了投标有效期，则投标保证金的有效期也相应延长。银行保函原件应装订在投标文件的正本之中。

②投标人不按要求提交投标保证金的，其投标文件作废标处理。

③招标人与中标人签订合同后 5 个工作日内，向未中标的投标人和中标人退还投标保证金。

④有下列情形之一的，投标保证金将不予退还：

a. 投标人在规定的投标有效期内撤销或修改其投标文件；

b. 中标人在收到中标通知书后，无正当理由拒签合同协议书或未按招标文件规定提交履约担保；

c. 投标人不接受依据评标办法的规定对其投标文件中细微偏差进行澄清和补正；

d. 投标人提交了虚假资料。

9. 关于投标文件密封和标示的规定

（1）投标文件的正本与副本应分别包装在内层封套里，投标文件电子文件（如需要）以及填写完毕的工程量固化清单电子文件（若采用工程量固化清单形式）应与正本包在同一个内层封套里，然后统一密封在一个外层封套中。内层和外层封套均应加贴封条，内层封套的封口处应加盖投标人单位章。外层封套上不应有任何投标人的识别标志。

（2）投标文件的内层封套上应清楚地标记"正本"或"副本"字样，内、外层封套上应写明的其他内容见投标人须知前附表。

（3）若采用双信封形式，投标文件第一个信封（商务及技术文件）以及第二个信封（投标报价和工程量清单）应单独密封包装。第一个信封（商务及技术文件）的正本与副本应分别包装在相应的内层封套里，然后统一密封在一个外层封套中。第二个信封（投标报价和工程量清单）的正本与副本应分别包装在相应的内层封套里，投标文件电子文件（如需要）以及填写完毕的工程量固化清单电子文件（若采用工程量固化清单形式）应与第二个信封（投标报价和工程量清单）正本包在同一个内层封套里，然后统一密封在一个外层封套中。内层和外层封套均应加贴封条，内层封套的封口处应加盖投标人单位章。外层封套上不应有任何投标人的识别标志。

（4）投标文件的内层封套上应清楚地标记"正本"或"副本"字样，投标文件第一个信封（商务及技术文件）以及第二个信封（投标报价和工程量清单）封套上应写明投标人须知前附表规定的其他内容。

（5）未按要求密封和加写标记的投标文件，招标人不予受理。

10. 关于投标文件递交、修改与撤回的规定

(1)投标文件的递交：

①投标人应在规定的投标截止时间前递交投标文件。

②投标人递交投标文件的地点：见投标人须知前附表。

③除另有规定外，投标人所递交的投标文件不予退还。

④招标人收到投标文件后，向投标人出具签收凭证。

⑤逾期送达的或者未送达指定地点的投标文件，招标人不予受理。

⑥在特殊情况下，招标人如果决定延后投标截止时间，应在规定的时间前，以书面形式通知所有投标人延后投标截止时间。在此情况下，招标人和投标人的权利和义务相应延后至新的投标截止时间。

(2)投标文件的修改与撤回：

①在规定的投标截止时间前，投标人可以修改或撤回已递交的投标文件，但应以书面形式通知招标人。

②投标人修改或撤回已递交投标文件的书面通知应按要求签字或盖章。招标人收到书面通知后，向投标人出具签收凭证。

③修改的内容为投标文件的组成部分。修改的投标文件应按照规定进行编制、密封、标记和递交，并标明"修改"字样。

11. 关于纪律和监督的规定

(1)对招标人的纪律要求。招标人不得泄漏招标投标活动中应当保密的情况和资料，不得与投标人串通损害国家利益、社会公共利益或者他人合法权益。

(2)对投标人的纪律要求。投标人不得相互串通投标或者与招标人串通投标，不得向招标人或者评标委员会成员行贿谋取中标，不得以他人名义投标或者以其他方式弄虚作假骗取中标；投标人不得以任何方式干扰、影响评标工作。

(3)对评标委员会成员的纪律要求。评标委员会成员不得收受他人的财物或者其他好处，不得向他人透漏对投标文件的评审和比较、中标候选人的推荐情况以及评标有关的其他情况。在评标活动中，评标委员会成员不得擅离职守，影响评标程序正常进行，不得使用评标办法没有规定的评审因素和标准进行评标。

(4)对与评标活动有关的工作人员的纪律要求。与评标活动有关的工作人员不得收受他人的财物或者其他好处，不得向他人透漏对投标文件的评审和比较、中标候选人的推荐情况以及评标有关的其他情况。在评标活动中，与评标活动有关的工作人员不得擅离职守，影响评标程序正常进行。

(5)投诉。投标人和其他利害关系人认为本次招标活动违反法律、法规和规章规定的，有权向有关行政监督部门投诉。

3.2.3　评标办法

在《公路工程标准施工招标文件》(2009年版)中明确规定了评标办法，主要有合理低价法、综合评估法、经评审的最低投标价法三种方法。

(一)合理低价法

合理低价法是综合评估法的评分因素中评标价得分为100分，其他评分因素分值为0分的特例。

1. 基本方法

（1）评标方法：评标委员会对满足招标文件实质性要求的投标文件，按照 2009 年版《公路工程标准施工招标投标文件》规定的评分标准进行打分，并按得分由高到低顺序推荐中标候选人，或根据招标人授权直接确定中标人，但投标报价低于其成本的除外。综合评分相等时，以投标报价低的优先；投标报价也相等的，招标人可采用被招标项目所在地省级交通主管部门评为较高信用等级的投标人优先或递交投标文件时间较前的投标人优先或其他方法确定第一中标候选人。

（2）评标基准价计算方法：

在开标现场，招标人将当场计算并宣布评标基准价。

①评标价的确定。

方法一：评标价＝投标函文字报价。

方法二：评标价＝投标函文字报价－暂估价－暂列金额（不含计日工总额）。

②评标价平均值的计算。除按投标人须知规定开标现场被宣布为废标的投标报价之外，所有投标人的评标价去掉一个最高值和一个最低值后的算术平均值即为评标价平均值（如果参与评标价平均值计算的有效投标人少于 5 家时，则计算评标价平均值时不去掉最高值和最低值）。

③评标基准价的确定。

方法一：将评标价平均值直接作为评标基准价。

方法二：将评标价平均值下浮一定百分比，作为评标基准价。

方法三：招标人设置评标基准价系数，由投标人代表或监标人现场抽取，评标价平均值乘以现场抽取的评标基准价系数作为评标基准价。

如果投标人认为某一标段的评标基准价计算有误，有权在开标现场提出，经监标人当场核实确认之后，可重新宣布评标基准价。确认后的评标基准价在整个评标期间保持不变，不随通过初步评审和详细评审的投标人的数量发生变化。

④评标价的偏差率计算公式。

评标价的偏差率计算公式如下：

$$偏差率＝（投标人评标价－评标基准价）/评标基准价×100\%$$

2. 初步评审标准

评标办法前附表中规定了初步评审标准，包括形式评审标准、资格评审标准、响应性评审标准、分值构成与评分标准。

3. 评标程序

评标程序包括投标文件的澄清与补正，初步评审，详细评审。

4. 评标结果

评标委员会按照得分由高到低的顺序推荐中标候选人。并在完成评标后，应当向招标人提交书面评标报告。

5. 双信封形式合理低价法

招标人采用合理低价法时，也可采用双信封形式，即：投标文件应采用双信封密封，第一个信封内为商务及技术文件，第二个信封内为投标报价和工程量清单，在开标前同时提交给招标人。其评标程序如下：

（1）招标人按照投标人须知的规定对投标文件第一个信封（商务及技术文件）进行开标。

（2）评标委员会首先对投标文件第一个信封（商务及技术文件）进行评审，确定通过投标文件第一个信封（商务及技术文件）评审的投标人名单。

（3）招标人按照投标人须知的规定对通过投标文件第一个信封（商务及技术文件）评审的投标文件第二个信封（投标报价和工程量清单）进行开标。

（4）评标委员会对投标文件第二个信封（投标报价和工程量清单）进行评审并推荐中标候选人。

（二）综合评估法

综合评估法是其评分因素中评标价得分与其他评分因素分值合计为100分的评标方法。

1. 评标的依据

招标人根据招标项目具体特点和实际需要，详细列明全部评审因素、标准，没有列明的因素和标准不得作为评标的依据。

2. 分值构成

分值由施工组织设计、项目管理机构、评标价、财务能力、业绩、履约信誉、其他构成，各占一定比例，总分为100分。

3. 评分因素与权重分值

招标人应根据项目具体情况确定各评分因素及评分因素权重分值，并对各评分因素进行细分、确定各评分因素细分项的分值，各评分因素权重分值合计应为100分。各评分因素得分均不应低于其权重分值的60%，且各评分因素得分应以评标委员会各成员的打分平均值确定，该平均值以去掉一个最高和一个最低分后计算。

（三）经评审的最低投标价法

1. 评标方法

评标委员会对满足招标文件实质性要求的投标文件，按照规定的评分标准进行打分，并按得分由高到低顺序推荐中标候选人，或根据招标人授权直接确定中标人，但投标报价低于其成本的除外。综合评分相等时，以投标报价低的优先；投标报价也相等的，招标人可采用被招标项目所在地省级交通主管部门评为较高信用等级的投标人优先或递交投标文件时间较前的投标人优先或其他方法确定第一中标候选人。

2. 评审标准

（1）初步评审标准：包括形式评审标准，资格评审标准，响应性评审标准，施工组织设计和项目管理机构评审标准。

（2）详细评审量化标准：经评审的投标价（评标价）＝修正后的投标报价－修正后的暂估价－修正后的暂列金额（不含计日工总额）。

3. 评标程序

评标程序包括初步评审，详细评审，投标文件的澄清和补正，评标结果。

4. 双信封形式最低投标价法

招标人采用综合评估法时，也可采用双信封形式，即：投标文件应采用双信封密封，第一个信封内为商务及技术文件，第二个信封内为投标报价和工程量清单，在开标前同时提交给招标人。

3.2.4 合同条款及格式

(一) 概述

1. 合同条件的内容与组成

合同条件又称合同条款,主要规定了合同履行中当事人基本的权利和义务。合同履行中的工作程序、监理工程师的职责与权力也应在合同条款中进行说明,目的是让投标人充分了解施工中将面临的监理环境。合同条款包括通用条款和专用条款:通用条款在整个项目中是相同的,甚至可以直接采用范本中的合同条款,这样既可节省编制招标文件的时间,又能较好地保证合同的公平性和严密性(也便于投标人节省阅读招标文件的时间);专用条款是对通用条款的补充和具体化,应根据各标段的情况来组织编写。在编制合同条款时,保持合同的公平性是很重要的,实践中,多数业主单位喜欢对招标文件范本中的合同条款随意修改,特别是将一些不合理的规定强加在投标人的身上,将一些施工中投标人无法克服也承受不了的风险交由投标人承担,总以为这样做可以避免业主的风险损失,减少索赔,降低工程造价。但是,这种想法实际上是错误的,这样的合同会带来以下问题:

(1) 不利于降低投标报价。由于投标人的报价是由施工成本、利润以及风险费三部分组成。所以当合同规定主要风险由业主承担时,投标人的报价可不考虑风险费用,这样的合同条款有利于促使承包单位通过提高劳动生产率水平来降低施工成本,并最终降低投标报价。也就是说,如果风险不发生,业主可以节省概算中的风险费用,从而达到降低工程造价的目的。但如果合同规定主要风险由投标人承担,则投标人在报价中必然要考虑风险费用,由于风险的发生是不确定的,风险损失的大小是无法准确估计的,因此,这样的合同会使投标人的投标报价工作很难进行,一些保守的单位会在报价中考虑较多的风险费用,一些不负责任的单位则可能不考虑风险费用,最终的结果是使投标报价无法真实地反映投标人的劳动生产率水平和竞争实力,使招标丧失其应有的功能,达不到降低工程造价的目的,不利于促进社会劳动生产力水平的提高。

(2) 不利于合同的正常履行和合同管理。这样的合同一开始就未能为业主和投标人的合作创造一种良好的氛围,投标人为了中标,可能暂时签订了"城下之盟",但当风险发生而使投标人遭受损失时,投标人避免损失的办法可能就是偷工减料,最终遭受损失的仍然是业主。

(3) 这样的合同不受法律保护。由于合同条款违反了公平性的原则和要求,因此,这样的合同在性质上属于可撤销合同,不受法律保护,当投标人无法履行时,可以向人民法院申请撤销;当发生经济纠纷时,人民法院可按无效经济合同的法律责任论处。

因此,在编制合同条款时,一定要满足合同的公平性及合法性的要求。在这个原则下,合同条款应尽可能地具体明确,充分满足可操作性的要求。一份操作性好的合同,应该是各种问题面面俱到、处理办法应有尽有的合同,凡是在合同履行中出现的任何情况,都可以在合同中找出相应的处理办法。未尽事宜很多,需要在执行中协商解决的合同是一份可操作性差的合同,不利于合同的正常履行。

鉴于以上情况,编制合同条款时,《公路工程标准施工招标文件》通用条款原则上不能变动,世界银行贷款项目应采用 FIDIC 条款为通用条款。在编写专用条款时,也应以《公路工程标准施工招标文件》中的专用条款格式为基础去编写,不宜对通用条款做过多的修改。

2. 合同条款与工程造价

合同条款与工程造价的基本关系是:合同条款中投标人的义务越多,风险责任越大,则工程造价越高。

例如，当合同条款中要求投标人提交履约担保和预付款担保时，这种要求有利于促进投标人履行其合同义务，但却增加了投标人的担保义务，因此其工程造价会相应提高。

又如，合同条款中涉及各种风险责任，其中有些风险责任是投标人通过加强管理可以避免克服的，而有些风险责任却是投标人即使加强管理也无法避免克服的，且很难在投标中做出准确的估计。因此，如果将这些无法预见和克服的风险责任交由投标人在报价中考虑，则不利于降低投标报价和工程造价。

再如，合同条款中要求投标人办理保险义务。投标人为承担该义务要支出相应的保险费用，投标人在其报价中必然考虑该项费用。但保险是避免风险责任的有效途径，能起到防范和化解工程风险的作用，可大幅度降低报价及施工中的风险费用。因此，投标人办理保险虽增加保险费，但却可减少施工中的风险费，总体上有利于降低投标报价和工程造价。

另外，合同条款中的监理工程师职责与权力的规定对工程造价也有重要影响。监理工程师的独立性越强，公正性越高，投标人的合法权益越能受到保护，投标人相应的风险减小，有利于投标人降低投标报价及工程造价。并且，监理工程师在监理过程中能有效地起到投资控制的作用。当然，随之会发生相应的监理费用。

合同中的索赔规定及价格调整条款也与投标报价及工程造价密切相关。表面上业主会支出赔偿费用，但实质上，由于投标人的风险责任大大减小，投标报价也因此大幅度降低，进而起到降低工程造价的作用。

3. 解释合同文件的优先顺序

组成合同的各项文件应互相解释，互为说明。除专用合同条款另有约定外，解释合同文件的优先顺序如下：

(1)合同协议书；

(2)中标通知书；

(3)投标函及投标函附录；

(4)专用合同条款；

(5)通用合同条款；

(6)技术标准和要求；

(7)图纸；

(8)已标价工程量清单；

(9)其他合同文件。

(二)通用合同条款

通用合同条款属于一切土木工程类的施工用合同条款。按《公路工程标准施工招标投标文件》(2009 年 8 月 1 日交通运输部交公路发〔2009〕第 221 号公布)规定包括下列内容：

(1)一般约定；

(2)发包人义务；

(3)监理人；

(4)承包人；

(5)材料和工程设备；

(6)施工设备和临时设施；

(7)交通运输；

（8）测量放线；

（9）施工安全、治安保卫和环境保护；

（10）进度计划；

（11）开工和竣工；

（12）暂停施工；

（13）工程质量；

（14）试验和检验；

（15）变更；

（16）价格调整；

（17）计量与支付；

（18）竣工验收；

（19）缺陷责任与保修责任；

（20）保险；

（21）不可抗力；

（22）违约；

（23）索赔；

（24）争议的解决。

通用合同条款一般直接放入招标文件中。通用条款内相关条款之间，既相互联系起到补充作用，又相互制约起到保证作用。

（三）专用合同条款

专用合同条款是据土木施工项目所在地的具体情况或项目自身的特点，对照合同通用条款具体编写、修改、补充和完善后的合同条款。

1. 公路工程专用合同条款

公路工程专用合同条款的编号与通用合同条款编号一致。

2. 项目专用合同条款

（1）招标人在根据《公路工程标准施工招标文件》编制项目招标文件中的"项目专用合同条款"时，可根据招标项目的具体特点和实际需要，对"通用合同条款"及"公路工程专用合同条款"进行补充和细化，除"通用合同条款"明确"专用合同条款"可做出不同约定以及"公路工程专用合同条款"明确"项目专用合同条款"可做出不同约定外，补充和细化的内容不得与"通用合同条款"及"公路工程专用合同条款"强制性规定相抵触。同时，补充、细化或约定的不同内容，不得违反法律、行政法规的强制性规定和平等、自愿、公平和诚实信用原则。

（2）项目专用合同条款的编号应与通用合同条款和公路工程专用合同条款一致。

（3）项目专用合同条款可对下列内容进行补充和细化：

①"通用合同条款"中明确指出"专用合同条款"可对"通用合同条款"进行修改的内容（在"通用合同条款"中用"应按合同约定""应按专用合同条款约定""除合同另有约定外""除专用合同条款另有约定外""在专用合同条款中约定"等多种文字形式表达）；

②"公路工程专用合同条款"中明确指出"项目专用合同条款"可对"公路工程专用合同条款"进行修改的内容（在"公路工程专用合同条款"中用"除项目专用合同条款另有约定外""项目专用合同条款可能约定的""项目专用合同条款约定的其他情形"等多种文字形式表达）。

③其他需要补充、细化的内容。

3．项目专用合同条款数据表

在合同条款及格式中，规定了一个"项目专用合同条款数据表"，细化了合同专用条款内容。

4．几点说明

(1)项目专用合同条款数据表是项目专用合同条款中适用于本项目的信息和数据的归纳与提示，是项目专用合同条款的组成部分。编写招标文件的单位应仔细校核，不使数据出现差错或不一致。缺陷责任期一般应为自实际交工日期起计算2年。

(2)逾期交工违约金限额一般应为10%签约合同价。

(3)对于工程规模不大、工期较短的工程(例如工期不超过12个月的)，可以不进行调价。

(4)开工预付款金额一般应为10%签约合同价。

国际上一般按月平均支付额的0.3~0.5计算，我国可按0.2~0.3计算，以利于承包人资金周转。

(5)相当于中国人民银行短期贷款利率加手续费。招标人不能自行取消本项内容或降低利率。

(6)质量保证金一般不超过合同价格的5%。

(7)若交工验收时承包人具备被招标项目所在地省级交通主管部门评定的最高信用等级，发包人可在质量保证金方面给予一定的奖励，例如发包人可给予承包人2%合同价格质量保证金的优惠，并在交工验收时向承包人返还质量保证金优惠的金额，具体优惠幅度由发包人自行确定。

(8)保修期一般应为自实际交工日期起计算5年。

5．项目专用合同条款内容

(1)承包人的一般义务；

(2)不利物质条件；

(3)合同进度计划；

(4)异常恶劣的气候条件；

(5)承包人暂停施工的责任；

(6)不可抗力的确认；

(7)承包人违约。

6．其他合同参数的确定

(1)竣工奖金及误期损害赔偿费。竣工奖金及误期损害赔偿费的大小，应在考虑项目工期对预期受益的影响及建设期支付贷款利息和一定的激励及制裁目的后综合制定。不考虑项目工期对预期受益影响及建设期支付贷款利息因素所制定出来的竣工奖金及误期损害赔偿费既不科学，文件上也不严密，投标人有空子可钻。

(2)迟付款利率的制定。迟付款利率的大小应反映资金的机会成本，在业主的贷款利率的基础上综合制定。

(3)预付款的确定。支付预付款的目的是使投标人在施工中有能满足施工要求的流动资金。制订招标文件时，不提供预付款，甚至要求投标人垫资施工的做法是错误的，既违反了《公路建设市场管理办法》等法律法规的规定，也加大了投标人的负担，影响了合同的公平性。预付款有动员预付款和材料预付款两种。

①预付款用于承包人为合同工程施工购置材料、工程设备、施工设备、修建临时设施以及组织施工队伍进场等。预付款的额度和预付办法在专用合同条款中约定。预付款必须专用于合同工程。

②预付款保函：除专用合同条款另有约定外，承包人应在收到预付款的同时向发包人提交预付款保函，预付款保函的担保金额应与预付款金额相同。保函的担保金额可根据预付款扣回的金额相应递减。

③预付款的扣回与还清：预付款在进度付款中扣回，扣回办法在专用合同条款中约定。在颁发工程接收证书前，由于不可抗力或其他原因解除合同时，预付款尚未扣清的，尚未扣清的预付款余额应作为承包人的到期应付款。

(四)合同附件格式

《公路工程标准施工招标文件》(2009 年版)中规定了合同协议书、廉政合同、安全生产合同、履约担保、预付款担保、工程资金监管协议等附件的内容和格式。

3.2.5　工程量清单

(一)工程量清单的作用、组成与格式

工程量清单是一份与技术规范相对应的文件，它是单价合同的产物。其作用在于：提供合同中关于工程量的足够信息，以使投标人能统一、有效而精确地编写投标文件；标有单价的工程量清单是办理中期支付和结算以及处理工程变更计价的依据。

工程量清单由说明、工程量清单表、计日工表、暂估价表和投标报价汇总表、工程量清单单价分析表六部分组成。其中的说明，规定了工程量清单的性质、特点以及单价的构成和填写要求等。工程量清单表反映了施工项目中各工程细目的数量，它是工程量清单的主体部分，其基本格式见表 3 - 1。

表 3 - 1　工程量清单表基本格式

清单　　第　　章

子目号	子　目　名　称	单位	数量	单价	合价

清单　　　章合计　人民币 _____

(二)工程量清单表主要内容

工程量清单表包括了以下七大部分内容：

第 100 章　总则：保险费等、竣工文件、施工环保费、安全生产费、工程管理软件(暂估价)、临时工程与设施、承包人驻地建筑等。

第 200 章　路基：场地清理，路基挖方，路基填筑，特殊地区路基处理，路基防护、挡土墙等。

第 300 章　路面：垫层、石灰稳定土地基层，水泥稳定土地基层及基层，石灰粉煤灰稳定土地基层及基层，级配碎(砾)石地基层及基层，透层与黏层及封层，热料沥青混合料面层，改性沥青及其混合料，水泥混凝土面板、排水等。

第 400 章　桥梁、涵洞：圆管涵级倒虹吸管，盖板涵和箱涵，拱涵等。板与拱架及支架，钢筋，基础挖方及回填，钻孔灌注桩，沉桩，挖孔灌注桩，桩的垂直荷载试验，沉井，结构砼工程，预应力砼工程，预制构件的安装，砌石工程，钢构件，桥面铺装，桥梁支座，桥梁接缝与伸缩缝装置，防水处理等。

第 500 章　隧道：洞口、明洞开挖，防水与排水，洞身开挖与洞身衬砌，预埋件，消防设施等。

第 600 章　安全设施及预埋管线：护栏，隔离栅，道路交通标志及其标线，防眩设施，通信及电力管道预埋基础，收费设施及地下通道等。

第 700 章　绿化及环境保护：铺设表土，撒播草种，种植乔木、灌木等，铺草皮，植物养护级管理，声屏障，环境保护等。

(三) 工程量清单说明

(1) 工程量清单是根据招标文件中包括的、有合同约束力的图纸以及有关工程量清单的国家标准、行业标准、合同条款中约定的工程量计算规则编制。约定计量规则中没有的子目，其工程量按照有合同约束力的图纸所标示尺寸的理论净量计算。计量采用中华人民共和国法定计量单位。

(2) 工程量清单应与招标文件中的投标人须知、通用合同条款、专用合同条款、技术规范及图纸等一起阅读和理解。

(3) 工程量清单中所列工程数量是估算的或设计的预计数量，仅作为投标报价的共同基础，不能作为最终结算与支付的依据。实际支付应按实际完成的工程量，由承包人按技术规范规定的计量方法，以监理人认可的尺寸、断面计量，按本工程量清单的单价和总额价计算支付金额；或者，根据具体情况，按合同条款的规定，由监理人确定的单价或总额价计算支付额。

(4) 工程量清单各章是按"技术规范"的相应章次编号的，因此，工程量清单中各章的工程子目的范围与计量等应与"技术规范"相应章节的范围、计量与支付条款结合起来理解或解释。

(5) 对作业和材料的一般说明或规定，未重复写入工程量清单内，在给工程量清单各子目标价前，应参阅"技术规范"的有关内容。

(6) 工程量清单中所列工程量的变动，丝毫不会降低或影响合同条款的效力，也不免除承包人按规定的标准进行施工和修复缺陷的责任。

(7) 图纸中所列的工程数量表及数量汇总表仅是提供资料，不是工程量清单的外延。当图纸与工程量清单所列数量不一致时，以工程量清单所列数量作为报价的依据。

(8) 除非合同另有规定，工程量清单中有标价的单价和总额价均包括了为实施和完成合同工程所需的劳务、材料、机械、质检(自检)、安装、缺陷修复、管理、保险(工程一切险及第三方责任险除外)、税费、利润等费用，以及合同明示或暗示的所有责任、义务和一般风险。

(9) 工程量清单中本合同工程的每一个子目，都需填入单价；对于没有单价或总额价的子目，其费用应视为已包括在工程量清单的其他单价或总额价中，承包人必须按监理工程师指令完成工程量清单中未填入单价或总额价的工程子目，但不能得到结算与支付。

(10) 符合合同条款规定的全部费用应认为已被计入有标价的工程量清单所列各子目之中，未列子目不予计量的工作，其费用应视为已分摊在本合同工程的有关子目的单价或总额价之中。

（11）承包人用于本合同工程的各类装备的提供、运输、维护、拆卸、拼装等支付的费用，已包括在工程量清单的单价与总额价中。

（12）工程量清单中各项金额均以人民币元结算。

（13）计量方法：

①用于支付已完工程的计量方法，应符合技术规范中相应章节的"计量与支付"条款的规定。

②图纸中所列的工程数量表及数量汇总表仅是提供资料，不是工程量清单的外延。当图纸与工程量清单所列数量不一致时，以工程量清单所列数量作为报价的依据。

③工程量清单中各项金额均以人民币元结算。

（四）工程量清单的子目划分

1. 工程量清单子目划分的条件

工程量清单的编写包括子目划分及工程量整理两项工作。在划分工程子目时，应满足如下要求：

（1）和技术规范保持一致性；

（2）便于计量与支付，减小计量难度；

（3）便于合同管理及处理工程变更；

（4）保持合同的公平性。

2. 注意事项

为满足上述要求，在划分工程子目时应注意下列问题：

（1）工程量清单各工程子目在名称、单位等方面都应和技术规范相一致，以便投标人清楚各工程子目的内涵和准确地填写各子目的单价。

（2）工程细目的大小要科学。工程子目可大可小，工程子目小有利于处理工程变更（变更的计价），但计量工作量和计量难度会因此增加；工程子目大可减少计量工作量，但太大难以发挥单价合同的优势，不便于变更工程的处理；另外，工程子目大也会使得支付周期延长，投标人的资金周转发生困难，最终影响合同的正常履行和合同的严肃性。例如，桥梁工程有基础挖方细目，由于计价中包含了基础回填等工作，所以投标人必须等到基础回填工作完成以后才能办理该项目的计量与支付。但如果将基础开挖和基础回填分成两个工程子目，则可以避免上述问题。工程子目小会增加计量工作量，但对处理工程变更和合同管理是有利的。例如，路基挖方中弃方运距的处理问题，实践中有两种处理方案：一种是路基挖方单价中包括全部弃方运距；另一种是路基挖方中包含部分弃方运距（如 500 m 或 1000 m），而超过该运距的弃方运费单独计量与支付。可以说，如果弃土区明确而且施工中不出现变更的话，上述两种处理方案是一样的（而且前一种方式可减少计量工作量）。但是，一旦弃土区变更或发生设计变更，由于弃土运距发生变化，则第一种方式的单价会变得不适应，双方必须按变更工程协商确定新的单价（使投标和合同单价失效），而采用第二种方式时合同中的单价仍然是适用的，原则上可以按原单价办理结算。

（3）应将开办项目作为独立的工程子目单列出来。开办项目往往是一些一开工就要全部或大部分发生甚至开工前就要发生的项目，如工程保险、担保、投标人的驻地建设、测量放样、临时工程等。如将这些项目包含在其他项目的单价中，则投标人开工时上述各种款项不能得到及时支付，这不仅影响合同的公平性和投标人的资金周转，而且会影响招标中预付款的数量（预付款的数量要增加），并且会加剧投标人的不平衡报价（投标人会将开工早的工程细目报价提高，以尽早收回成本），因此影响变更工程的计价。

（4）工程量清单中应备有计日工清单。设立计日工清单的目的是用来处理一些小型变更工程（小到可以用计日工的形式来计价）计价，使工程量清单在造价管理上的可操作性更强。为控制投标人的计日工报价的合理性，在编制工程量清单时应事先假定各计日工的数量。

（五）工程量清单的工程量整理

工程量清单的工程量是反映投标人的义务量大小及影响造价管理的重要数据。在整理工程量时应根据设计图纸及调查所得的数据，在技术规范的计量与支付方法的基础上进行综合计算。同一工程子目，其计量方法不同，所整理出来的工程量也不一样。在工程量的整理计算中，应保证其准确性，否则，会带来下列问题：

（1）工程量的错误一旦被投标人发现，投标人会利用不平衡报价给业主带来损失。

（2）工程量的错误会诱发其他施工索赔。

（3）工程量的错误还会增加变更工程的处理难度。由于投标人采用了不平衡报价，所以当合同发生工程变更而引起工程量清单中工程量的增减时，因不平衡报价对所增减的工程量计价不适应，会使得监理工程师不得不和业主及投标人协商确定新的单价来对变更工程进行计价，以致合同管理的难度增加。

（4）工程量的错误会造成投资控制和预算控制的困难。由于合同的预算通常是根据投标报价加上适当的预留费后确定的，工程量的错误还会造成项目管理中预算控制的困难和增加追加预算的难度。

3.2.6　图纸及勘察资料

（一）图纸与工程造价

（1）图纸的设计深度以满足施工招标投标的要求为准。有施工图更好，没有施工图时，应在初步设计图纸的基础上整理出一份招标用图纸（由于从招标准备至完成招标工作的周期很长，所以，招标准备以致招标过程中通常没有施工图纸）。只要是单价合同，即使无施工图纸（只有招标图纸）也是可以组织招标的，但如果是总价合同，则必须要有施工图纸。

（2）设计图纸（设计方案）不仅严重影响工程造价，对项目的投资效益也有决定性影响。这些影响包括以下六个方面：

①设计图纸决定工程性质，由此影响工程造价；

②设计图纸决定施工难度，由此影响施工成本与工程造价；

③设计图纸决定工程数量，由此影响工程造价；

④设计图纸影响建设工期，由此影响工程造价和投资效益；

⑤设计方案影响项目的营运和维护费用，由此影响投资效益；

⑥设计文件质量影响结构安全性、耐久性，影响工程变更及施工进度计划的实施，由此影响使用寿命、施工索赔及投资效益。

（3）为提高设计文件的质量、控制工程造价，应积极开展以下工作：

①引进竞争机制，开展设计招标；

②规范设计审查工作，开展设计监理；

③应用价值工程方法，开展优化设计工作。

（4）为进一步优化设计方案，提高投资效益，应积极革新设计思想和设计观念，并实现以下三个方面的转变：

①由注重设计方案的技术先进性向注重设计方案的经济性的转变；

②由以成本造价为中心向以投资效益为中心的转变；

③由以节省材料为重点向便于施工(特别是机械化施工)、节省施工成本、缩短工期的方向转变。

(二)勘察资料

勘察资料是影响工程施工难度及工程造价的重要文件。勘察资料中详细地说明了项目所在地的地形情况、地质地貌情况、地表以下的施工条件，水文、气候、沿线的交通运输及沿线的筑路材料料场分布情况等内容。这些信息与施工成本的大小密切相关，对投标人投标时各工程项目单价的高低有重要影响。勘察资料不准确会影响投标报价及合同造价的准确性，增大投标人的施工风险，并带来许多施工索赔，增大造价管理的难度(FIDIC 条款中，勘察资料不准确的风险由投标人承担)。

因此，在编制招标文件时，应在原有的勘察、设计资料的基础上整理出一份满足招标工作要求的勘察资料。公路工程国际招标中，勘察资料仅是一份参考资料，而国内招标中勘察资料与设计图纸一样都是合同的组成部分，业主必须对勘察资料的准确性负责。

3.2.7　技术规范

(一)技术规范的组成与格式

(1)技术规范是一份十分重要的文件，它详细、具体地说明了投标人履行合同时的质量要求、验收标准、材料的品级和规格，为满足质量要求应遵守的施工技术规范，以及计量与支付的规定等。

(2)由于不同性质的工程其技术特点和质量要求及标准等均不相同，所以，技术规范应根据不同的工程性质及特点分章、分节、分部、分子目来编写。技术规范的章节划分同工程量清单表的章节划分。每章中对每一节工程的特点分质量要求、验收标准、材料规格、施工技术规范及计量与支付等分别进行规定和说明。

(3)技术规范中施工技术的内容应简化，因为，施工技术是多种多样的，招标中不应排斥投标人通过先进的施工技术降低投标报价的机会。投标人完全可以在施工中采用自己所掌握的先进施工技术，节约生产成本。

(4)技术规范中的计量与支付规定也是非常重要的，可以说，没有计量与支付的规定，投标人就无法进行投标报价(编制单价)，施工中也无法进行计量与支付工作。计量与支付的规定不同，投标人的报价也会不同。计量与支付的规定中包括计量项目、计量单位、计量项目中的工作内容、计量方法以及支付规定。例如，挖方路基(土方)的计量、支付规定如下：

①计量。

a. 路基土石方开挖数量包括边沟、排水沟、截水沟，应以经监理工程师校核批准的横断面地面线和土石分界的补充测量为基础，按路线中线长度乘以经监理工程师核准的横断面面积进行计算，以立方米计量。

b. 挖除路基范围内非适用材料(不包括借土场)的数量，应以承包人测量，并经监理工程师审核批准的断面或实际范围为依据的计算数量，以立方米计量。

c. 除非监理工程师另有指示，凡超过图纸或监理工程师规定尺寸的开挖，均不予计量。

d. 石方爆破安全措施、弃方的运输和堆放、质量检验、临时道路和临时排水的维修等均不另计量，作为承包人应做的附属工作。

e. 在挖方路基的路床顶面以下，土方断面应挖松深 300 mm 再压实；石方断面应辅以人工凿平或填平压实。此两项作为承包人应做的附属工作，均不予计量。

f. 改河、改渠、改路的开挖工程按合同图纸施工，计量方法可按路基土石方开挖进行。

②支付。

a. 按上述规定计量，经监理工程师验收并列入工程量清单的以下支付子目的工程量，每一计量单位，将以合同单价支付。此项支付包括材料、劳力、设备、运输等及其为完成此项工程所必需的全部费用。

b. 土方和石方的单价费用，包括开挖、运输、堆放、分理填料、装卸、弃方和剩余材料的处理，以及其他有关的全部施工费用。

(5)《公路工程标准施工招标文件》中的技术规范，比较全面地考虑了技术规范文件中应包括的各项内容。实际工作中，可在此基础上根据图纸、国家或交通部颁发的技术规范作进一步的修订完善。

(二)技术规范与工程造价

技术规范与工程造价的关系是：技术规范中的质量要求和验收标准越高，投标人的义务越多，则投标报价和工程造价越高。

质量与工程造价的关系：随着质量要求的提高，工程造价会越来越高，特别是质量标准超出某一范围时，其工程造价会急剧上升。

因此，实践中科学地选定质量标准，对保证工程质量、降低工程造价是十分重要的。在选定质量标准时，一方面要符合国家或行业质量标准；另一方面，对是否还应进一步提高质量标准，则应加强价值工程分析，避免盲目提高质量标准、增大工程造价的行为。

技术规范中应对为保证施工质量要求而应遵守的施工技术规范作出明确规定，但不应限制投标人的施工方法，以利于投标人在施工中发挥自身的技术特长和优势，进一步优化施工方法，降低施工成本和工程造价。

技术规范中的其他内容也会影响投标报价或工程总价。如技术规范中的计量与支付规定不同，投标人的单价构成与单价高低也不相同。

(三)项目工期编制及对工程造价的影响

项目工期的确定受以下因素的影响：

(1)项目的设计方案。设计方案不同，其工程性质、工程量及施工难度不同，施工工期亦不一样，通过优化设计可缩短工期。

(2)质量要求与验收标准。工期与质量的关系：项目的质量要求与验收标准越高，其工期越长，质量要求与验收标准决定项目的极限工期。

(3)项目的施工。包括项目的施工组织方式与施工排序，项目的施工方案、施工方法、施工工艺以及项目施工中的资源投入。通过优化施工及增大人力、物力投入可缩短工期。在确定项目工期时，为满足工期的科学性与合理性要求，应考虑如下主要因素：

①为保证施工质量及满足施工工艺和施工顺序要求必需的工期。项目的施工工艺及施工顺序是由项目的设计、工程性质及质量要求、施工方案与施工方法及施工的内在规律决定的。因此，受质量要求及施工工艺和施工顺序的限制，其工期总有其极限工期。

②为满足施工经济性要求的施工工期。工期的长短会影响项目的经济性及施工成本，工期与成本及造价的关系，项目的直接成本与工期成反比。这些费用有：人工费、机械使用费、周转性材料使用费、临时设施费、施工队伍调遣费等。工期缩短，所投入的人工、机械等必

然增多，受作业面的限制，工效会相对下降；且周转性材料要增加，其周转次数会减少；另外，临时设施、施工队伍调遣费会因人工、机械、周转性材料的增多而增多。所以上述各项费用会不同程度地增加，反之，会减少。而施工管理费则与工期成正比，工期越长，管理费支出越大，另外，项目的资金成本即建设期贷款利息也越多。因此，就施工成本而言，每一个施工项目都有其最佳工期和最低成本，从提高施工的资源使用效率考虑，应按最低成本和造价来确定项目工期。

③满足效益要求的项目工期。当项目工期短于经济工期时，项目的施工总成本和工程造价增加，因此，应进一步进行项目的投资与效益分析，将增大的成本与缩短工期所带来的效益比较，从而判断缩短工期的经济性与合理性。公路建设项目的效益有国民经济效益和财务效益，缩短建设工期，既可增大国民经济效益，也可增加业主的收费收入。综上所述，在确定项目工期时，既要考虑质量问题，也要考虑效益问题，既要考虑成本和造价问题，又要考虑产出和收入问题。工期制定的过程，是综合决策的过程，方案比较的过程。

④让投标人选择工期。从工期的影响因素可知，投标人的施工组织、施工方案和施工方法以及施工中的人力、物力等因素对工期有重要影响。因此，业主制定的工期应允许投标人进行修改和优化，并在评标时对投标人缩短工期给业主带来的收益进行综合考虑(仅针对关键标段)。

3.2.8　投标文件格式

《公路工程标准施工招标文件》(2009 年版)对投标文件的内容及格式作了相应规定。

(一)投标文件的组成

1. 投标文件应包括的内容

(1)投标函及投标函附录；

(2)法定代表人身份证明或附有法定代表人身份证明的授权委托书；

(3)联合体协议书；

(4)投标保证金；

(5)已标价工程量清单；

(6)施工组织设计；

(7)项目管理机构；

(8)拟分包项目情况表；

(9)资格审查资料；

(10)承诺函；

(11)调价函及调价后的工程量清单(如有)；

(12)投标人须知前附表规定的其他材料。

2. 采用双信封形式时投标文件应包括的内容

第一个信封(商务及技术文件)：

(1)投标函及投标函附录；

(2)法定代表人身份证明或附有法定代表人身份证明的授权委托书；

(3)联合体协议书；

(4)投标保证金；

(5)施工组织设计；

（6）项目管理机构；

（7）拟分包项目情况表；

（8）资格审查资料；

（9）承诺函；

（10）投标人须知前附表规定的其他材料。

第二个信封（投标报价和工程量清单）：

（1）投标函；

（2）已标价工程量清单；

（3）调价函及调价后的工程量清单（如有）。

投标人须知规定不接受联合体投标的，或投标人没有组成联合体的，则投标文件不包括上述所列的联合体协议书。

（二）调价函格式（如有）

投标文件格式中规定了一个调价函的格式，调价函中应有调价理由、原报价、调价后报价、并要求附调价后的工程量清单。若未附调价后的工程量清单，则调价无效。

（三）投标函及投标函附录

（1）投标函。投标函是为投标人填写投标总报价而由业主准备的一份空白文件。投标函中主要应反映下列内容：投标人、投标项目（名称）、投标总报价（签字盖章）、投标有效期。投标人在详细研究了招标文件并经现场考察工地后，即可以依据所掌握的信息确定投标报价策略，然后通过施工预算和单价分析，填写工程量清单，并确定该项工程的投标总报价，最后将投标总报价填写在投标函上。招标文件中提供投标函格式的目的：一是为了保持各投标人递送的投标书具有统一的格式；二是提醒各投标人投标以后需要注意和遵守有关规定。

（2）投标函附录。投标函附录是一个表格，规定了几项主要的合同条款内容，包括：缺陷责任期、逾期交工违约金、逾期交工违约金限额、提前交工的奖金、提前交工的奖金限额、价格调整的差额计算、开工预付款金额、材料设备预付款比例、进度支付证书最低限额、质量保证金百分比、质量保证金限额、保修期等。

（四）法定代表人身份证明及授权委托书

投标文件格式中规定了法定代表人身份证明格式及授权委托书格式。

（1）法定代表人的签字必须是亲笔签名，不得使用印章、签名章或其他电子制版签名。

（2）法定代表人和委托代理人必须在授权书上亲笔签名，不得使用印章、签名章或其他电子制版签名；

（3）在授权委托书后应附有公证机关出具的加盖钢印、单位章并盖有公证员签名章的公证书，钢印应清晰可辨，同时公证内容完全满足招标文件规定；

（4）公证书出具的日期与授权书出具的日期同日或在其之后；

（5）以联合体形式投标的，本授权委托书应由联合体牵头人的法定代表人按上述规定签署并公证。

（五）联合体协议书格式

如果是联合体投标，则投标文件中必须包括联合体协议书。联合体协议书是联合体所有成员单位达成的一个效益，包括牵头人、文件签署、各成员单位内部职责分工，费用承担、生效失效时间等内容。

（六）投标保证金

投标文件格式中规定了投标保证金的格式。

投标人若采用电汇，则应在投标文件中提供电汇回单的复印件；如果采用银行保函，则银行保函原件应装订在投标文件正文中。

（七）已标价工程量清单

投标人应按照"工程量清单"的要求逐项填报工程量清单，包括工程量清单说明、投标报价说明、计日工说明、其他说明及工程量清单各项表格。

（八）施工组织设计

1. 编制施工组织设计的要点

投标人应按以下要点编制施工组织设计（文字宜精炼、内容具有针对性，总体控制在30000 字以内）：

（1）总体施工组织布置及规划；

（2）主要工程项目的施工方案、方法与技术措施（尤其对重点、关键和难点工程的施工方案、方法及其措施）；

（3）工期保证体系及保证措施；

（4）工程质量管理体系及保证措施；

（5）安全生产管理体系及保证措施；

（6）环境保护、水土保持保证体系及保证措施；

（7）文明施工、文物保护保证体系及保证措施；

（8）项目风险预测与防范，事故应急预案；

（9）其他应说明的事项。

2. 施工组织设计除采用文字表述外可附的图表

（1）附表一：施工总体计划表；

（2）附表二：分项工程进度率计划（斜率图）；

（3）附表三：工程管理曲线；

（4）附表四：分项工程生产率和施工周期表；

（5）附表五：施工总平面图；

（6）附表六：劳动力计划表；

（7）附表七：临时占地计划表；

（8）附表八：外供电力需求计划表；

（9）附表九：合同用款估算表。

（九）项目管理机构

投标文件中应包括投标人拟为承包本标段工程设立的组织机构（以框图方式表示）。

（十）拟分包项目情况表

若有分包人，则应写明分包人以往做过的类似工程，包括工程名称、地点、造价、工期、交工年份和其发包人与总监理工程师的姓名和地址。

若无分包人，则投标人应填写"无"。

（十一）资格审查资料

对于已进行资格预审的情况，投标人应按通过资格预审后的新情况及投标人须知规定对资格预审材料进行更新或补充，表格格式同资格预审文件规定。

对于未进行资格预审的情况，投标人应按资格预审的要求提供全套的资格审查资料。

(十二) 承诺函

投标文件最后是一个承诺函，是投标人对招标人做出一个中标后行为承诺。

3.3　招标组织及标底

3.3.1　招标组织阶段的工作内容及注意事项

招标组织阶段的工作内容包括发售招标文件、组织现场考察、组织标前会议（标前答疑）、接受投标人的标书等事项。

在投标人领取招标文件并进行了初步研究后，招标单位应组织投标人进行现场考察，以便投标人充分了解与投标报价有关的施工现场的地形、地质、水文、气象、交通运输、临时进出场道路及临时设施、施工干扰等方面的情况和风险，并在报价中对这些风险费用作出准确的估计和考虑。为了满足现场考察的效果，现场考察的时间安排通常应考虑投标人研究招标文件所需要的合理时间。现场考察过程中，业主应派比较熟悉现场情况的设计代表详细地介绍各标段的现场情况，现场考察的费用由投标人自己负责。

组织标前会议的目的是解答投标人提出的问题。投标人在研究招标文件、进行现场考察后，会对招标文件中的某些地方提出疑问，这些疑问有些是投标人不理解招标文件产生的，有些是招标文件的遗漏和错误产生的。根据投标人须知中的规定，投标人的疑问应在投标截止日期至少 18 日前提出。招标单位应将各投标人的疑问收集汇总，并逐项研究处理。如属于投标人未理解招标文件而产生的疑问，可将这些问题放在"澄清书"中予以澄清或解释，如属于招标文件的错误或遗漏，则应编制"招标补遗"对招标文件进行补充和修正。总之，投标人的疑问应统一书面解答，并应当在投标截止日期至少 15 日前在标前会议中将"澄清书"、"补遗书"发给所有投标人。

因此，一方面，应注意标前会议的组织时间符合法律、法规的规定；另一方面，当"招标补遗"很多且对招标文件的改动较大时，为使投标人有合理的时间将"补遗书"的内容在编标时予以考虑，招标单位（或业主）可视情况宣布延长投标截止日期。

为满足投标的需要，招标单位应制备投标箱（也有不设投标箱的做法）、投标箱的钥匙由专人保管（可设双锁，分人保管钥匙），箱上加贴启封条。投标人投标时将密封符合要求的投标文件装入投标箱，招标单位随即将盖有日期的收据交给投标人，以证明是在规定的投标截止日期前投入的。投标截止期限到，即封闭投标箱，在此以后的投标概不受理（为无效标书）。投标截止日期在招标文件和投标邀请书中已列明，投标期（从发售招标文件到投标截止日期）的长短视标段大小、工程规模、技术复杂程度及进度要求而定。

3.3.2　标底的概念与作用

(一) 概念

标底是建设产品在建筑市场交易中的预期价格。标底编制的过程是对招标项目所需工程费用的自我测算过程。

(二) 作用

在招标投标过程中，标底是衡量投标报价是否合理、是否具有竞争力的重要工具。

(1)标底是评标中衡量投标报价是否合理的尺度,是确定投标单位能否中标的重要依据;

(2)标底是招标中防止盲目报价、抑制低价抢标现象的重要手段;

(3)标底具有(评标中)判断投标人是否有串通哄抬标价的作用。

(4)标底是控制投资额核实建设规模的文件。

设立标底的做法是 2009 年以前针对我国当时建筑市场发育状况和国情而采取的措施,是具有中国特色的招标投标制度的一个具体体现。

但是,标底并不是决定投标能否中标的标准价,而只是对投标进行评审和比较时的一个参考价。

(三)特征

科学合理地制订标底是做好评标工作的前提和基础。科学合理的标底应具备以下经济特征:

(1)标底的编制应遵循价值规律。即标底作为一种价格应反映建设项目的价值。价格与价值相适应是价值规律的要求,是标底科学性的基础。因此,在标底编制过程中,应充分考虑建设项目在施工过程中的社会必要劳动消耗量、机械设备使用量以及材料和其他资源的消耗量。

(2)标底的编制应服从供求规律。即在编制标底时应考虑建筑市场的供求状况对建筑产品价格的影响,力求使标底和建筑产品的市场价格相适应。当建筑市场的需求增大或减小,需求曲线右移或左移时,相应的市场价格将上升或下降,同样,当建设市场的供给增大或减小,供给曲线右移或左移时,相应的市场价格将下降或上升。作为标底在编制时,应考虑到建筑市场供求比例的变化所引起的市场价格的升降,并在底价上作出相应的调整。

(3)标底在编制过程中应反映建筑市场当前当地平均先进的劳动生产力水平。即标底在编制过程中应反映竞争规律对建筑产品价格的影响,以图通过标底促进投标竞争和社会生产力水平提高的作用。

3.3.3　标底与概预算的区别

(一)编制方法与程序不同

概预算反映的是建筑产品的计划价格,而标底反映的是建筑产品的市场价格。

①标底按工程量清单的项目和数量编制,概预算则按定额项目和图纸计算工程数量套用相应定额进行编制;

②标底是按工程量清单项目计算直接费,未列入项目的费用均应逐项计算,并分摊到各个项目中去,得出完整单价和总价;概预算先计算分项目直接费,并按有关规定以直接费的百分率计算间接费和总价,但单位工程的单价和总价均不包括预备费及人工工资津贴等不完全的费用单价和总价;

③工人的各种津贴,在标底中列在工人工资中,计入直接费;而概预算则单列于其他工程费中的施工补助费一栏中;

④标底可根据现场具体情况考虑必要的工程特殊措施费,概预算除在其他直接费中计算行车干扰工程施工增加费外,一般不能再计算其他费用;

⑤标底中的其他直接费、现场经费、间接费、利润、税金的费率根据招标工程的规模、地区条件、招标方式和招标单位的实际情况取定,概预算则按费用定额规定编制;

⑥标底应根据具体工期要求和施工组织计划编制,而概预算则难以考虑工期要求等具体情况。

(二)费用范围不同

标底只计算工程量清单的费用,主要为建筑安装工程费;概预算则是计算建设项目全部投资的预计数额,包括前期准备费用,设备购置、征地拆迁、勘察设计、贷款利息、建设单位管理费等。

(三)结果处理不同

一般概预算编制具有法令性,完成后不能随意调整或变动,而清单编制标底则需要进行反复调整,直到标底价满意为止。

3.3.4 标底的编制原则与方法

(一)编制原则

(1)依据设计图纸及有关资料、招标文件,参照国家规定的技术、经济标准定额及规范,确定工程量和设定标底;

(2)标底的价格应由成本、利润、税金组成,一般应控制在批准的建设项目总概算及投资包干的限额内;

(3)标底价格作为招标人的期望价,应力求与市场的实际变化相吻合,要有利于竞争和保证工程质量;

(4)标底价格考虑人工、材料、机械台班等价格变动因素,还应包括施工中的不可预见费、包干费和措施费等;工程要求优良的,还应增加相应费用;

(5)一个标段只能编制一个标底。

(二)标底编制方法

1.以概预算为基础编制标底

以概预算为基础编制标底需注意以下各项:

①以概预算编制的标底应适当下浮;

②合同没有价格调整的条款时,用暂定金额考虑工程造价增长预留费;

③使用概预算定额明显偏高或偏低时,项目套用定额应适当调整;

④编制的概预算金额应根据市场供求情况打折。

2.按报价方式编制标底

用各投标人的有效报价,采用统计平均法计算标底,其特点是:

①反映标底编制原则与要求;

②简化标底编制的工作量;

③不存在标底保密问题。

3.模式系数法编制标底

采用模式系数法编制标底,主要方法如下:

(1)根据工程量及定额做出工料分析,若无适用的定额,可暂用公路工程概(预)算定额。如定额列项不足,需对缺项编制补充定额。采用定额时,应从实际出发,适当调整定额水平;

(2)计算人工单价时,按可能录用的国内外人工、干部,分别算出各类人员的平均人工单价,再乘以系数,求得各类人员的人工单价;

(3)用人工单价乘以总用工系数,得基本劳务费;

(4)其他劳务费由基本劳务费乘以系数得出;

(5)调遣费是施工机械由它处运至新工地的搬迁费及机械、施工人员至新工地转移的交通费、家具行李运杂费、设备器材运杂费；

（6）移交前维护费按工程直接费的 1.5% ~2.0% 计算；

（7）代理人佣金按总标底（工程基价 + 上缴管理费）的 2% ~4% 计算；

（8）上缴管理费按总标底的 6% ~10% 计算，其中上级单位管理费及勘测设计费占 3% ~7%，保函手续费、贷款利息占 3%；

（9）材料基价是根据材料用量及国内外市场价格及运费，并考虑材料运输中的损耗计算；

（10）材料费总价计算公式：

$$P = P_0(1 + k_1)(1 + k_2)(1 + k_3)$$

其中：P 为材料费总价；P_0 为材料基价；k_1 为材料费上涨系数，按当地材料年平均增长率，采用 0.1 ~0.3；k_2 为材料费利润系数，采用 0.1；k_3 为材料管理费率，采用 0.05 ~0.1；

（11）工程计价为总劳务费加上材料费总价；

（12）临时金额，按世行惯例，系数采用 0.1，在招标文件中有规定；

（13）标底汇总价为：工程基价 + 临时金额 + 上缴管理费 + 代理人佣金。

3.4　开标、评标与定标

3.4.1　开标

（一）概述

（1）招标人将按本招标文件"投标邀请书"和资料表中规定的截止时间或按 2009 年版《公路工程标准招标文件》通知延后的截止时间和地点，对所有收到的投标文件进行开标。开标时，投标人应委派授权代表人准时出席，在开标时检查投标文件，确认开标结果，并在开标记录上签字。

（2）开标由招标人主持，邀请行政主管部门监督或公证机关进行公证。

（3）对已按《公路工程标准招标文件》规定要求撤回的投标文件，不予开标。在投标截止时间之后收到的投标文件，将不予开标，原封退还给投标人。

（4）开标时，由投标人或者其推选的代表检查投标文件的密封情况，也可以由招标人委托的公正机构检查并予以公证；经确认无误后，由招标人当众拆封，对投标文件的签署及投标担保的提交情况等进行核查。未按投标人须知规定进行密封和标记的投标文件将不予开标；开标后，招标人发现投标人未按照招标文件的要求提交投标担保，或者投标书未按照招标文件规定签署并加盖公章，或者未在投标书上填写投标总价，招标人将当场宣布为废标。

（5）只对符合《公路工程标准招标文件》规定要求的投标文件开标，并由招标人宣读合同段名称、投标人名称、投标价、技术性选择方案的投标价（如果有）、标底（如果有），以及招标人认为必要的其他内容。未经宣读的调价函（如果有），一律不在评标中考虑。招标人应做好开标记录，存档备查。

（6）若招标人宣读的结果与投标文件不符时，投标人有权在开标现场提出异议，经监督或公证机关当场核查确认之后，可重新宣读其投标文件。若投标人现场未提出异议，则认为投标人已确认招标人宣读的结果。

（7）招标人设有标底的，应在开标时当场公布并记录备案。

（8）投标人因故不能派代理人出席开标活动，事先应以书面形式（信函、传真）通知招标人，此时，招标人将认为该投标人默认开标结果。

（二）开标程序

开标主要有以下程序：

（1）宣布开标纪律；

（2）公布在投标截止时间前递交投标文件的投标人名称，并点名确认投标人是否派人到场；

（3）宣布开标人、唱标人、记录人、监标人等有关人员姓名；

（4）按照投标人须知前附表规定检查投标文件的密封情况；

（5）按照投标人须知前附表的规定确定并宣布投标文件开标顺序；

（6）设有标底的，公布标底；

（7）按照宣布的开标顺序当众开标，公布投标人名称、标段名称、投标保证金的递交情况、投标报价、质量目标、工期及其他内容，并记录在案；

（8）投标人代表、招标人代表、监标人、记录人等有关人员在开标记录上签字确认；

（9）开标会议结束。

3.4.2　评标

（一）评标定标的原则

评标定标是在招标投标的基本原则下对投标人的竞争力进行综合评定并确定中标单位的过程。在评标、定标过程中应坚持以下原则：

（1）公平原则；

（2）公正原则；

（3）科学原则；

（4）择优原则。

（二）评标程序及工作步骤

评标程序及工作步骤如下：

（1）组建清标工作组；

（2）组建评标委员会；

（3）初步评审；

（4）详细评审；

（5）撰写评标报告。

（三）评标委员会的组建

根据《招标投标法》及《公路工程施工招标评标委员会工作细则》，评标委员会应依法组建并符合以下规定。

（1）清标工作组由招标人选派熟悉招标工作、政治素质高的人员组成，协助评标委员会工作。

（2）评标委员会由评标专家和招标人代表共同组成，人数为5人以上单数。其中，评标专家人数不得少于成员总数的2/3。评标专家按照交通部有关规定从评标专家库中抽取。与投标人有利害关系的人员不得进入相关招标项目的评标委员会。

（3）清标工作组和评标委员会人员的具体数量由招标人视评标工作量确定。

（4）评标委员会应民主推荐一名主任委员，负责组织协调评标委员会成员开展评标工作。

评标委员会应根据评标工作量和工程特点，制订工作计划，明确分工，交叉审核，确保评标质量。

（四）评标准备

1. 评标前准备工作内容

清标工作组应在评标委员会开始工作之前进行评标的准备工作，主要内容包括：

（1）根据招标文件，制订评标工作所需各种表格；

（2）根据招标文件，汇总评标标准对投标文件的合格性要求，以及影响工程质量、工期和投资的全部因素；

（3）对投标文件响应招标文件规定的情况进行摘录，列出相对于招标文件的所有偏差；

（4）对所有投标报价进行算术性校核。

评标工作使用的表格和评标内容必须注明依据和出处，招标文件未规定的事项不得作为评标依据。清标工作应全面、客观、准确，不得营私舞弊、歪曲事实，不得对投标文件作出任何评价。

2. 评标前准备的信息及数据

评标委员会开始评标工作之前，首先要听取招标人或者其委托的招标代理机构及清标工作组关于工程情况和清标工作的说明，并认真研读招标文件，获取评标所需的重要信息和数据，主要包括以下内容：

（1）招标项目建设规模、标准和工程特点；

（2）招标文件规定的评标标准和评标方法；

（3）工程的主要技术要求、质量标准及其他与评标有关的内容。

评标委员会应根据招标文件规定，对清标工作组提供的评标工作用表和评标内容进行认真核对，对与招标文件不一致的内容要进行修正。对招标文件中规定的评标标准和方法，评标委员会认为不符合国家有关法律、法规，或其中含有限制、排斥投标人进行有效竞争的，评标委员会有权按规定对其进行修改，并在评标报告中说明修改的内容和修改的原因。

（五）初步评审

招标人依法组织的评标委员会首先对投标文件进行初步评审。对投标文件的初步评审包含形式评审与响应性评审、资格评审，只有通过初步评审的投标文件才能进入详细评审。

1. 通过形式评审与响应性评审的主要条件

（1）投标文件按照招标文件规定的格式、内容填写，字迹清晰可辨：

①投标函按招标文件规定填报了投标价、工期及工程质量目标；

②投标函附录的所有数据均符合招标文件规定；

③已标价工程量清单说明及承诺函文字与招标文件规定一致，未进行修改和删减；

④按照招标文件规定的格式、内容编制了施工组织设计及项目管理机构相关图表；

⑤投标文件组成齐全完整，内容均按规定填写。

（2）投标文件上法定代表人或其授权代理人的签字、投标人的单位章盖章齐全，符合招标文件规定：投标函及投标函附录、承诺函、已标价工程量清单[包括工程量清单说明、投标报价说明、计日工说明、其他说明及工程量清单各项表格、调价函及调价后的工程量清单（如有）]的内容应由投标人的法定代表人或其委托代理人逐页签署姓名（本页正文内容已由投标人的法定代表人或其委托代理人签署姓名的可不签署）并逐页加盖投标人单位章（本页正文内容已加盖单位章的除外）。

（3）与申请资格预审时比较，投标人资格没有实质性下降：

①通过资格预审后法人名称变更时，应提供相关部门的合法批件及企业法人营业执照和资质证书的副本变更记录复印件；

②资格没有实质性下降，指投标人仍然满足资格预审中的最低要求（业绩、人员、财务等）。

（4）投标人按照招标文件规定的金额、形式、时效和内容提供了投标担保：

①投标担保金额符合招标文件规定的金额；

②若采用电汇，投标人在投标人须知前附表规定的时间之前，将投标保证金由投标人的基本账户一次性汇入招标人指定账户；

③若采用银行保函，银行保函的格式、开具保函的银行、银行保函的有效期均满足招标文件要求，且银行保函原件装订在投标文件的正本之中。

（5）投标人法定代表人的授权代理人，需提交附有法定代表人身份证明的授权委托书，并符合下列要求：

①授权人和被授权人均在授权书上签名，未使用印章、签名章或其他电子制版签名；

②附有公证机关出具的加盖钢印、单位章并盖有公证员签名章的公证书，钢印应清晰可辨，同时公证内容完全满足招标文件规定；

③公证书出具的日期与授权书出具的日期同日或在其之后。

（6）投标人法定代表人若亲自签署投标文件的，提供了法定代表人身份证明，并符合下列要求：

①法定代表人在法定代表人身份证明上签名，未使用印章、签名章或其他电子制版签名；

②附有公证机关出具的加盖钢印、单位章并盖有公证员签名章的公证书，钢印应清晰可辨，同时公证内容完全满足招标文件规定；

③公证书出具的日期与法定代表人身份证明出具的日期同日或在其之后。

（7）投标人以联合体形式投标时，联合体协议书满足招标文件的要求：

①未进行资格预审的，投标人按照招标文件提供的格式签订了联合体协议书，并明确了联合体牵头人；

②进行资格预审的，投标人提供了资格预审申请文件中所附的联合体协议书复印件。

（8）投标人如有分包计划，应按"投标文件格式"的要求填写"拟分包项目情况表"，且专业分包的工程量累计未超过总工程量的30%。

（9）一份投标文件应只有一个投标报价，在招标文件没有规定的情况下，未提交选择性报价。

（10）投标人若提交调价函，调价函符合招标文件要求。

（11）投标人若填写工程量固化清单，填写完毕的工程量固化清单未对工程量固化清单电子文件中的数据、格式和运算定义进行修改。

（12）投标文件载明的招标项目完成期限未超过招标文件规定的时限。

（13）投标文件未附有招标人不能接受的条件。

（14）权利义务符合招标文件规定：

①投标人应接受招标文件规定的风险划分原则，未提出新的风险划分办法；

②投标人未增加发包人的责任范围，或减少投标人义务；

③投标人未提出不同的工程验收、计量、支付办法；

④投标人对合同纠纷、事故处理办法未提出异议；

⑤投标人在投标活动中无欺诈行为；

⑥投标人未对合同条款有重要保留。

2. **通过资格评审的主要条件**

（1）投标人具备有效的营业执照、资质证书和安全生产许可证和基本账户开户许可证；

（2）投标人的资质等级符合招标文件规定；

（3）投标人的财务状况符合招标文件规定；

（4）投标人的类似项目业绩符合招标文件规定；

（5）投标人的信誉符合招标文件规定；

（6）投标人的项目经理（包括备选人）和项目总工（包括备选人）资格符合招标文件规定；

（7）投标人的其他要求符合招标文件规定；

（8）不存在"投标人须知"规定的任何一种情形。

3. **算术性修正**

符合性审查工作完成后，评标委员会应按照招标文件规定对投标人报价进行算术性修正。并对有算术上的差错和累加运算上的差错给予修正。

（1）投标报价有算术错误的，评标委员会按以下原则对投标报价进行修正，修正的价格经投标人书面确认后具有约束力。投标人不接受修正价格的，其投标作废标处理，并没收其投标担保。主要有以下几种情况：

①投标文件中的大写金额与小写金额不一致的，以大写金额为准；

②总价金额与依据单价计算出的结果不一致的，以单价金额为准修正总价，但单价金额小数点有明显错误的除外；

③当单价与数量相乘不等于合价时，以单价计算为准，如果单价有明显的小数点位置差错，应以标出的合价为准，同时对单价予以修正；

④当各子目的合价累计不等于总价时，应以各子目合价累计数为准，修正总价。

（2）工程量清单中的投标报价有其他错误的，评标委员会按以下原则对投标报价进行修正，修正的价格经投标人书面确认后具有约束力。投标人不接受修正价格的，其投标作废标处理，并没收其投标担保。

①在招标人给定的工程量清单中漏报了某个工程子目的单价、合价或总额价，或所报单价、合价或总额价减少了报价范围，则漏报的工程子目单价、合价和总额价或单价、合价和总额价中减少的报价内容视为已含入其他工程子目的单价、合价和总额价之中。

②在招标人给定的工程量清单中多报了某个工程子目的单价、合价或总额价，或所报单价、合价或总额价增加了报价范围，则从投标报价中扣除多报的工程子目报价或工程子目报价中增加了报价范围的部分报价。

③当单价与数量的乘积与合价（金额）虽然一致，但投标人修改了该子目的工程数量，则其合价按招标人给定的工程数量乘以投标人所报单价予以修正。

（3）修正后的最终投标报价若超过投标控制价上限（如有），投标人的投标文件作废标处理。

（4）修正后的最终投标报价仅作为签订合同的一个依据，不参与评标价得分的计算。

（六）详细评审

1. 概述

（1）评标委员会还应对通过初步评审之后的投标文件，从合同条件、技术能力以及投标人以往施工履约信誉等方面进行详细评审。

（2）对合同条件进行详细评审的主要内容包括：

①投标人应接受招标文件规定的风险划分原则，不得提出新的风险划分办法；

②投标人不得增加业主的责任范围，或减少投标人义务；

③投标人不得提出不同的工程验收、计量、支付办法；

④投标人对合同纠纷、事故处理办法不得提出异议；

⑤投标人在投标活动中不得含有欺诈行为；

⑥投标人不得对合同条款有重要保留。

投标文件如有不符合以上条件之一者，属于重大偏差，按废标处理。

（3）对投标人技术能力和以往履约信誉进行详细评审的主要内容：

①对投标人提供的财力资源情况（财务报表及相关资金证明材料）的真实性、完整性进行财务能力的评价；

②对投标人承诺的拟投入本工程的技术人员素质、设备配置情况的可靠性、有效性进行技术能力的评价；

③对投标人编制的施工组织设计、关键工程技术方案的可行性，以及质量标准、进度与质量、安全要求的符合性进行管理水平的评价；

④对投标人近5年完成的类似公路工程项目的质量、工期，以及履约表现进行业绩与信誉的评价。

（4）在对投标人技术能力和履约信誉详细评审过程中，发现投标人的投标文件有下列问题之一，则属于重大偏差，按废标处理：

①承诺的质量检验标准低于招标文件或国家强制性标准要求；

②关键工程技术方案不可行；

③施工业绩及履约信誉证明材料虚假；

④相对资格预审时，其施工能力和财务能力有实质性降低，且不能满足本工程实施的最低要求。

投标文件存在的其他问题应视为细微偏差，评标委员会可要求投标人进行澄清，或对投标文件进行不利于该投标人的评标量化，但不得作废标处理。

2. 方法

详细评审时主要有合理低价法、综合评估法和经评审的最低投标价法三种方法评标，供招标人根据招标项目具体特点和实际需要选择适用。

（1）评标委员会按规定的量化因素和分值进行打分，并计算出综合评估得分。

按规定的评审因素和分值对施工组织设计计算出得分A；

按规定的评审因素和分值对项目管理机构计算出得分B；

按规定的评审因素和分值对投标报价计算出得分C；

按规定的评审因素和分值对其他部分计算出得分D。

（2）评分分值计算保留小数点后两位，小数点后第三位"四舍五入"。

（3）投标人得分 = A + B + C + D。

（4）评标委员会发现投标人的报价明显低于其他投标报价，或者在设有标底时明显低于标底，使得其投标报价可能低于其个别成本的，应当要求该投标人作出书面说明并提供相应的证明材料。投标人不能合理说明或者不能提供相应证明材料的，由评标委员会认定该投标人以低于成本报价竞标，其投标作废标处理。

（七）细微偏差

（1）投标文件中的下列偏差为细微偏差：

①在算术性复核中发现的算术性差错；

②在招标人给定的工程量清单中漏报了某个工程子目的单价和合价；

③在招标人给定的工程量清单中多报了某个工程子目的单价和合价，或所报单价增加或减少了报价范围；

④在招标人给定的工程量清单中修改了某些支付号的工程数量；

⑤除强制性标准规定之外，拟投入本合同段的施工、检测设备、人员不足；

⑥施工组织设计（含关键工程技术方案）不够完善。

（2）评标委员会对投标文件中的细微偏差按如下规定处理：

①按规定对算术性差错予以修正；

②对于漏报的工程子目单价和合价，或单价和合价中减少的报价内容，视为已含入其他工程子目的单价和合价之中；

③对于多报的工程子目报价或工程细目报价中增加的部分报价，从评标价中给予扣除；

④对于修改了工程数量的工程子目报价，按招标人给定的工程数量乘以投标人所报单价的合价予以修正，评标价作相应调整；

⑤在施工、检测设备或人员单项评分中酌情扣分，但最多扣分不得超过该单项评分的 40%；

⑥在施工组织设计（含关键工程技术方案）评分中酌情扣分，但最多扣分不得超过该单项评分的 40%。

（3）若采用最低投标价法评标，除细微偏差按规定进行修正外，招标人还应要求投标人对细微偏差进行澄清。只有投标人的澄清文件为招标人所接受，投标人才能参加评标价的最终评比。

（八）评标价

（1）投标人经细微偏差澄清和补正后并经投标人确认的投标报价，减去招标人给定的暂定金额（含不可预见费总额，或专项暂定金额，或某个给定单价的支付号的合价，或某个给定的总额价等）之后为投标人的评标价。

（2）招标人对投标人投标报价的评审应以评标价为基准。

（九）投标文件的澄清

（1）招标人将以书面方式要求投标人对投标文件中的细微偏差内容作必要的澄清或者补正。对此，投标人不得拒绝。澄清或者补正应以书面方式进行，并不得超出投标文件的范围或者改变投标文件的实质性内容。投标人的澄清或补正内容将作为投标文件的组成部分。

（2）投标人拒不按照要求对投标文件进行澄清或者补正的，招标人将否决其投标，并没收其投标担保。招标人不接受投标人主动提出的澄清。

（十）撰写评标报告，推荐中标单位

评标委员会在完成上述评标工作后，即可撰写评标报告，推荐中标单位。根据《公路工程施工招标评标委员会评标工作细则》，评标报告应包括以下内容。

1．项目概况

（1）项目范围；

（2）建设标准、规模和施工标段划分情况；

（3）资金来源；

（4）项目批复。

2．招标过程

（1）招标代理（可选择内容）；

（2）资格预审结果；

（3）标书出售；

（4）开标记录（如果有标底，标底应为开标内容之一）。

3．评标工作

（1）采用的标准、办法及依据；

（2）评标委员会和清标工作组人员组成；

（3）初步评审：①符合性检查；②资格复核；③算术性修正；④澄清及有关情况说明；

（4）详细评审：①合同条件审查；②评标价计算与评审；③技术评审；④澄清情况说明；⑤综合评价。

4．评标结果

（1）评价排序并推荐中标候选人；

（2）有关不同意见（如果有）；

（3）合同签署前建议招标人应处理的有关事宜。

5．附表及有关澄清资料

（1）评标委员会推荐的中标候选人应当限定在1~3人，并标明排列顺序。

（2）招标人应当将评标结果按规定公示，接受社会监督。

（十一）定标及签订合同的工作事项

1．定标

招标人在评标报告的基础之上并确定出中标单位的过程称为定标。定标不能违背评标定标原则、标准、方法以及评标委员会的评标结果。

当采用综合评分法定标时，中标单位应是能够最大限度地满足招标文件中规定的各项综合评价标准且综合评分最高的单位。

当采用最低评标价定标时，中标单位应是评标价最低，而且有充分理由说明这种低标是合理的，且能满足招标文件的实质性要求，即技术可靠、工期合理、财务状况理想的投标人。

当采用双信封法定标时，将投标人的评标价得分和技术得分相加得到投标人的最终得分，中标单位应是得分最高者。

2．颁发中标通知书

在确定了中标单位之后，业主即可向中标单位颁发"中标通知书"，明确其中标项目（标段）和中标价格（如无算术错误，该价格即为投标总价）等内容。

颁发中标通知书的过程，在法律上属于承诺的过程。自中标通知书颁发之日起，双方的合同法律关系即已形成，中标通知书和投标书、合同条款、技术规范、工程量清单及图纸等文件构成了一份对双方有约束力的合同，任何一方都须严格履行合同中的义务，否则即构成违约行为，另一方有权追究其违约责任或进行索赔。

因此，《招标投标法》规定，中标通知书对招标人和中标人具有法律效力。中标通知书发出后，招标人改变中标结果的，或者中标人放弃中标的，应当依法承担法律责任。

当中标通知书的颁发条件不成熟而业主又希望向投标人表达中标意向时，可向投标人签发承包合同意向书，但承包合同意向书的签发不是承诺，承包合同意向书对业主无法律约束力。

中标通知书应在投标有效期内颁发，投标有效期的开始日期从开标之日算起，大型国际招标的投标有效期较长，通常为 90～180 天，在投标有效期内，投标人不能修改或撤回标书，否则其投标保证金将被没收。招标单位有时还会视情况延长投标有效期，此时投标人可以拒绝这种要求，这不会影响投标保证金的退回；但投标人一旦接受这种要求，则在延长期内，必须遵守原标书，否则，业主仍然有权没收其投标保证金（投标有效期延长后可能会因物价上涨问题影响施工成本，但只要合同条款有价格调整的条款，这一因素的影响可以避免。另外，延长投标有效期还有可能使投标人错过施工的黄金季节，对此投标人应在作出同意延长有效期的决定时考虑其风险）。

3. 签合同协议书、提交履约担保

业主在签发中标通知书的同时（或签发后不久），应将招标文件中规定的合同协议书的格式填好并发给中标单位，中标单位在收到协议书后 28 天内，应以适当方式签字、盖章，并退还业主，由业主办理签字盖章手续（也可以在签字仪式上会签）。协议书通常正本一式两份，双方各执一份，于签字盖章后正式生效。副本若干份，双方分存。

合同协议书签订的过程，仅仅是将招标文件和投标文件的规定、条件和条款以书面的形式固定下来的过程，而不是合同的补充和修正，因此，招标人和中标人不得再行订立背离合同实质性内容的其他协议。

合同协议书应明确承包合同主体（承包合同双方名称）、客体（承包项目名称）、承包合同造价及承包合同的组成文件等事项。最后由双方法人代表签字并加盖单位公章。

如果中标单位未按时签署合同协议并按规定办理履约担保手续，则业主将会取消其中标资格，并没收其投标保证金。鉴于这种情况，业主可以将合同授予下一个其竞争能力较强的投标人。

如果中标单位按时签署了合同协议书并按规定办理了履约担保手续，则业主将通知其他未中标单位，并退回投标保证金。由此招标过程全部结束。

第4章　资格审查

4.1　资格审查概述

4.1.1　资格审查的概念和作用

（一）资格审查的概念

资格审查是用来衡量投标人一旦中标，是否有能力履行施工合同的一种重要手段，一般有两种做法，资格预审或资格后审。资格预审是指在发出投标邀请前，招标人对潜在投标人的投标资格进行的审查。只有通过资格预审的潜在投标人，才可取得投标资格。为了减小评标难度，简化评标手续，避免一些不合格的投标人在投标上的人力、物力和财力上的浪费，同时减小招标人评标工作量，因此当前我国对投标人资格审查以资格预审形式为主，资格后审只在邀请招标和货物采购招标中用得较多。

（二）资格预审的主要作用

（1）有利于保证施工单位主体的合法性；

（2）有利于保证施工单位具有相应的履约能力；

（3）有利于减小评标难度；

（4）有利于抑制低价抢标现象。

4.1.2　资格审查的内容

资格审查的内容主要包括以下八个方面：

（1）营业执照。营业执照中注有企业的法人资格、注册资金和经营许可范围等许多重要信息。对投标人营业执照的审查，实际上是审查投标人的资格是否符合法定要求，是否具有完成招标项目的权利能力与行为能力。在资格预审过程中，通常要求投标人提交营业执照正本，予以审查核实后，提交营业执照的复印件。

（2）资质等级证书。根据国家相关规定，公路工程施工企业分为施工总承包企业、路面工程专业承包企业、路基工程专业承包企业、交通工程专业承包企业、桥梁工程专业承包企业、隧道工程专业承包企业等六大类。每个类别又划分不同的等级，如施工总承包企业分为特级企业、一级企业、二级企业、三级企业，其他专业承包企业分为一级企业、二级企业、三级企业、四级企业。许多工程在招标时要求具有一定的技术等级，施工总承包一级企业可承担单项合同额不超过企业注册资本金5倍的各等级公路及其桥梁、长度300 m及其以下的隧道工程的施工。企业的资质等级说明了企业的技术力量、财务状况和履约能力。在资格预审中，一般要求投标人提交企业资质等级证书原件，审查核实后，留下资质等级复印件。

（3）法人证书或法定代表人授权书及公证书。

（4）主要施工经历。施工经历中主要要求包括以前进行过的与拟招标项目类似的工程施工的情况，以及施工的质量好坏，获得过何种奖励等。投标人除了要提交施工经历的文字说明外，还应提交详细的证明材料，如施工项目的合同、竣工验收报告等。

（5）技术力量简况。技术力量包括承包人、技术人员、机械设备以及拟投入到本项目的技术人员和施工机械设备情况、拟担任本项目的项目经理及技术负责人的情况及简历。

（6）资金或财务状况。资金或财务状况即施工企业的固定资产、流动资产、资产负债率、资金流动比率、资产流动比率，特别是拟投入到本项目的流动资金数额及相应的证明。

（7）在建项目情况（可通过现场调查予以核实）。

（8）相关联企业的情况。

4.1.3　资格预审的程序

资格预审一般可分为七个步骤，即：

（1）招标人编制资格预审文件；

（2）发布资格预审通告；

（3）发售资格预审文件。每套资格预审文件售价只计工本费，最高不超过 1000 元人民币；

（4）潜在投标人编制并递交资格预审文件；

（5）对资格预审文件进行评审；

（6）编写资格预审评审报告，报上一级交通主管部门审定；

（7）向通过资格预审的投标申请人发出投标邀请。

招标人应当按照资格预审公告规定的时间、地点出售资格预审文件。自资格预审文件出售之日起至停止出售之日止，最短不得少于 5 个工作日。

招标人应当合理确定资格预审申请文件的编制时间，自开始发售资格预审文件之日起至潜在投标人递交资格预审申请文件截止之日止，不得少于 14 天。

4.2　资格预审文件

4.2.1　资格预审文件内容

资格预审文件包括以下五个内容：

（1）资格预审公告；

（2）申请人须知；

（3）资格审查办法；

（4）资格预审申请文件格式；

（5）项目建设概况。

4.2.2　资格预审示范文本及说明

（一）资格预审公告

1．资格预审公告示范文本

项目资格预审首先发布资格预审公告，一般情况下资格预审公告同时代替了招标公告，其具体内容主要包括了：招标条件、项目概况与招标范围、申请人资格要求、资格预审方法、资格预审文件的获取、资格预审申请文件的递交、发布公告的媒介、联系方式等内容。

2. 几点说明

(1)招标人可根据项目特点和实际需要对本章内容进行补充、细化,但应遵守《中华人民共和国招标投标法》第16条和《招标公告发布暂行办法》等有关法律法规的规定。

(2)对于被招标项目所在地省级交通主管部门评为最高信用等级的申请人,招标人可在招投标方面给予一定的奖励。

(3)国务院国有资产监督管理机构直接监管的中央企业均不属于本条规定的"母公司",其一级子公司可同时对同一标段提出资格预审申请,但同属一个子公司的二级子公司不得同时对同一标段提出资格预审申请。

(4)资格预审文件的发售时间不得少于5个工作日。

(5)资格预审文件中所有复印件均指彩色扫描件或彩色复印件。

(6)资格预审文件中提到的货币单位除有特别说明外,均指人民币元。

(7)每套资格预审文件售价只计工本费,最高不超过1 000元人民币。

(8)资格预审文件自开始发售之日起至申请人递交资格预审申请文件截止时间止,不得少于14天。

(二)申请人须知

1. 申请人须知主要内容

(1)总则:项目概况、资金来源和落实情况、招标范围、计划工期和质量要求、申请人资格要求、语言文字、费用承担等。

(2)资格预审文件:资格预审文件的组成、资格预审文件的澄清、资格预审文件的修改等。

(3)资格预审申请文件的编制:资格预审申请文件的组成、资格预审申请文件的编制要求、资格预审申请文件的装订、签字等。

(4)资格预审申请文件的递交:资格预审申请文件的密封和标志、资格预审申请文件的递交等。

(5)资格预审申请文件的审查:审查委员会、资格审查等。

(6)通知和确认:通知、解释、确认。

(7)申请人的资格改变。

(8)纪律与监督:严禁贿赂、不得干扰资格审查工作、保密、投诉。

(9)需要补充的其他内容。

2. 申请人须知前附表

资格预审文件中包括了一个资格预审申请人须知前附表,主要包括了以下内容:招标人及招标代理机构名称和信息;项目名称、建设地点、资金来源、出资比例等情况;招标范围、计划工期及质量要求;申请人资质条件、能力和信誉;是否接受联合体资格预审申请;关于资格预审文件澄清、修改、确认等时间安排;申请人财务、业绩、诉讼及仲裁年份的规定;申请文件盖章、装订、副本份数、封套书写内容、递交截止时间、递交地点的规定;资格审查委员会、审查方法、结果通知、监督等内容的规定。

3. 几点说明

(1)"申请人须知前附表"用于进一步明确正文中的未尽事宜,由招标人根据招标项目具体特点和实际需要编制和填写,但务必做到与资格预审文件中其他章节的衔接,并不得与本章正文内容相抵触。

（2）"申请人须知前附表"中的附录表格同属"申请人须知前附表"内容，具有同等效力。

（3）对于采用有限数量制进行资格审查的技术特别复杂的特大桥梁和长大隧道工程，招标人还应增加对申请人的其他主要管理人员和技术人员以及主要机械设备和试验检测设备提出要求。

（三）项目建设概况

（1）项目说明：①项目位置：公路的起讫地点、里程、等级、技术标准、主要控制点；或独立大桥的桥型、荷载、跨径、桥长、桥宽、基础、水深、引道长度等；或独立隧道的长度、宽度，防水排水、衬砌和设施等。②主要工程内容。

（2）建设条件：①地形与地貌简况；②地质与地震简况；③水文与气象简况；④交通、电力、通信及其他条件。

（3）建设要求：①主要技术指标；②工程建设规模；③工期、质量、安全等要求。

（4）其他需要说明的情况：①招标范围及标段划分；②各标段主要工程量一览表。

4.3　资格预审申请文件的编制

4.3.1　资格预审申请文件的组成

（一）资格预审申请文件应包括的内容

（1）资格预审申请函；

（2）法定代表人身份证明及授权委托书；

（3）联合体协议书；

（4）申请人基本情况表；

（5）近年财务状况表；

（6）近年完成的类似项目情况表；

（7）正在施工和新承接的项目情况表；

（8）近年发生的诉讼及仲裁情况；

（9）初步施工组织计划；

（10）其他材料（见申请人须知前附表）。

（二）资格预审申请函内容及格式

资格预审申请函内容及格式从略。

（三）法定代表人身份证明及授权委托书

法定代表人身份证明及授权委托书格式从略。

注意事项：

①法定代表人的签字必须是亲笔签名，不得使用印章、签名章等代替。

②法定代表人和委托代理人必须在授权书上亲笔签名，不得使用印章、签名章或其他电子制版签名。

③在授权委托书后应附有公证机关出具的加盖钢印、单位章并盖有公证员签名章的公证书，钢印应清晰可辨，同时公证内容完全满足资格预审文件规定。

④公证书出具的日期与授权书出具的日期同日或在其之后。

⑤以联合体形式投标的，授权委托书应由联合体牵头人的法定代表人按上述规定签署并公证。

（四）联合体协议书

联合体协议书内容及格式从略。

（五）申请人基本情况表

申请人基本情况表包括了申请人基本情况表、申请人企业组织机构框图、拟委任的项目经理和项目总工资历表、拟委任的其他主要管理人员和技术人员汇总表、拟委任的其他主要管理人员和技术人员资历表、拟投入本标段的主要施工机械表、拟配备本标段的主要材料试验、测量、质检仪器设备表。

（1）"申请人基本情况表"主要包括的内容有：申请人名称、注册地址、联系方式、法定代表人、技术负责人、成立时间、员工总人数、企业资质等级、营业执照号、注册资金、开户行、经营范围资产构成等情况。主要是了解申请人的基本情况，表格格式从略。

注意：在本表后应附企业法人营业执照副本（全本）的复印件（并加盖单位章）、施工资质证书副本（全本）的复印件（并加盖单位章）、安全生产许可证副本（全本）的复印件（并加盖单位章）、基本账户开户许可证的复印件（并加盖单位章）；以联合体形式申请资格预审的，联合体各成员应分别填写。

（2）"申请人企业组织机构框图"要求以框图形式表示申请人组织机构情况。

（3）"拟委任的项目经理和项目总工资历表"主要包括姓名、年龄、职称、职务、毕业学校专业等个人基本信息，以及工作经历和目前任职工程项目状况。

注意：①本表后应附项目经理（以及备选人）和项目总工（以及备选人）身份证、职称资格证书以及资格预审条件所要求的其他相关证书（如建造师注册证书、安全生产考核合格证书等）的复印件，并应提供其担任类似项目的项目经理和项目总工的相关业绩证明材料复印件。

②本表后应附申请人所属社保机构出具的拟委任的项目经理（以及备选人）和项目总工（以及备选人）的社保缴费证明（并加盖缴费证明专用章）或其他能够证明拟委任的项目经理（以及备选人）和项目总工（以及备选人）参加社保的有效证明材料（并加盖社保机构单位章）。

③目前未在具体项目上任职的，请在备注栏说明现在负责的工作内容。

（4）"拟委任的其他主要管理人员和技术人员汇总表"主要包括姓名、年龄、拟在本项目中担任的职务、技术职称、工作年限、类似施工经验年限等信息。

注意：①本表填报的人员应满足申请人须知的要求。②本表后应附申请人所属社保机构出具的拟委任的其他主要管理人员和技术人员的社保缴费证明（并加盖缴费证明专用章）或其他能够证明拟委任的其他主要管理人员和技术人员参加社保的有效证明材料（并加盖社保机构单位章）。

（5）"拟委任的其他主要管理人员和技术人员资历表"表格内容基本上同"拟委任的项目经理和项目总工资历表"。在本表后应附身份证、职称资格证书以及资格预审条件所要求其他相关证书（如安全生产考核合格证书、试验检测资格证书等）的复印件。

（6）"拟投入本标段的主要施工机械表"主要包括设备名称、规格型号、国别产地、制造年份、额定功率、生产能力、数量、预计进场时间等信息。

（7）"拟配备本标段的主要材料试验、测量、质检仪器设备表"包括的主要信息基本上同"拟投入本标段的主要施工机械表"。这两个表格仅仅适用于采用有限数量制进行资格审查的技术特别复杂的特大桥梁和长大隧道工程。

(六)近年财务状况表

这里包括财务状况表、银行信贷证明两项内容。

1. 财务状况表

财务状况表主要包括注册资金、净资产、总资产、利润等主要财务数据和财务指标。

注意：本表后应附近3年经会计师事务所或审计机构审计的财务会计报表，包括资产负债表、现金流量表、利润表和财务情况说明书的复印件；本表所列数据必须与本表各附件中的数据一致；以联合体形式申请资格预审的，联合体各成员应分别填写。

2. 银行信贷证明

招标人要求申请人提供银行信贷证明是为了避免申请人中标后因流动资金不足影响工程施工的情况发生，招标人可根据招标项目具体特点和实际情况选择是否要求申请人提供银行信贷证明。如采用银行信贷证明，招标人应在此规定开具银行信贷证明的银行的级别。

银行信贷证明审查时，允许申请人实际开具的银行信贷证明的格式与《公路工程标准施工招标资格预审文件》提供的格式有所不同，但不得更改《公路工程标准施工招标资格预审文件》提供的银行信贷证明格式中的实质性内容。银行主要负责人应亲笔签名，不得使用印章、签名章或其他电子制版签名，否则，视为无效。

(七)近年完成的类似项目情况表

近年完成的类似项目情况表主要包括的内容有：项目名称、项目所在地、发包人名称、发包人地址及联系方式、项目合同价格、开竣工日期、项目质量评定等级、主要负责人名称、项目基本概况描述等。

注意事项：

①每张表格只填写一个项目，并标明序号。

②本表后须附中标通知书和(或)合同协议书、由发包人出具的公路工程(标段)交工验收证书或竣工验收委员会出具的公路工程竣工验收鉴定书或质量监督机构对各参建单位签发的工作综合评价等级证书的复印件。

③如近年来，申请人法人机构发生合法变更或重组或法人名称变更时，应提供相关部门的合法批件或其他相关证明材料来证明其所附业绩的继承性。

④以联合体形式申请资格预审的，联合体各成员应分别填写。

(八)正在施工和新承接的项目情况表

本表和"近年完成的类似项目情况表"内容要求基本相同。值得注意的是：

①每张表格只填写一个项目，并标明序号。

②本表后应附中标通知书和(或)合同协议书复印件。

③本表应包含所有在建工程项目，包括正在施工、已签订合同协议书即将开工或已收到中标通知书或意向书但尚未签订合同的所有项目。

④以联合体形式申请资格预审的，联合体各成员应分别填写。

(九)近年发生的诉讼及仲裁情况

本表内容较简单，包括项目及申请人情况说明两项内容。注意：本表后应附法院或仲裁机构做出的判决、裁决等有关法律文书复印件。

(十)初步施工组织计划

资格预审申请文件中要求申请人拟定初步的施工组织计划，总字数控制在5000字以内。

其主要内容如下：

(1)施工组织机构、施工总平面布置图、施工总体进度计划表；

(2)质量目标、工期目标(包括总工期、节点工期)、安全目标；

(3)对项目重点、难点工程的理解及施工方案、工艺流程；

(4)保证措施：

①质量体系与保证措施；

②工期保证措施；

③人员安排与保证措施；

④安全生产保证措施；

⑤环境保护、水土保持、施工后期的场地恢复措施；

⑥支付保障措施(有关民工工资、劳务分包、材料采购、设备租赁、工程分包等的按期支付保证措施)。

4.3.2　资格预审申请文件的编制要求

(1)资格预审申请文件应按"资格预审申请文件格式"进行编写，如有必要，可以增加附页，并作为资格预审申请文件的组成部分。申请人须知前附表规定接受联合体资格预审申请的，表格和资料应包括联合体各方相关情况。

(2)法定代表人授权委托书必须由法定代表人签署。

①如果资格预审申请文件由委托代理人签署，则申请人需提交附有法定代表人身份证明的授权委托书，授权委托书应按规定的书面方式出具，并由法定代表人和委托代理人亲笔签名，不得使用印章、签名章或其他电子制版签名。经公证机关对授权委托书中申请人法定代表人的签名、委托代理人的签名、申请人的单位章的真实性做出有效公证后，原件应装订在资格预审申请文件的正本之中。申请人无须再对法定代表人身份证明进行公证。公证书出具的日期应与授权委托书出具的日期同日或在其之后。

②如果由申请人的法定代表人亲自签署资格预审申请文件，则不需提交授权委托书，但应经公证机关对法定代表人身份证明中法定代表人的签名、申请人的单位章的真实性做出有效公证后，将原件装订在资格预审申请文件的正本之中。公证书出具的日期应与法定代表人身份证明出具的日期同日或在其之后。

③以联合体形式申请资格预审的，法定代表人授权委托书(如有)须由联合体牵头人按规定出具并公证。

(3)"申请人基本情况表"应附企业法人营业执照副本(全本)的复印件(并加盖单位章)、施工资质证书副本(全本)的复印件(并加盖单位章)、安全生产许可证副本(全本)的复印件(并加盖单位章)、基本账户开户许可证的复印件(并加盖单位章)。

"拟委任的项目经理和项目总工资历表"应附项目经理(以及备选人)和项目总工(以及备选人)的身份证、职称资格证书以及资格预审条件所要求的其他相关证书(如建造师注册证书、安全生产考核合格证书等)的复印件，并应提供其担任类似项目的项目经理和项目总工的相关业绩证明材料复印件，还应附申请人所属社保机构出具的拟委任的项目经理(以及备选人)和项目总工(以及备选人)的社保缴费证明(并加盖缴费证明专用章)或其他能够证明拟委任的项目经理(以及备选人)和项目总工(以及备选人)参加社保的有效证明材料(并加盖社保机构单位章)。

(4)"近年财务状况表"应附经会计师事务所或审计机构审计的财务会计报表,包括资产负债表、现金流量表、利润表和财务情况说明书的复印件,具体年份要求见申请人须知前附表。

(5)"近年完成的类似项目情况表"应附中标通知书和(或)合同协议书、工程接收证书(工程竣工验收证书)的复印件,具体年份要求见申请人须知前附表。每张表格只填写一个项目,并标明序号。

工程接收证书(工程竣工验收证书)可以是发包人出具的公路工程(标段)交工验收证书或竣工验收委员会出具的公路工程竣工验收鉴定书或质量监督机构对各参建单位签发的工作综合评价等级证书。

(6)"正在施工和新承接的项目情况表"应附中标通知书和(或)合同协议书复印件。每张表格只填写一个项目,并标明序号。

(7)"近年发生的诉讼及仲裁情况"应说明相关情况,并附法院或仲裁机构作出的判决、裁决等有关法律文书复印件。

4.3.3　资格预审申请文件的装订与签字

(1)投标申请人规范要求,编制完整的资格预审申请文件,用不褪色的材料书写或打印,并由申请人的法定代表人或其委托代理人逐页在封面、扉页、目录和本页亲笔签署姓名,不得使用印章、签名章或其他电子制版签名。以联合体形式申请资格预审的,资格预审申请文件由联合体牵头人的法定代表人或其委托代理人按上述规定签署。资格预审申请文件中的任何改动之处应加盖单位章或由申请人的法定代表人或其委托代理人签字确认。

(2)资格预审申请文件正本一份,副本份数按具体项目资格预审要求执行。正本和副本的封面上应清楚地标记"正本"或"副本"字样。当正本和副本不一致时,以正本为准。

(3)资格预审申请文件正本与副本应采用 A4 纸张,分别装订成册,并编制目录,且逐页标注连续页码。

4.3.4　资格预审申请文件的递交

(1)资格预审申请文件的正本与副本应分开包装,加贴封条,并在封套的封口处加盖申请人单位章。

(2)在资格预审申请文件的封套上应清楚地标记"正本"或"副本"字样。

(3)投标申请人应在申请日期截止前将按要求将密封和加写标记的资格预审申请文件送达指定地点,逾期送达或者未送达指定地点的资格预审申请文件,招标人不予受理。

(4)申请人如需修改申请文件,应在资格预审申请文件递交截止日期前以正式函件提出并做出说明,否则,以原提交文件为准。

4.4　资格预审申请文件的评审

招标人在规定时间内收到潜在投标人递交的资格预审申请文件后,应组建资格预审评审委员会,并本着公开、公平、公正、科学、择优的原则进行资格评审工作。

4.4.1　资格评审办法

资格审查方法有合格制法和有限数量制法两种。招标人可根据具体特点和实际需要选择合适的评审方法。

招标人应按照标段内容和特点，对潜在投标人的施工经验、财务能力、施工能力、管理能力和履约信誉等资格条件，制订强制性的量化标准。只有全部满足强制性资格条件的潜在投标人才可通过资格审查。评审结论分"通过"和"未通过"两种。

1. 合格制审查

资格审查办法前附表

(1)审查方法：凡符合《公路工程标准施工招标资格预审文件》规定审查标准的申请人均通过资格审查。

(2)审查程序。

初步审查：审查委员会依据资格预审初步评审规定的标准，对资格预审申请文件进行初步审查。有一项因素不符合审查标准的，不能通过资格预审。

详细审查：审查委员会依据资格预审详细审查规定的标准，对通过初步审查的资格预审申请文件进行详细审查。有一项因素不符合审查标准的，不能通过资格预审。

通过资格预审的申请人还不得存在下列任何一种情形：

①不按审查委员会要求澄清或说明的；

②在资格预审过程中弄虚作假、行贿或有其他违法违规行为的；

③投标人须知中规定的其他行为。

(3)澄清。在审查过程中，审查委员会可以书面形式，要求申请人对所提交的资格预审申请文件中不明确的内容进行必要的澄清或说明。申请人的澄清或说明应采用书面形式，并不得改变资格预审申请文件的实质性内容。申请人的澄清和说明内容属于资格预审申请文件的组成部分。招标人和审查委员会不接受申请人主动提出的澄清或说明。

(4)审查结果。对资格预审申请文件完成审查后，确定通过资格预审的申请人名单，并向招标人提交书面审查报告。

2. 有限数量制

(1)审查方法：凡符合《公路工程标准施工招标资格预审文件》(2009 年版)规定审查标准的申请人均通过资格审查。

(2)审查程序：初步审查、详细审查，与合格制审查法一致。

(3)澄清与核实。

(4)评分。招标人应对潜在投标人的施工经验、财务能力、施工能力、管理能力、施工组织和履约信誉等资格条件，制定可以量化的评分标准，并明确通过资格审查的最低总得分值。只有总得分超过规定的最低总得分值的潜在投标人才能通过资格审查。

对重要的资格条件也可制定最低资格条件要求，不符合最低资格条件的，不得通过资格审查。计算得分时应以评审委员会的打分平均值确定，该平均值以去掉一个最高分和一个最低分后计算。一般采用百分制，可划分评分内容和权重分值。

资格审查委员会对资格预审申请文件中不明确之处，可通过招标人要求潜在投标人进行澄清，但不应作为资格审查不通过的理由。如潜在投标人不按照招标人的要求进行澄清，其资格审查可不予通过。澄清应以书面材料为主，一般不得直接接触潜在投标人。

资格审查委员会在审查潜在投标人的主要人员资历和施工业绩、信誉时，应当通过省级以上交通主管部门设立的交通行业施工企业信息网进行查询；若潜在投标人所提供信息与企业信息网上的相关内容不符，经核实存在虚假、夸张的内容，不予通过资格审查。

　　对联合体进行资格审查时,其施工能力为主办人和各成员单位施工能力之和。对含分包人的潜在投标人进行资格评审时,其施工能力为潜在投标人和分包人施工能力之和。

　　对通过资格审查的潜在投标人明显偏少的标段,在征得潜在投标人同意的情况下,审查委员会可以对通过评审的潜在投标人申请的标段进行调整。经调整后,合格的潜在投标人仍少于3家的,招标人应重新组织资格预审或经有关部门批准采取邀请招标方式。

4.4.2　资格审查报告

　　资格审查工作结束后由资格审查委员会编制资格审查报告,推荐投标人。

　　资格审查报告一般应包括如下内容:

　　(1)工程项目概述;

　　(2)资格预审工作简介;

　　(3)资格审查结果;

　　(4)未通过资格审查的主要理由及相关附件证明;

　　(5)资格审查表等附件。

　　招标人应在资格审查工作结束后15日内,按项目管理权限,将资格审查报告报交通主管部门备案。

　　交通主管部门在收到资格审查报告后5个工作日内未提出异议的,招标人可向通过资格审查的潜在投标人发出投标邀请书,向未通过资格审查的潜在投标人告知资格审查结果。至此,资格预审工作结束。

4.4.3　资格审查委员会

　　资格审查委员会由招标人代表和有关方面的专家组成,人数为5人以上单数,其中技术、经济类专家人数应不少于成员总数的2/3。资格审查委员会的专家由招标人从评标专家库中抽取。专家应当从事相关领域工作满8年并且有高级职称、或是具有同等专业水平。

　　对潜在投标人的资格评审,应当严格按照资格预审文件载明的资格预审条件、标准和方法进行。不得采取抽签、摇号等博彩方式进行资格审查。

第 5 章　工程施工投标

5.1　施工投标概述与投标工作流程

施工投标是施工单位对招标的响应，是通过竞争获得工程承包任务的过程，对于公路建设者来说，是企业在公路建设市场竞争中承接任务的一种经营手段。投标与招标一样有其自身的运行规律，有与招标程序相适应的程序。参加投标的施工企业在认真掌握招标信息、研究招标文件的基础上，根据招标文件的要求，在规定的期限内向招标单位递交投标文件，提出合理报价，以争取获胜中标。

投标不仅是施工企业之间报价的竞争，更是企业之间实力、信誉、施工技术措施方案、水平、应变能力的竞争。因此，企业通过投标竞争，可促进自身管理水平的提高，使企业在不断改革中提高信誉，达到降低工程造价、确保工程质量、缩短建设工期、提高投资效益的目的。

公路工程施工投标工作业务流程，一般可用如图 5-1 所示的流程图来表示。

在投标工作程序中，主要包括以下工作步骤：

(1)根据招标广告或招标单位的邀请，筛选投标的有关标段，选择适合本企业承包的工程参加投标。

(2)向招标单位提交资格预审申请文件，包括：资格预审申请函、法定代表人身份证明及授权委托书、联合体协议书(如果是联合体)、申请人基本情况表、近年财务状况表、近年完成类似项目情况表、正在施工和新承接的项目情况表、初步施工组织设计计划等。

(3)经招标单位投标资格审查合格后，向招标单位购买招标文件及资料。

(4)研究招标文件合同要求、技术规范和图纸，了解合同特点和设计要点，制订出初步施工方案，提出考察现场提纲和准备向业主提出的疑问。

(5)参加招标单位组织的现场踏勘和投标预备会，认真考察现场、提出问题、倾听招标单位解答各单位的疑问。

(6)在认真考察现场及调查研究的基础上，修改原有施工方案，落实和制订出切实可行的施工组织设计。在工程所在地材料单价、运输条件、运距长短的基础上编制出确切的材料单价，然后计算和确定标价，填好招标文件所规定的各种表函，盖好印鉴密封，在规定的时间内送到招标单位，并交付一定的投标保证金。

(7)参加招标单位召开的开标会议，提供招标单位要求补充的资料或回答需要进一步澄清的问题。

(8)如果中标，则与招标单位一起依据招标文件规定的时间签订承包合同，并送上银行履约保函；如果未中标，则及时总结经验和教训，按时撤回投标保证金。

以下就投标工作程序中的重点环节：招标信息获取、投标项目选择、参加资格预审、标价计算等进行详细阐述。

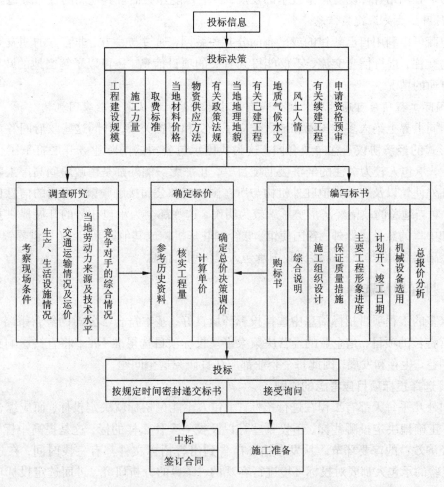

图 5 – 1　公路工程施工投标工作业务流程图

5.2　招标信息获取与投标项目选择

5.2.1　招标信息获取

1. 通过报刊、信息网络或其他媒介搜集信息

招标项目的招标公告都要通过报刊、信息网络或者其他媒体发布。通过报刊发布的招标公告是一种传统的信息发布方式，在国内外运用得比较广泛，在我国，《经济日报》、《人民日报》、《中国日报》、《中国交通报》等都是标讯刊登得比较多的报刊。在国外，如新加坡《联合早报》是发布政府工程招标公告的法定报刊。《联合国发展论坛》、《欧盟官方公报》则是分别刊登世界银行、亚洲银行贷款项目招标信息和欧盟各国招标信息的园地。随着现代技术的发展，世界各国开始运用互联网发布招标信息，如欧盟的"每日电子标讯"（Tenders Electronic Daily），美国的"采购改良网"（Acquisition Reform Network），我国台湾地区的"公共工程全球资讯网"等，我国的"中国采购与招投标信息网"（www.chinabidding.gov.cn）以及各省市建设

工程交易中心网站等。随着科学技术的发展，今后可能还会涌现其他新的发布渠道。

2. 利用公共关系搜集信息

承包商可以利用自己新建的或已有的公共关系网，通过与官方、非官方的朋友等不同类型的人物交往，进行信息交流，不仅能得到有关的项目信息，还可以了解当地的政治、经济等其他方面的情况。

3. 国际工程项目可通过驻外使馆和有关其他驻外机构及国外驻我国机构

我国同世界上绝大多数国家和地区建立了外交和商贸关系，并同这些政府间签订了大量的各种形式的经济协议、意向及合同，这为我国承包公司的国际业务开展打下了良好的基础。其中，承包人较为关注的经济援助项目等，几乎无一例外都是由政府间高层人物签署协议的。驻外使馆以及有关其他驻外机构与所在国政府和公司接触频繁，得到的信息也十分丰富，因此对当地总的政治经济形势了解较为明确，这些都会为承包业务的开展提供扎实可信的资料和中肯的意见。此外，各国使馆、联合国驻华机构或其他国际组织（如世界银行、亚行等国际金融组织）驻华机构都能向我国承包人提供项目信息。

5.2.2　投标项目选择

从众多的工程项目招标信息中选择投标环境良好，基本符合本公司的经营策略、经营能力和经营特长的项目，是企业的经营决策大事。投标项目选得准不准，将直接影响到中标后企业的利益、生存和发展，因此每个企业都应认真研究这个问题。

（一）选择投标项目应考虑的原则

国内外几乎每天都有工程在进行招标，承包人不能见招标就决定投标，而应综合考虑各种因素，正确地决定投哪些标、不投哪些标以及投一个什么样的标，这是提高中标概率、获得较好经济效益的首要环节。从发布招标广告到出售招标文件都有一段时间，在这段时间内，有经验的承包人都要对投标环境进行客观的、详尽的分析研究，进而选定投标项目。一般来说，有利的项目应当满足以下原则。

1. 有一定利润

承包企业在确定投标前，除必须弄清招标文件内容和要求外，尚须研究项目中标后可能获得的利润程度，通过工程技术和经济效益的分析，测算出工程中标后可能获得的利润。无利可图的项目理所当然不应去投标。

2. 投标环境良好

投标环境是指工程项目所在地的政治、经济、法律、社会、自然条件（地质、气候、水文等）对投标和中标后履行合同有影响的各种宏观因素。良好的投标环境是承包人实现公司经营目标的前提条件。

3. 符合公司的目标和经营宗旨

这要求考虑该项目是否在公司确定要发展的地区，如果首次进入该市场，则要调查市场的开拓前景如何，该工程是否有相关续建工程等。

4. 符合公司的自身条件

所谓公司自身的条件是指企业本身的专业范围、经济实力、管理水平和实际工程经验。承包人应当从这些方面谨慎考虑自己能否按业主要求完成项目，能否发挥自身的专业特长和技术优势。

5. 考虑工程实现的可靠性

承包人在对投标项目进行分析时，应考虑该工程实现的可靠性，如建设条件、建设规模、资金落实情况、施工条件、工程难度、业主资信等因素。

6. 考虑自身竞争的优势

由于招标的公开竞争性，承包人在筛选项目时应考虑项目的竞争激烈程度，自身是否有战胜对手的优势。对于毫无中标把握的项目不宜勉强参与，以免浪费资源和影响企业形象。

虽然同时符合上述原则的项目很可能不止一个，这些项目可能集中在一个地区，也可能分散在数个国家和地区，但作为一般性原则，集中优势力量在一个市场承包一个较大的项目，比利用同样的资源分散地承包几个小型项目更为有利。另外，对于经济和政治风险大的地区的项目、规模和技术要求超过本公司能力的项目、难度大风险大而在盈利上也无很大吸引力的项目、非本公司专业领域的项目等，一定要慎重选择，尽量回避。

(二)选择投标项目的方法

选择投标项目的方法可分为定性决策法和定量决策法两类。

1. 定性决策法

定性决策法即从考虑本企业的优势和劣势以及招标项目的整体特点出发确定是否参与投标。

(1)指标体系。一般可根据下列 10 项指标来划断：

①管理的条件，指能否抽出足够的、水平相应的管理工程人员(包括工地项目经理和组织施工的工程师)参加该工程；

②工人的条件，指工人的技术水平和工人的工种、人数能否满足该工程要求；

③设计人员条件，要视该工程对设计及出图的要求而定；

④机械设备条件，指该工程需要的施工机械设备的品种、数量能否满足要求；

⑤工程项目条件，指对该项目有关情况的熟悉程度，包含对项目本身、业主和监理情况、当地市场情况、工期要求、交工条件等；

⑥以往实施同类工程的经验；

⑦业主的资金是否落实；

⑧合同条件是否苛刻；

⑨竞争对手的情况，包括竞争对手的多少、实力等；

⑩对公司今后在该地区带来的影响和机会。

(2)决策步骤。按照上述 10 条，可用专家评分比较法(企业内的专家)来分析，其步骤如下：

第一步，按照 10 项指标各自对企业完成该招标项目的相对重要性，分别确定权数。

第二步，用 10 项指标对投标项目进行衡量，将各标准划分为好、较好、一般、较差、差五个等级，各等级赋予定量数值，如按 1.0、0.8、0.6、0.4、0.2 打分。例如，企业的管理条件足以完成本工程便将标准打 1.0 分，而竞争对手愈多则分愈低。

第三步，将每项指标权数与等级分相乘，求出该指标得分。10 项指标得分之和即为此工程投标机会总分。

第四步，将总得分与过去其他投标情况进行比较或与公司事先确定的准备接受的最低分数相比较，来决定是否参加投标。

表 5-1 就是用定性决策法评价投标机会的一个例子。

表 5 - 1　专家评分比较法评价投标机会

投标考虑的指标	权数(W)	等级(C)					WC
		好 1.0	较好 0.8	一般 0.6	较差 0.4	差 0.2	
①管理的条件	0.15		√				0.12
②工人的条件	0.10	√					0.10
③设计人员条件	0.05	√					0.05
④机械设备条件	0.10			√			0.06
⑤工程项目条件	0.15			√			0.09
⑥同类工程经验	0.05	√					0.05
⑦业主资金条件	0.15		√				0.12
⑧合同条件	0.10			√			0.06
⑨竞争对手条件	0.10				√		0.04
⑩所带来的影响和机会	0.05					√	0.01
累计值							0.70

注："√"表示等级的取值。

(3)适用范围。定性决策可以用于以下两种情况：

一是对某一个招标项目投标机会做出评价，即利用本公司过去的经验，确定一个 $\sum WC$ 值。例如在 0.60 以上可以投标，则上例属于可投标的范畴；但也不能单纯看 $\sum WC$ 值，还要分析一下权数大的几个指标，也就是要分析重要指标的等级，如果太低，也不宜投标。

二是可用以比较若干个同时可以考虑投标的项目，看哪一个 $\sum WC$ 最高，即可考虑优先投标。

2. 定量决策法

定量决策法即对影响项目选择的各种因素应用系统原理和概率统计方法进行定量分析，以进行合理的选择。

1)线性规划法的应用

线性规划是运筹学的重要分支，其应用范围很广。因为线性规划研究的主要问题之一为如何根据已有人力、财力、物力、技术和时间资源等条件去取得最大经济效果，所以，很适宜用来选择投标工程。

(1)线性规划的定义。

对于满足一组由线性方程或线性不等式构成约束条件的系统进行规划，并且使由线性方程表示的目标函数达到最大值(或最小值)的数学方法，称为线性规划。线性规划问题可用数学符号表示如下：

目标函数：

$$\max Z = c_1 x_1 + c_2 x_2 + \cdots + c_n x_n$$

约束条件：

$$\begin{cases} \alpha_{11}x_1 + \alpha_{12}x_2 + \cdots + \alpha_{10}x_n \leqslant b_1 \\ \alpha_{21}x_1 + \alpha_{22}x_2 + \cdots + \alpha_{20}x_n \leqslant b_2 \\ \qquad\qquad\quad \cdots \\ \alpha_{m1}x_1 + \alpha_{m2}x_2 + \cdots + \alpha_{mn}x_n \leqslant b_m \\ x_1,\ x_2,\ \cdots,\ x_n \geqslant 0 \end{cases}$$

其缩写形式为：

目标函数：

$$\max Z = \sum_{j=1}^{n} c_j \cdot x_j$$

约束条件：

$$\begin{cases} \sum_{j=1}^{n} \alpha_{ij}x_j \leqslant b_i (i = 1,\ 2,\ \cdots,\ m) \\ x_j \geqslant 0 (i = 1,\ 2,\ \cdots,\ n) \end{cases}$$

（2）线性规划模型的建立。用线性规划解决实际问题，首先必须把实际问题归纳成线性规划的数学模型。一般说来要考虑下面三种情况。

①技术情况线性规划模型的约束条件中，不等号左端的 X_i 的系数，就表示一组已给定了的技术条件。例如，对于工程承包，这些条件可为所需的人力、财力、资金等资源。

②限制条件在线性规划模型的约束条件中，不等号右边所列的数字，就表示了对各种可能的解答所给出的限制范围。例如，对于工程承包，这些数字表示为达到不同利润的资源限制。

③达到目标线性规划的目标函数，表示了选择最优解的准则。

（3）线性规划的求解。求解线性规划有多种方法，现在各种求解方法都已有标准的电算程序可用，欲对其有更多了解者，可参考其他有关著作。

2）决策树法的应用

以上介绍的是以预期利润确定投标策略，然而，承包人最终所获得的利润不仅取决于得标的概率，还决定于预期利润可能实现的概率，即承包人中标之后，在承包过程中实现预期利润的可能性。一般分为对预期利润乐观的、期望的（或一般的）和悲观的估计。

我们将某一方案可能的预期利润；确定为预期利润和其出现概率的乘积；用公式表示为：

$$E_p = P' \cdot E$$

式中：E_p 为可能的预期利润，P' 为预期利润出现的概率，E 为预期利润。

运用可能预期利润制定的投标策略，不仅考虑了竞争对手的外部因素，而且从本身的经营管理情况和对施工中各种因素的估计出发，考虑了实现预期利润的可能性，解决这一问题可用决策树法。

决策树是模拟树木生枝生长过程，以从出发点开始不断分枝来表示所分析问题的各种可能性，并以各分枝的期望值中的最大者作为选择的依据。它是一种按照"走一步看几步"的思路进行决策的技术，既可用来解决单级决策问题，又能解决多级决策问题。

对于我们所讨论的问题，其决策的目标为效益，当然在选优时选最大值。决策树法也可用于费用、劳力、财力的支出或损失等目标的决策，此时则应取期望值的最小值。

5.3 踏勘现场及投标预备会

5.3.1 投标前调查

(一)投标前调查的要求

投标信息内容包括来自企业内外的与投标有关的一切经济、技术和社会等方面的信息。对这些信息的调查要"快、全、准、用"。"快"为迅速及时。"全"则为多多益善,对信息应系统积累,如哪里有招标项目、工程概况如何、什么日期开始招标、什么时间开标及当地材料价格、汇率、工期等,在招标的全过程中,即从准备投标一直到定标前几分钟,都要掌握信息;而交标之后,开标之前,均应及时采取相应的措施以利夺标。"准"是要求信息的准确性,要善于辨别信息的真伪。"用"就是要善于利用信息,为正确的投标决策服务。

(二)需要掌握的信息内容

根据标前调查目的不同,将投标前调查分为两个阶段,一是投标决策信息调查,二是投标信息调查。

1. 投标决策信息调查

所谓投标决策信息调查,是在掌握了招标信息之后,为决定是否参加投标而对所需了解的相关信息的搜集与调查。主要包括如下内容:

(1)当地建筑市场信息及拟招标建设项目的工程情况。如项目规模、公路里程、标段、资金来源、招标单位名称、招标时间、项目是否列入国家计划等市场信息。

(2)投标环境。包括对商业市场、金融市场、劳务市场及其他有关业务和自然条件等对投标和中标后履行合同有影响的各种宏观因素的调查。国外承包还应包括对所在国政治、法律、社会等情况的调查。

(3)当地建筑材料和设备供应、价格、交通运输情况、当地税种、税率、银行贷款利率、地方法规等。

(4)材料与施工技术发展动态。如招标项目有无新结构、新技术、新材料,需要采购的新设备和新工艺等情况。

(5)招标单位的倾向性(即招标单位倾向让哪个或哪类层次施工单位来承包工程)和困难。如工期要提前、投资不足、材料供应困难等。应探明建设单位(或业主)的主要困难是什么。

(6)各竞争对手的基本情况。如有多少单位参加投标,每个标段各有几个单位投标,他们的名称、资质、技术水平高低、装备能力、管理水平、队伍作风、是否急于想中标、投标报价动向、与业主之间的人际关系等。

(7)设计及其他协作单位的情况。

(8)类似工程的施工方案、报价、工期等。本企业有否承担过类似的工程,并了解其报价、施工方案、施工工期等情况。

(9)本企业内部今年和明年任务是否饱满,是否有力量投入新的投标项目。

(10)本企业欲完成本项目投标工程和同类已完工程的技术经济指标。如形象进度、成本降低率、单位面积人工、材料耗用定额和造价、劳动定额执行情况等。

(11)企业为本投标项目购置新设备、采用新技术的可能性。

（12）企业投标的历史资料。对每次投标的情况，不管中标与否，都应该记录并进行分析。如每次投标参与投标的企业数、各家的报价情况、中标价及标底等。对这些资料的分析有助于提高编标报价的水平，而当采用定量决策的方法选择投标项目时，这些资料更是不可缺少的。

2. 投标信息调查

现场考察一般是投标预备会的一部分，招标人会组织所有投标人进行现场参观和说明。投标人应准备好现场考察提纲并积极参加这一活动。

（1）现场考察的重要性。投标人应参加由业主（招标单位）安排的正式现场考察，否则，投标人可能会被拒绝投标。按照国际、国内规定，投标人提出的报价一般被认为是在现场考察的基础上编制的，一旦标书交出，如在投标日期截止后发现问题，投标人就无法因现场考察不周、情况不了解而提出修改标书，或调整标价给予补偿的要求。另外，编制标书需要许多数据和了解有关情况，也要从现场调查中得出。因此，投标人在报价以前必须认真地进行工程现场考察，全面、细致地了解工地及其周围的政治、经济、地理、法律等情况。如考察时间不够，参加编标人员在投标预备会结束后，一定要再留下几天，再到现场查看一遍，或重点补充考察，并在当地作材料、物资等调查研究，收集编标用的资料。

（2）国内现场考察的主要内容。投标人在购买招标文件后，应先拟订好考察现场的提纲和疑点，做到有准备、有计划地调查。其主要包括如下内容：

①政治方面（指国外承包工程）：

a. 项目所在国政局是否稳定，有无发生政变的可能。

b. 项目所在国与邻国关系如何，有无发生边境冲突或封锁边界的可能。

c. 项目所在国与我国的双边关系如何。

②地理、地貌、气象方面：

a. 项目所在地及附近地形地貌与设计图纸是否相符。

b. 项目所在地的河流水深、地下水情况、水质等。

c. 项目所在地近 20 年的气象，如最高（最低）气温、每月雨量、雨日、冰冻深度、降雪量、冬期时间、风向、风速、台风等情况。

d. 当地特大风、雨、雪、灾害情况。

e. 地震灾害情况。

f. 自然地理：修筑便道位置、高度、宽度标准，运输条件及水、陆运输等情况。

③法律、法规方面：

a. 与承包活动有关的合同法、外汇管理法、税收法、劳动法、环境保护法、建筑市场管理法等。

b. 国外承包工程除上述有关法律、法规外，尚应了解项目所在国的民法，对本项目工程施工有关具体规定。如劳动力的雇用、设备材料的进口及运输施工机械使用等规定。

④工程条件：

a. 工程所需当地建筑材料的料源及分布地。

b. 场内外交通运输条件，现场周围道路桥梁通过能力，便道便桥修建位置、长度和数量。

c. 施工供电、供水条件，外电架设的可能性（包括数量、架支线长度、费用等）。

d. 新盖生产生活房屋的场地及可能租赁民房情况、租地单价。

e. 当地劳动力来源、技术水平及工资标准情况。

f. 当地施工机械租赁、修理的能力。

⑤经济方面：

a. 工程所需各种材料，当地市场供应数量、质量、规格、性能能否满足工程要求及其价格情况。

b. 当地买土地点、数量、运距。

c. 国外承包工程还要了解当地工人工作时间、年法定假日天数，工人假日和冬、雨、夜施工及病假的补贴，工人所交所得税及社会保险金的数额。

d. 监理工程师工资标准。

e. 当地各种运输、装卸及汽柴油价格。

f. 当地主副食供应情况和近3~5年物价上涨率。

g. 保险费情况。

⑥工程所在地有关健康、安全、环保和治安情况。例如工程所在地的医疗设施、救护工作、环保要求、废料处理、保安措施等。

⑦其他方面。现场考察需带有业主(或招标单位)发的1/2000比例的平面图，详细标绘施工便道、便桥、现场布置及数量。调查路基范围内拆迁情况，需填筑之水塘面积大小、抽水数量、淤泥深度和数量，以及了解开山的岩石等级、打洞放炮设计施工方法。调查桥梁位置、水深水位、便桥架设、钻孔(打桩)工作平台搭设、深水基础、承台、下部构造如何施工、上部构造如何预制、预制场设在哪里及怎样布置、安装等有关具体问题。以便为施工组织设计做好准备。

(3)国外投标现场考察的主要内容：

①地理条件：

a. 州地图、当地地图、地形(等高线)图，了解运输网及地形。

b. 附近社会团体的人口数。

c. 本地区的排水系统。

d. 现场高程。

②地质和地表下资料：

a. 该地区的地质图。

b. 工程所在地的地表下资料——土壤层及特性、水质资料，确定工程是否有填方地段，若有，标出其位置并说明填方类型。

c. 要求排水否。

d. 挖土方施工方法与机械设备。

e. 挖沟渠或其他挖土方支撑方法。

f. 地面承载状况(是否能支撑橡胶轮胎建筑设备，又能支撑履带建筑设备)。

g. 表土层的排水性能。

h. 是否需要建临时排水系统。

i. 已有的地下设施和排水系统图或其他的地下建筑物或障碍的平面图。

③气象资料：

a. 月温度和湿度范围，包括有记载的每月最高和最低温度，若有寒风或高温资料也应包括进去。

b. 月平均降雨量和降雪量，明确每年降雨的平均天数。

c. 该地区易受何种天气影响？发生特大风暴的次数如何？特大风暴是雷暴、雨暴、风雪、龙卷风还是飓风？

d. 最大冻土深度是多少？

④施工现场准备工作：

a. 剩下的废材料能否出卖？若能，卖给谁？什么价？若不能，则在何处处理？处理费如何？

b. 若需要填料，则填料来源于何处？什么价？

c. 头顶上方有无电线或其他妨碍施工的建筑物？在清扫现场时，是否有遇到危险及安全的因素？

d. 结构物是否需作防腐败处理？

e. 在施工准备或施工过程中，有哪些历史建筑物、基地、树木或其他设施需要拆迁？

⑤进场道路和停车场：

a. 绘出进场道路图，说明路面类别及条件、可容纳交通量大小、制约因素等，采取何种改良措施，可使之为承包人所使用？承包人有无责任维护这些道路？

b. 必须新铺什么样的进场道路，且由谁来铺？有无在他人土地上的通行权、筑路权？若无，则如何获得这些权利？

c. 施工工地有无合适的停车场？若无，则工人们把车停在何处？且怎样到工地？仍需建什么样的停车场且由谁建？停车场是否有栅栏？是否必须安有栅栏？

⑥卸货和保管：

a. 能否在开工前，材料到货并堆放在工地？若能，需要采取何种防卫措施，且由谁制定该措施？是否由业主准备劳动力提取这些材料？这是否会产生权限问题？

b. 工地有何种仓库可供承包人保管物品或有何场地可供承包人建仓库？

c. 有何种非工地仓库可用来存放那些不能在工地保管的物品？

d. 装卸材料需要何种特殊工具和设备？哪些工具和设备已有？哪些工具和设备必须添购？

⑦公用设施和临时设施：

a. 施工时有无建筑物可利用？若有，说明其用处；若没有，说明需要进行哪些工作才能取得这些建筑物的图纸或其他尺寸资料？

b. 施工时报建的永久性建筑可为承包人作为临时使用否？

c. 将位于工地的临时建筑物与工地附近的临时建筑物分开，若一定需要使用非工地土地，则由谁提供？

d. 承包人必须为业主或其他人员提供临时设施场所吗？

e. 工程竣工时业主接管所有的临时建筑还是承包人将其拆除？

f. 由谁提供办公家具？

g. 由谁提供饮用水？水源是什么，需要进行什么工作？混凝土用水、灰尘控制用水及清除水都有专门供水系统吗？若有，其水源是什么？由谁提供？需要进行什么工作？

h. 有无卫生设施(如卫生间、盥洗室、排污水系统)？需进行什么工作，且由谁提供？

i. 采暖及空调如何？由谁提供？需要进行什么工作？

j. 供电情况怎样(地理位置、电压、相位、容量等)，需要进行什么工作才能供电且由谁提供？

k. 施工期间需要蒸气吗？若用，则其来源于何处，并由谁提供？

l. 施工期间是否需要用压缩空气及其他气体？若用，则其来源于何处，且由谁提供？

m. 由谁来承担处理废料、垃圾的工作？

⑧当地材料及分包人：

a. 记下承包人的姓名、住址及其他有关当地特点的建筑资料，以便在合同执行过程中与承包人进行联系。

b. 预拌混凝土的来源在何处及其价格是多少？若由承包人供应混凝土，则其集料和水泥在何处？

c. 附近有何运输公司可为工程服务？

d. 取得附近单位的电话簿。

⑨当地条件：

a. 操作设备能否达到工地的各处位置？对于大门及场地限制等，有无特殊要求？操作人员与建筑人员之间合作有无问题？

b. 业务与当地政府及工程有关单位的关系如何？

c. 有无政治、文化形势影响工程？工程受社会支持吗？

d. 有无未解决问题或缺手续（如业主营业执照）以致影响开工或建设进度？

e. 施工所产生的高噪声、灰尘、交通拥挤等情况，是否会影响附近的单位及居民，致使他们产生抱怨或采取法律手段？

⑩健康、安全、环境和治安：

a. 有何医疗设施，由谁提供？

b. 附近有何医院、药房和诊所？都有何设施？

c. 如何进行救护工作？

d. 有何防火设施？

e. 对于废料、垃圾、噪声、腐蚀、有害排放、化学泄漏和燃料所产生的影响有何环保要求？该环保设施由谁提供？

f. 工程人员是否处于有害气体、化学或辐射环境中，需提供哪些防护设施及训练？

g. 当地有何化学洗涤设备？是轻便型还是洗涤车？

h. 附近有何商业公司有资格处理有害排放物并将其运到批准的处理场？

⑪保安：

a. 有何执法机构负责工地、关系单位和运输网的司法管理？

b. 若有外包工程，则当地执行机构提供保安措施否？

c. 有安全围栏吗？由谁提供？由谁提供警卫和监视系统？

⑫交通：

a. 在地图上划分交通图：道路、桥梁和涵洞的承重能力和尺寸；铁路线和站台；可用驳船航道和码头；可用机场。

b. 铁路设施：有哪些铁路线经过该地区？需要铁路支线吗？若需要，则由谁提供，且与哪条铁路接轨？

c. 说明该地区的空运能力及机场情况，并列出每一机场可使用的最大机种。

d. 对于驳船，说明可用码头情况及吨位、规模、季节等制约条件，并列出其他有关港口。

e. 说明工程人员可利用的公共交通情况。

⑬劳动：

　　a. 如果这是一个合作工程，则记下交通工具方的姓名和地址，取得所有协议和工资级别的复印件。详细说明生产、加班、差旅费、检举费等各种规章制度，注明所有协议的期限，估计罢工期间所造成的损失，讨论可能影响工程施工及费用的有关地区合作精神的条款。

　　b. 如果这是一个外包工程，则通过地方职业介绍所、当地承包人及其他渠道，了解一般的工资标准。说明工人来源地，并估计通过工程寿命的每一个行业的有效性，在进行这些估价时，要考虑到该地区其他行业或工程的需要，了解是哪种技术且由谁提供培训。

　　c. 对当地的经济条件进行评估，着重于工程人员的可获得性、生产率及水平。

　　d. 说明那些可能限制工作人员恢复精力或影响创造高营业额（利润）的情况（如上下班距离或高犯罪区等）。

　　e. 取得有关劳动生产率的资料。

　　f. 该地区有政府津贴的工作培训项目吗？

⑭建筑设备：

　　a. 划分业主及其他承包人所提供的设备如何偿还？

　　b. 说明承包人必须提供的特种设备。

　　c. 设备维修是在工地还是按合同在当地的修配公司？

　　d. 将设备移到工地有何障碍（如路面、桥梁、涵洞的承重或架空电线的限制）？

⑮通信：

　　a. 电话业务如何？

　　b. 工地有通信设施（如喇叭或无线电）吗？

⑯执照税和手续费：

　　a. 工程免税吗？是免地方税还是联邦税？

　　b. 需交何种州和地区税？

　　c. 该地区需要承包人营业执照吗？都有哪些规定？

　　d. 承包人需要哪些许可证？

　　e. 承包人需支付何种公用系统费（如电话、水、下水道及电等费）。

⑰专业人员及职责：

　　a. 附近有无合适的房屋可供承包人的职员居住？

　　b. 当地雇用业务人员的难易程度及工资级别如何？

⑱杂项：

　　a. 承包人必须为业主、监理工程师、分包人或其他施工人员提供何种援助和服务？

　　b. 所有特殊事项（如财物滥用控制）都要求业主参加吗？

　　投标人通过投标前调查，根据调查结果编制出材料和机械台班单价，同时给施工组织规划设计，提供了大量第一手资料，为制订出合理的报价打下基础。

5.3.2　踏勘现场

1. 踏勘现场的意义

　　踏勘现场是投标前调查的重要工作之一。踏勘现场一般是投标预备会的一部分，招标人会组织所有投标人进行现场参观和说明。投标人应准备好现场考察提纲并积极参加这一活动。

　　投标者应参加由业主（招标单位）安排的正式现场考察，否则，投标者可能会被拒绝投标。按照国际、国内规定，投标人提出的报价一般被认为是在现场考察的基础上编制的，一旦标书交出，如在投标日期截止后发现问题，投标人就无法因现场考察不周、情况不了解而提出修改标书，或调整标价给予补偿的要求。另外，编制标书需要许多数据和了解有关情况，也要从现场调查中得出。因此，投标人在报价以前必须认真地进行工程现场考察，全面、细致地了解工地及其周围的政治、经济、地理、法律等情况。如考察时间不够，参加编标人员在投标预备会结束后，一定要再留下几天，再到现场查看一遍，或重点补充考察，并在当地作材料、物资等调查研究，收集编标用的资料。

2．踏勘现场须注意的事项

（1）投标人须知前附表规定组织踏勘现场的，招标人按投标人须知前附表规定的时间、地点组织投标人踏勘项目现场。

（2）投标人踏勘现场发生的费用自理。

（3）除招标人的原因外，投标人自行负责在踏勘现场中所发生的人员伤亡和财产损失。

（4）招标人在踏勘现场中介绍的工程场地和相关的周边环境情况，供投标人在编制投标文件时参考，招标人不对投标人据此作出的判断和决策负责。

（5）招标人提供的本合同工程的水文、地质、气象和料场分布、取土场、弃土场位置等参考资料，并不构成合同文件的组成部分，投标人应对自己就上述资料的解释、推论和应用负责，招标人不对投标人据此做出的判断和决策承担任何责任。

5.3.3　投标预备会

投标人须知前附表规定召开投标预备会的，招标人按投标人须知前附表规定的时间和地点召开投标预备会，澄清投标人提出的问题。

投标人应在投标人须知前附表规定的时间前，以书面形式将提出的问题送达招标人，以便招标人在会议期间澄清。

投标预备会后，招标人在投标人须知前附表规定的时间内，将对投标人所提问题的澄清，以书面方式通知所有购买招标文件的投标人。该澄清内容为招标文件的组成部分。

5.4　技术标的编制

5.4.1　技术标的编制原则

（1）完全满足招标文件的要求。招标文件的要求包括工期、质量、安全等各种要求，投标文件技术标必须完全满足其所有要求，不得低于其要求或遗漏任何一个要求。

（2）合理安排施工程序与顺序。

（3）用流水作业法和网络计划技术安排进度计划。

（4）经济节约性原则。从实际出发，做好人力、物力的综合平衡，组织均衡施工。

（5）实施目标管理。编制技术标的过程，也是一个项目实施的过程。因此，必须遵循目标管理的原则，应使目标分解得当，决策科学，实施有法。例如，编制投标文件技术标前，先制订一个可行的投标文件编制规划，规划详细列出编标程序中各个步骤的时间目标；编制过程中，对编标程序中各个步骤时间目标的兑现情况进行管理，采取措施确保最后的时间目标兑现。

5.4.2　编制技巧

在标书的编写过程中,技术标的工作量占有很大部分。因此,要使编制的标书具有先进性、合理性、竞争性,是一项非常重要、复杂、细致的工作,所以要选派一些有丰富施工经验的工程技术人员从事技术标的编写工作,这些人员需要具有准确的分析判断能力、精明的经济头脑和敏锐的工作预见性。

要在较短的时间内做出一份高质量的技术标,应掌握足够的编制技巧。

1. 抓住特点,突出亮点

技术标不同于施工阶段的施工组织设计,其目的是为了中标,它所依据的是招标文件与图纸、资料。编写时要求针对标书的要求简明扼要地编写投标文件,要具有针对性和竞争性的特点。

根据招标文件的要求,针对某一项或几项内容突出展示投标人的亮点,这一点是投标人比较突出的、特有的,能得到评委的青睐。

2. 明确承诺

认真审阅招标文件、设计图纸等有关的资料,结合公司的实力,向业主作出承诺,明确工程承包后在工期、质量、施工技术、经济、组织、安全等方面的目标和采取的措施,标书中的要求逐条响应,并郑重承诺。

3. 展现公司实力

要充分展示公司独到的施工手段和能力,以及在管理水平、技术能力、人员素质、施工设备等各方面的雄厚实力,反映出公司对承接该工程项目具有强烈的诚心,完成任务的信心和决心,使业主对公司认可。

4. 制定一份好目录

好的目录能让人一目了然,清晰明了。目录要求各种大小标题清楚、错落有致、上下关联,小标题要能看出方案考虑了哪些因素。标题后面要附上页码,便于评审人员查阅。查阅内容是否齐全,重点是否明确,从而对技术标的有了初步了解,这直接影响后面的审阅工作。

5. 粗细结合

方案编制要做到经济合理,符合招标文件要求,在实际实施过程中具有可行性,特别是重难点工程的施工方案,要分析得有理有据,施工方案详细、科学。此外对关键技术部位的处理,要求详尽、合理、操作性强。

对设备投入计划、技术、工期等侧重于施工规划和部署的内容,可以粗写,省略一般的操作细节、挂制要点,有些非重点的部分可以略写,甚至可以只列标题。

6. 编排高质量的网络计划

网络计划编制水平反映出施工企业的人员素质和管理水平。图中的每一个结点和箭头都要经得起推敲,要着重于主要的分部、分项工程逻辑和时空关系的安排。评审人员可能会对网络计划认真查看,看计划总工期能否达到要求,工程各分部、分项的节拍是否合理,施工资源流向是否合理均匀,关键线路是否明确,对工程计划安排的可行性、合理性作出判断。

网络计划的绘制应遵循以下规则:①正确表达各项工作之间的逻辑关系;②不允许出现循环回路;③不允许出现带双箭头或无箭头的连线;④不允许出现没有箭尾和没有箭头的箭线;⑤在一张网络图中一般只允许出现一个起点节点和一个终点节点(计划任务中有部分工作要分期进行的网络计划除外);⑥不允许出现同编号工作;⑦应尽量避免箭线交叉。

7. 画好施工场地平面布置图

施工场地平面布置图是施工现场技术、安全、文明、进度现场管理的形象表述。从施工场地平面布置图可以看出我们的施工队伍安排布置及项目部、材料库等布置是否合理。一份较好的施工场地平面布置图就是一份合理的简易施工方案。

平面布置图要尽量采用不同的颜色和不同粗细的线条来表示各种建筑物、线路、材料、设备，并配注各种图例说明。

5.4.3　编制步骤

技术标的编制主要有研究招标文件、进行调查研究，编制施工技术方案，编制施工进度，编制施工组织方案，绘制施工总平面图，确定劳、材、机计划，编制保证质量和工期等措施等步骤，参见图 5-2。

5.4.4　技术标编制技巧

1. 通读招标文件及相关资料

(1)投标文件格式编制要求，包括文档排版格式要求、使用软件要求等。

(2)工程范围、工程内容及工程特点等。

(3)工期(包括开工日期、节点工期、竣工日期等)，质量、安全等要求。

(4)资源需求、劳动力、机械设备等。

(5)其他特殊要求。招标文件中有对投标文件编制有要求的文字要重点划出，以便在编标的过程中核对。

(6)评标办法中的得分点。得分点是编制投标文件的基础，只有把得分点都写到投标文件中，才能避免被扣分。

(7)招标文件中要求的目录。这是编制投标文件的根本，必须按照招标文件的要求的目录编制投标文件。

(8)技术资料。招标人提供相关专业的技术资料是我们编制施工组织的基础，只有掌握了本工程中各专业的情况才能编制施工方案、施工进度计划、安排劳动力等。这就需要我们有一定的现场经验和专业知识。

2. 向招标人提出疑问

(1)在招标单位详细阅读了招标文件和资料后，就需要对招标文件中表述不清、错误、前后矛盾及资料不全等问题提出疑问，请招标单位澄清。

(2)招标单位提问题要有专业性。

(3)对有些招标文件没有明确的地方，可以根据自己的理解编标，只要符合招标文件的要求就行。这需要依据经验来把握，难度比较大。

(4)提问的方式要根据需要采取不同的方式，如果认为某种回答结果对本单位有利，可以采取引导的方式提问，在提问的同时给出本单位期待的答案，这也需要丰富的编标经验。

3. 根据招标文件的要求编制投标文件目录

一般招标文件规定的只有一级大目录，其他二级、三级、四级等就需要我们根据投标文

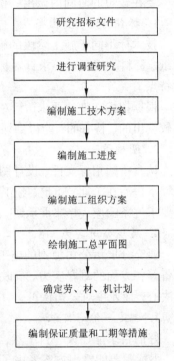

图 5-2　技术标的编制程序

（流程图内容：研究招标文件 → 进行调查研究 → 编制施工技术方案 → 编制施工进度 → 编制施工组织方案 → 绘制施工总平面图 → 确定劳、材、机计划 → 编制保证质量和工期等措施）

件的基本结构及招标文件中的得分点要求编制。什么是基本结构？基本结构就是在一个规定好的一级目录下，下面的二级、三级等目录基本可以确定，这是经过以前长期编标总结的经验，也是投标文件内容需要。

我们可以先根据与所投标段类似工程的投标文件编制投标文件的目录，再根据本招标文件的具体要求进行修改，比如得分点以及其他特殊要求的内容，使它符合本招标文件的要求。

投标文件的目录一定要根据招标文件的要求和得分点编制，所有得分点一定要编制到投标文件的目录中并尽量编进级别较高的目录中。我们的投标文件技术标目录一般就列到三级，如果我们的得分点不在前三级目录中，就不利于评标过程中专家们找得分点。

目录编制完成后必须要经过审核后才能使用，如果需要，后期可能根据招标单位的澄清进行必要的修改。

负责编制目录的人员在编制目录的同时要确定好投标文件的文档编排格式，以便在编标的过程中其他人按照要求的文档格式编制，减少汇总人员的工作量。文档格式的规定要明确、详细。

5.4.5　技术标编制注意事项

投标文件的编制主要工作是按照投标书格式规定的框架补充内容，从而让投标文件成为一个有形的整体。在编制技术标以前，应该对标书有基本的了解，思路清晰，并针对要编写的内容有详细了解。

编制技术标时应注意和掌握以下事项：

（1）确定主要章节之间相互关系。在整个投标文件的编制当中，"施工进度安排"、"施工方案"、"劳动力组织计划"是很重要的内容，它们是相互关联的，根据招标文件的要求及调查情况编制施工技术方案，然后根据施工技术方案及招标文件要求安排各工程的施工进度，然后根据施工进度安排编制施工组织方案，再根据组织计划方案施工进度计划编制施工平面图布置和劳动力组织计划，这几部分之间是互相关联和制约的。

（2）施工方案要与本次投标的工程特点紧密相关。编制有本单位特色的标书，必须要对标段范围及工程特点充分了解，然后根据本单位的施工经验和专业知识编制符合本工程特点的施工方案，使评委通过对本单位施工方案的了解看到单位优势。

（3）施工进度安排合理，符合专业特点，满足招标文件要求：

①施工进度安排应符合招标文件工期要求，如果没有按招标文件要求的工期编制，就可能造成废标。

②施工进度安排要符合工程特点和专业特点，不能把基本的施工顺序搞错。同时编制施工进度计划符合施工方案，做到前后统一。

③施工进度安排要做到关键线路清晰，以便于施工进度网络计划图的编制。投标文件里面的施工进度计划是一个来自实际但是高于实际的进度计划。在投标阶段，施工进度计划不能违反实际施工原则，但是也不能完全按照实际施工来编制，要理想化，这样才能有利于网络计划图的编制，减少编制难度。

（4）主要工程的施工工艺和方法要与本工程有关。编制主要工程的施工工艺和方法时，一定要事先弄明白负责施工的内容，不要把本标段没有的工程的施工工艺和方法也写进去，更不能写错。

（5）工程的重难点要分析到位，抓住重点难点。这就要编标人员有很丰富的工作经验，同时对本工程的工程特点进行了仔细研究。要确定某项工程是否为重难点，理由一定要充分。在编写这部分内容时应结合投标文件中的具体要求对工程项目的特点、重点及难点作详细的分析，并提出相应的解决办法。

①工程特点。工程特点是指目前工程区别于同类工程的特征，例如：工期要求短，执行标准高，施工难度大，技术含量高，交通方便程度等。由于这些情况的存在，致使工程施工的一般方法中，哪些需要改变、加强或忽略，在编写时要提出看法及对策。同时对招标文件中提出的特殊要求亦要作出相应答复。

②工程重点。工程重点一般是指工程量大、工期占用时间长，对整个工程的完成起主导作用的工程部位的施工或业主招标文件中指定的重点工程。对重点工程要编制单独的施工方案，详细陈述保证其工期和施工质量的方法。一般可从技术、人工、材料、机械、运输、管理等几个方面去陈述。

③工程难点。工程难点是指技术要求高，施工难度大的工程部分施工。例如：我们既有线改造项目施工。要科学合理地提出施工方案和管理办法，这最能反映出一个施工企业的整体施工实力，这部分内容要详写，图文并茂，语言简练。在做技术分册时可把这部分内容先写出来，经有关专家评审后，再编写其他内容。

（6）施工方案的编制。施工方案是投标文件技术标的核心，技术标的其他内容必须依据施工方案来编制。在投标文件技术分册中，工程项目内的重点工程必须编制单独的施工方案。施工方案分为施工技术方案和施工组织方案。

①施工技术方案的编制。在编写施工技术方案时要注意以下几点：一是要根据工程特点选择适当的施工方法；二是重点工程要单独编写；三是工程难点要详细说明，其他一般施工方法则可简单说明，甚至可以不写。

②施工组织方案的编制。施工组织方案就是铁路工程投标文件技术标中的施工组织总体方案。施工组织方案包括施工任务分解、施工队伍分工、施工组织安排等内容。简单地说是按照工程特点和要求进行任务划分，安排几个施工队伍，怎么组织起来按质、按期、安全地完成施工任务。

需要注意的是：施工任务划分时注意使各施工队的工程任务要尽量均衡；各施工队的工作分工和职责要明确；施工组织安排要合理。

5.5 商务标的编制

5.5.1 商务标的编制程序

（一）编制预算书

（1）工程量计算：如是清单计价由于甲方要承担量的风险，可对其不计算；如是定额计价则要计算其工程量，准确的工程量计算是投标预算的基础，所以要做到不漏算、不少算至关重要。

（2）定额子目的套用：

①首先要明确用哪一年的消耗量定额，如招标文件中对软件类型有要求，则要用与其一致的组价软件；

②最好不要用补充子目，而用定额子目；做好不同施工工艺寻找其相接近子目，然后把主材换成和设计相一致的材料；

③定额不能高套也不能低套，更不能多套和少套，如是清单计价都会造成综合单价的失真。

（3）调整材料单价。

①主次材料的判断。所谓主要材料是指价格低但是数量大，次要材料是数量少但是价格高；

②定价方法。查信息价，找与其材质接近的材料价格；询价，网上或电话询价；对合成材料要善于自己去分析后组价。

（4）取费：招标文件中有要求优惠的按照招标文件规定进行优惠，不取费的对其扣除。

（5）编制说明的编写：一份完整的编制说明应贯穿于工程量计算、组价、取费等投标预算编制的全过程，既是图纸设计不明或其他影响造价的假设（如图纸尺寸不明、材料不明、做法不明和不同施工方法的影响等），又是所做预算个体性的反映，是投标预算的重要组成部分。

（6）如是由多个分项组成，还要列一个分项归类造价汇总表，以使投标预算更醒目和别人能清晰地查看。

（二）预算书的检查和总价的调整

1. 预算书的检查

（1）如是清单计价，应联系实际去思考其是否合适，是偏高还是偏低，找出原因，是工程量输入有误，套用定额不准还是主材价不准，并对其纠正；

（2）单方造价的检查：单方造价是否超出一般此类工程的造价范围；

（3）材料单价是否准确：尤其是钢结构里的钢材、防火涂料、油漆、塑钢窗。

2. 总价的调整

（1）业主如有要求，调整到业主要求的价钱；

（2）由于定额水平反映的是社会平均水平，而中标是合理低价中标，所以投标预算需是社会平均先进水平或先进水平才会有竞争性。

（三）投标函的填写

（1）投标函的格式和顺序要和招标文件相一致；

（2）工程名称在图纸和招标文件不一致时应以招标文件为准，投标价应与投标预算相一致；

（3）如有二次优化设计方案部分还应和自己所做预算在使用功能、技术性能、造价经济上进行对比，并提出新方案的单价组成和总价以供评标人员和业主比较。

（四）打印

（1）打印封皮要和招标文件中商务标封皮相一致；

（2）正副份数和招标文件要求相一致，电子版须和书面相一致，且份数和招标文件相一致。

5.5.2 报价中的清单复核

由于工程量清单及数量由招标人编制，因此，投标人在购买招标文件后，应根据招标文件的要求，对照图纸，对招标文件提供的工程量清单进行复查或复核。此工作直接关系到工程计价及报价策略，必须认真做好。

（一）清单复核的内容与方法

1. 清单项目完整性复核

以《合同条款》、施工图和《技术规范》为依据，认真核对所有清单项目，看其是否全面反映了拟建工程的全部内容。具体方法有两种：

（1）以《合同条款》、施工图和《技术规范》为依据，对所有清单项目进行逐项认真地核对,看其是否全面反映了拟建工程的全部内容。该方法一般比较耗时,工作量较大。

(2)先识别此项工程类型,以同类典型工程的历史工程数据进行比对。这种方法只能进行大项的比对,对于某些细节项目就要看图纸来确定是否有漏项了。该方法一般相对省时,但相对粗糙。

在实践中应根据投标项目具体要求和情况选择复核方法或将两种方法结合使用。

2. 清单项目一致性复核

(1)清单工程项目编码与项目名称是否一致;

(2)清单工程项目名称与施工图的项目名称是否一致;

(3)对《技术规范》规定了多个单位的项目,查清单中选用的单位与工程量计算口径是否一致;

(4)清单工程项目与《技术规范》及定额计量单位是否一致。

3. 清单工程量准确性复核

以《合同条款》、施工图和《技术规范》和计量规则为依据,对主要分部分项工程工程数量进行计算,将投标人计算结果与招标文件工程量清单中数量进行比较。

(二)总价合同清单复核结果的处理方法

根据工程量清单计价总价合同的结算原则,承包人的投标总价是承包人完成合同约定的承包范围内所有工作的全部费用。清单仅为工程变更时提供价格参考。如果投标人未能复核工程量清单,则根据一般合同条件,合同履行过程中发现有遗漏项目是得不到费用补偿的。

因此,承包人应根据工程量清单、图纸、技术规范及合同条款确定完整的承包范围,并以此作为投标报价的基础。在确定承包范围的过程中,清单复核是一项极其重要的工作,必须加以重视。

当投标人通过清单复核发现招标工程清单中有遗漏项目或者工程数量有误差,则应及时向招标人提出添补遗漏项目和更正数量误差的书面要求,并要求招标人予以书面答复。

若招标人不同意添补遗漏项目和更正数量误差,投标人应将完成遗漏项目的费用分摊或并入相关项目中报价,此时相关项目的单价和合价均会比一般情况高。并且报价时应把握总价优先的原则,调整单价,确保总价。

由此可见,总价合同下,清单项目的完整性复核比清单工程量的准确性复核更重要。投标人应加强对工程量清单的复核,尤其是对清单项目完整性的复核。

(三)单价合同清单复核结果的处理方法

对于单价合同,招标人招标时按分项工程列出工程量清单及估算工程量;投标人投标时在工程量清单中填入分项工程单价,据此计算出"名义合同总价",而结算时,采用按实计量的工程量作为最终结算依据,单价优先于总价,合同工程量清单存在误差时的相关问题,相比总价合同更为复杂。

当清单项目有遗漏时,投标人应根据复核结果提出,要求招标人添补。若招标人不同意添补,则投标人无需将完成遗漏项目的费用分摊或并入相关项目中报价,因为根据一般合同条件和有关规范,"已标价的工程量清单"中没有的项目将由承包人提出单价,工程师确认予以结算。所以在单价合同下,投标人无需担心清单"漏项"带来的损失。

假如清单工程数量列示是准确的。投标人在报价过程中,需要认真估算完成清单工程量上每一个分项工程的费用,采用"估算费用/清单工程量＝单价"的算法,初步确定报价单价,然后填表报价,形成报价总价。只要"估算费用"是合理的,由于清单工程量又是准确的,报价单价应该也是合理的(或者说是正常的、平衡的)。

假如投标人通过清单复核发现招标工程清单中数量有误差,则应向招标人提出修正要求。若招标人同意更正,则根据书面确认的清单工程量,采用"估算费用/修正后清单工程量 = 单价"的算法,初步确定报价单价,然后填表报价,形成报价总价。

若招标人不同意修正,可在计算标价时作为一种策略加以利用。那么招标人此时的报价方法有两种,即"单价 = 估算费用/清单工程量"和"单价 = 估算费用/实际工程量"。此时招标人可结合自身情况制定相关的报价策略,报价策略详见 5.5.4。

由此看来,在单价合同中,清单工程量的准确性复核较清单项目完整性复核更重要!

(四)单位不一致时的处理方法

(1)出现名称不一致时,向招标人发出质疑通知,并要求予以书面答复。

(2)出现计量单位不一致时,应严格以清单工程项目计量单位为准,根据施工图和《技术规范》和计量规则进行换算。否则将被视为"废标"。

5.5.3　计算确定标价

(一)标价的构成

投标报价的费用构成主要有直接费、间接费、计划利润、税金以及不可预见费等。直接费是指在工程施工中直接用于工程实体上的人工、材料、设备和施工机械使用费等费用的总和;间接费是指组织和管理工程施工所需的各项费用,主要由施工管理费和其他间接费组成;利润和税金是指按照国家有关部门的规定,工程施工企业在承担施工任务时应计取的利润,以及按规定应计入工程造价内的营业税、城市建设维护税等税金,不可预见费是工程项目的风险费。

为了便于计算工程量清单中各个分项的价格,进而汇总整个工程标价,通常将工程费用分为直接费和待摊费用,如图 5 - 3 所示。待摊费用的概念是工程项目实施所必需的,但在工程量清单中没有单列项的项目费用,需要将其作为待摊费用分摊到工程量清单的各个报价分项中去。

标价的计算可以按照定额或市场的单价,逐项计算每个项目的单价与合价,分别填入招标人提供的工程量清单中,应包括人工费、材料费、施工机械使用费、其他直接费、间接费、利润、税金及材料差价和风险费用等全部费用。

①人工、材料、机械单价。投标时采用

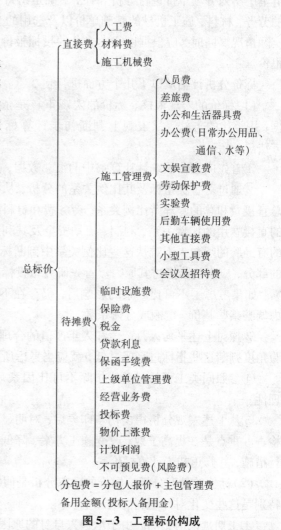

图 5 - 3　工程标价构成

的人工、材料、机械单价,应根据本企业自身的情况以及建设市场情况和劳动力、施工机械租赁市场状况综合确定。

②其他直接费、间接费、利润、税金的计算。在计算出直接费的基础上,依据企业自身情况确定各项费率及法定税率,依次计算出其他直接费、间接费、利润和税金。

③风险费的计算。风险费指工程承包过程中由于各种不可预见的风险因素发生而增加的费用。通常由投标人经过对具体工程项目的风险因素分析之后,确定一个比较合理的工程总价的百分数作为风险费。

计算标价时,定额选用的正确与否是影响报价高低、投标成败的关键因素之一。因此,应根据工程条件和竞争情况加以分析,对定额予以适当调整。根据经验,在国外承包工程时一般选用较高定额(可按国内现行定额提高效率10%～30%使用),因为人员素质高,机械化程度高,机械性能先进,效率高,条件供应也及时,同时施工目标单一,干扰较少。

(二)标价分析

初步计算出标价之后,应对标价进行多方面的分析和评估,其目的是探讨标价的经济合理性,从而作出最终报价决策。标价分析包括单价分析与总价分析。单价分析就是对工程量清单中所列分项单价进行分析和计算,确定出每一分项的单价和合价,分析标价计算中使用的劳务、材料、施工机械的基础单价以及选用的工程定额是否合理,是否符合拟投标工程的实际情况。同时,应根据以往本企业的投标报价资料进行对比分析,合理确定投标单价和总报价。

标价分析评估从以下几个方面进行:

(1)标价的宏观审核。标价的宏观审核是依据长期的工程实践中积累的大量的经验数据,用类比的方法,从宏观上判断初步计算标价的合理性。可采用下列宏观指标和评审方法。

①首先应当分项统计计算书中的汇总数据,并计算其比例指标。

②通过对各类指标及其比例关系的分析,从宏观上分析标价结构的合理性。例如,分析总直接费和总的管理费比例关系,劳务费和材料费的比例关系,临时设施和机具设备费与总的直接费用的比例关系,利润、流动资金及其利息与总标价的比例关系等。承包过类似工程的有经验的承包人不难从这些比例关系中判断标价的构成是否基本合理。如果发现有不合理的部分,应当初步探讨其原因。首先研究拟投标工程与其他类似工程是否存在某些不可比因素,如果考虑了不可比因素的影响后,仍存在不合理的情况,就应当深入探讨其原因,并考虑调整某些基价、定额或分摊系数。

③探讨上述平均人月产值和人年产值的合理性和实现的可能性。如果从本公司的实践经验角度判断这些指标过高或过低,就应当考虑所采用定额的合理性。

④参照同类工程的经验,扣除不可比因素后,分析单位工程价格及用工、用料量的合理性。

⑤从上述宏观分析得出初步印象后,对明显不合理的标价构成部分进行微观方面的分析检查。重点是在提高工效、改变施工方案、降低材料设备价格和节约管理费用等方面提出可行措施,并修正初步计算标价。

(2)标价的动态分析。标价的动态分析是假定某些因素发生变化,测算标价的变化幅度,特别是这些变化对计划利润的影响。

①工期延误的影响。由于承包人自身的原因,如材料设备交货拖延、管理不善造成工程

延误，质量问题导致返工等，承包人可能会增大管理费、劳务费、机械使用费以及占用的资金及利息，这些费用的增加不可能通过索赔得到补偿，而且还会导致误期赔偿。一般情况下，可以测算工期延长某一段时间，上述各种费用增大的数额及其占总标价的比率。这种增大的开支部分只能用风险费和计划利润来弥补。因此，可以通过多次测算，得知工期拖延多久，利润将全部丧失。

②物价和工资上涨的影响。通过调整标价计算中材料设备和工资上涨系数，测算其对工程计划利润的影响。同时切实调查工程物资和工资的升降趋势和幅度，以便作出恰当判断。通过这一分析，可以得知投标计划利润对物价和工资上涨因素的承受能力。

③其他可变因素影响。影响标价的可变因素很多，而有些是投标人无法控制的，如贷款利率的变化、政策法规的变化等。通过分析这些可变因素的变化，可以了解投标项目计划利润的受影响程度。

（3）标价的盈亏分析。初步计算标价经过宏观审核与进一步分析检查，可能对某些分项的单价作必要的调整，然后形成基础标价，再经盈亏分析，提出可能的低标价和高标价，供投标报价决策时选择。盈亏分析包括盈余分析和亏损分析两个方面。

盈余分析是从标价组成的各个方面挖掘潜力、节约开支，计算出基础标价可能降低的数额，即所谓"挖潜盈余"，进而算出低标价。盈余分析主要从下列几个方面进行：

①定额和效率，即工料、机械台班消耗定额以及人工、机械效率分析；

②价格分析，即对劳务、材料设备、施工机械台班（时）价格三方面进行分析；

③费用分析，即对管理费、临时设施费等方面逐项分析；

④其他方面，如流动资金与贷款利息，保险费、维修费等方面逐项复核，找出有潜可挖之处。

考虑到挖潜不可能百分之百实现，尚需乘以一定的修正系数（一般取 $0.5 \sim 0.7$），据此求出可能的低标价，即：

低标价 = 基础标价 – 挖潜盈余 × 修正系数。

亏损分析是分析在算标时由于对未来施工过程中可能出现的不利因素、考虑不周和估计不足，可能产生的费用增加和损失。主要从以下几个方面分析：

①人工、材料、机械设备价格；

②自然条件；

③管理不善造成质量、工作效率等问题；

④建设单位、监理工程师方面的问题；

⑤管理费失控。

以上分析估计出的亏损额，同样乘以修正系数（ $0.5 \sim 0.7$ ），并据此求出可能的高标价。即：

高标价 = 基础标价 + 估计亏损 × 修正系数。

关于单价分析有一点还应特别加以说明，即有的招标文件要求投标人对部分项目要递交单价分析表，而一般招标文件不要求递交单价分析表。但是对于投标人自己来说，除了非常有经验和有把握的分项之外，都应进行单价分析，使投标报价建立在有充分依据、计算较为准确的基础上。

应该指出，招标投标中的标价计算不像编制概预算，有一个统一的编制办法，因此，计算标价首先要按照合同要求并结合本单位的经验和习惯，去确定计算办法、程序和报价策略。常用的算标方法有单价分析法、系数法、类比法。具体应用时最好不要用单一的计算办法，而要用几种方法进行复核和综合分析。

5.5.4　报价策略与技巧

（一）报价策略

报价策略是投标人在激烈竞争的环境下，为了企业的生存与发展而可能使用的对策。报价策略运用是否得当，对投标人能否中标并获得利润影响很大。常用的报价策略大致有如下几种：

1. 以获得高额利润为投标策略

施工企业的经营业务近期比较饱和，该企业施工设备和施工水平又较高，而投标的项目施工难度较大、工期短、竞争对手少，非我莫属。在这种情况下所投标的标价，可以比一般市场价格高一些并获得较大利润。

2. 以获得微利为投标策略

施工企业的经营业务近期不饱满，或预测市场工程项目因资金不足开工较少，为防止职工"窝工"，投标策略往往是多抓几个项目，标价以微利为主。

要确定一个低而适度的报价，首先要编制出先进合理的施工方案。在此基础上计算出能够确保合同工期要求和质量标准的最低预算成本。降低公路工程预算成本要从降低直接费、现场经费和间接费着手，其具体做法和技巧如下：

（1）发挥本施工企业优势，降低成本。

每个施工企业都有自身的长处和优势。如果发挥这些优势来降低成本，从而降低报价，这种优势才会在投标竞争中起到实质作用，即把企业管理优势转化为价值优势。一个施工企业的优势一般可以从下列几个方面来表示。

①职工素质高：技术人员云集、施工经验丰富、工人技术水平高、劳动态度好、工作效率高；

②技术装备强：本企业设备新、性能先进、成套齐全、使用效率高、运转劳务费低、耗油低；

③材料供应：有一定的周转材料，有稳定的来源渠道、价格合理、运输方便、运距短、费用低；

④施工技术设计：施工人员经验丰富，提出了先进的施工组织设计，方案切实可行、组织合理、经济效益好；

⑤管理体制：劳动组合精干、管理机构精炼、管理费开支低。

当投标人具体有某些优势时，在计算报价的过程中就不必照搬统一的公路工程预算定额和费率，而是结合本企业实际情况将优势转化为较低的报价。另外，投标人可以利用优势降低成本进而降低报价，发挥优势报价。

（2）运用其他方法降低预算成本。有些投标者采用预算定额不变，而在现场经费、间接费和利润等方面适当降低，利用降低现场经费、间接费和利润的策略降低标价争取中标。

3. 以保本为投标策略

有些施工企业为了参加市场竞争，打入其他新的地区、开辟新的业务，并想在这个地区占据一定的位置，往往在第一次参加投标时，用最大限度低的报价、保本价、无利润价，甚至亏5%标价报价，进行投标。中标后在施工中充分发挥本企业专长，在质量上、工期上（出乎业主估计的短工期），创优质工程、创立新的信誉，缩短工期，使业主早得益，并且使自己也取得立足之地，同时取得业主的信任和同情，以提前奖的形式给予补助，致使总价不亏本。

4. 亏损报价策略

在激烈的建筑市场竞争中，有的投标企业报出超常规的低标，令业主和竞争对手吃惊。超常规的报价方法，常用于施工企业面临生存危机或者竞争对手较强，为了保住施工地盘或急于解决本企业人员窝工现象。

一旦中标，除解决职工"窝工"的危机，同时保住地区市场并且又促进企业加强管理，精兵简政，优化组合，采取合理的施工方法，采取新工艺、降低消耗和成本来完成此项目，力争减少亏损或不亏损。

（二）报价技巧

具体计算标价时，总的来说是要贯彻总的报价策略意图。例如，整个投标工程采用"低利政策"，则利润要定得较低或很低，甚至管理费率也定得较低，这样才能使标价降低。除此以外，计算标价中还有一定的技巧，即在工程成本不变的情况下，设法把对外标价报得低一些，待中标后再按既定办法争取获得较多的收益。报价中这两方面必须相辅相成，以提高战胜竞争对手的可能性。以下介绍一些投标中经常采用的报价技巧与思路，可供参考。

（1）不平衡单价法。不平衡单价法是投标报价中最常用的一种方法。所谓不平衡单价法，即在保持总价格水平的前提下，将某些项目的单价定得比正常水平高些，而另外一些项目的单价则可以比正常水平低些，但这种提高和降低又应保持在一定限度内，避免工程单价的明显不合理而导致废标。常采用的"不平衡单价法"有下列几种。

①为了将初期投入的资金尽早回收，以减少资金占用时间和贷款利息，而将待摊入单价中的各项费用多摊入早收款的项目（如施工动员费、基础工程、土方工程等）中，使这些项目的单价提高，而将后期的项目单价适当降低。这样，可以提前回收资金，既有利于资金周转，存款也有利息。

②对在工程实施中可能增加工程量的项目适当提高单价，而对在实施中可能减少工程量的项目则适当降低单价。这样处理，虽然表面上维持总报价不变，但在今后实施过程中，承包人将会得到更多的工程付款。这种做法在公路、铁路、水坝以及各类难以准确计算工程量的室外工程项目的投标中常被采用。这一方法的成功与否取决于承包人在投标复核工程量时，对今后增减某些分项工程量所作的估计是否正确。

③图纸不明确或有错误的，估计今后有可能修改的项目单价可提高，工程内容说明不清楚的单价可降低，这样做有利于以后的索赔。

④工程量清单中无工程量而只填单价的项目（如土方工程中的挖淤泥、岩石等备用单价），其单价宜高。因为这样做不会影响总标价，而一旦发生时可以多获利。

⑤对于暂定金额（或工程），分析其将来要做的可能性大的，价格可定高些；估计不一定发生的，价格可定低些，以增加中标机会。

⑥零星用工（计日工作）一般可稍高于工程单价中的工资单价，因它不属于承包价的范围，发生时实报实销，也可多获利。但有的招标文件为了限制投标者随意提高计日工价，对零星用工给出一个"名义工程量"而计入总价，此时则不必提高零星用工单价了。

不平衡报价一定要控制在合理幅度内（一般可在 5%～10%），以免引起业主反对，甚至导致废标。

常见的不平衡报价法见表 5 - 2。

表 5 – 2　常见的不平衡报价法

序号	信息类别	变动趋势	不平衡报价结果
1	资金收入的时间	早	单价高
		晚	单价低
2	工程量估计不准确	增加	单价高
		减少	单价低
3	报价图纸不明确	增加工程量	单价高
		减少工程量	单价低
4	暂定工程	自己承包的可能性高	单价高
		自己承包的可能性低	单价低
5	单价和包干混合制的项目	固定包干价格项目	单价高
		单价项目	单价低
6	单价组成分析表	人工和机械费	单价高
		材料费	单价低
7	议标时业主要求压低单价	工程量大的项目	单价小幅度降低
		工程量小的项目	单价较大幅度降低
8	报单价项目	没有工程量	单价高
		有假定的工程量	单价适中

（2）利用可谈判的"无形标价"。在投标文件中，某些不以价格形式表达的"无形价格"，在开标后有谈判的余地，承包人可利用这种条件争取收益。如一些发展中国家货币对世界主要外币的兑换率均逐年贬值，在这些国家投标时，投标文件填报的外汇比率可以提高些。因为投标时一般是规定采用投标截止日前 30 天官方公布的固定外汇兑换率。承包人在多得到多填的外汇付款后再陆续换成当地货币使用时，就可以由其兑换率的差值而得到额外收益。

（3）调价系数的利用。多数施工承包合同中都包括有关价格调整的条款，并给出利用物价指数计算调价系数的公式，付款时承包人可根据该系数得到由于物价上涨的补偿。投标者在投标阶段就应对该条款进行仔细研究，以便利用该条款得到最大的补偿。对此，可参考如下几种情况：

①有的合同提供的计算调价系数的公式中各项系数未定，标书中只给出一个系数的取值范围，要求承包人自己确定系数的具体值，此时，投标者应在掌握全部物价趋势的基础上，对于价格增长较快的项目取较高的系数，价格较稳定的项目取较低的系数。这样，最终计算出的调价系数较高，因而可得到较高的补偿。

②在各项费用指数或系数已确定的情况下，计算各分项工程的调价指数并预测公式中各项费用的变化趋势。在保持总报价不变的情况下，利用上述不平衡报价的原理，对计算出的调价指数较大的工程项目报较高的单价，可获较大的收益。

③公式中外籍劳务和施工机械两项，一般要求承包人提供承包人本国或相应来源国的有关当局发布的官方费用指数。有的招标文件还规定，在投标人不能提供这类指数时，则采用工程所在国的相应指数。利用这一规定，就可以在本国的指数和工程所在国的指数间选择。国际工程施工机械常可能来源于多个国家，在主要来源国不明确的条件下，投标者可在充分调查研究

的基础上，选用费用上涨可能较大的国家的指数。这样，计算出的调价系数值较大。

（4）附加优惠条件。附加优惠条件，如延期付款、缩短工期，或留赠施工设备等，可以吸引业主，提高中标的可能性。

（5）其他手法。国际上还有一些报价手法，我们也可了解以资借鉴，现择要介绍如下。

①扩大标价法。这种方法比较常用，即除了按正常的已知条件编制价格外，对工程中变化较大或没有把握的工程工作，采用扩大单价，增加"不可预见费"的方法来减少风险。但是这种作标方法，往往因总价过高而不易中标。

②活口升级报价法。这种方法是报价时把工程中的一些难题，如特殊基础等造价最多的部分抛开作为活口，将标价降至无法与之竞争的数额（在报价中应加以说明）。利用这种"最低标价"来吸引业主，从而取得与业主商谈的机会，利用活口进行升级加价，以达到最后赢利的目的。但是，在现在招投标市场比较成熟的情况下，这种方法很难达到目的。

③多方案报价法。这是利用工程说明书或合同条款不够明确之处，以争取达到修改工程说明书和合同为目的的一种报价方法。当工程说明书和合同条款中有某些不够明确之处时，往往承包人要承担很大的风险。为了减少风险就须扩大工程单价，增加"不可预见费"，但这样做又会因报价过高而增加被淘汰的可能性。多方案报价法就是为对付这种两难局面而出现的，其具体做法是在标书上报两个单价：一是按原工程说明书和合同条款一个价；二是加以注释，"如工程说明书或合同条款可作某些改变时"，则可降低多少费用，使报价成为最低的，以吸引业主修改说明书和合同条款。还有一种方法是对工程中一部分没把握的工作注明按成本加若干酬金结算的办法。但有些国家规定政府工程合同文字是不准改动的，经过改动的报价单即为无效时，这个方法就不能用。

④突然袭击法。这是一种迷惑对手的竞争手段。在整个报价过程中，仍然按一般情况进行，甚至故意宣扬自己对该工程兴趣不大（或甚大），等快到投标截止时，来一个突然降低（或加价），使竞争对手措手不及。采用这种方法是因为竞争对手之间总是相互探听对方报价情况，绝对保密是很难做到的。如果不搞突然袭击，则自己的报价很可能被竞争对手所了解，对手会将他的报价压到稍低的价格，从而提高了他的中标机会。

⑤拼命法。拼命法即先亏后盈法。采用这种方法必须要有十分雄厚的实力，或有国家或大财团作后盾，即为了想占领某一市场时或想在某一地区打开局面，而采取的一种不惜代价、只求中标的手段。这种方法虽然是标价低到其他承包人无法与之竞争的地步，但还要看他的工程质量和信誉如何。如果以往的工程质量和信誉不好，则业主也不一定选他中标，而第二、三标反而有中标机会。此外，这种方法即使一时奏效，但这次中标承包的结果必然是亏本，而今后能否盈利赚回来还难说，因此，这种方法实际上是一种冒险方法。

⑥联合保标法。联合保标法，即在竞争对手众多的情况下，由几家实力雄厚的承包人联合起来控制标价，大家保一家先中标，随后在第二次、第三次招标中，再用同样办法保第二家、第三家，也可由中标者将部分工程转让给参加联合的其他承包人施工。不过这种做法往往在招标文件中明文规定禁止，如被发现将取消投标资格。

（三）投标报价的概率分析法

承包人不仅需要在投标竞争中获胜，而且希望得到最大的经济效益，以实现承包人的经营目标。如果把这里的经济效益看成标价与实际成本的差额，即利润，则承包人希望从承办工程中得到的利润高低，取决于他的标价的高低。如果投标价高了，会失去承包机会；若只顾投标取胜而投以低标，那就只能得到微利，甚至要冒亏本的风险。因此，投标竞争中科学地处理好得标和得利多少的矛盾，是实现承包人既定目标的关键。这正是概率投标模型要解决的问题，概率投标模型可以定出一个把中标概率与中标后的最大利润结合起来的最优投标报价。

通常在推导投标报价与获胜概率之间的关系时，必须收集特定竞争对手过去提出的与我方竞争的承包工程的报价数据等历史资料，计算竞争对手的所有报价与我方工程报价之比，从中分析、整理出击败对手的概率与投标报价的关系，即所谓的投标模型。因此，这种方法奏效的基础，取决于投标人在以往竞争中对其竞争对手们的情报掌握情况，即竞争对手有多少及这些对手是否确定，能否掌握对手的情报，对手不同，其投标策略的数学模型也不同。以下分别介绍这些不同情况下的分析方法，在进行这些介绍之前，还有必要介绍直接利润和预期利润的概念。

为了便于理解，我们假设承包人对于工程的估价是准确的，并认为和实际造价相等。因此，对该项工程进行投标时，承包人可能取得他所希望的利润（假设投标获胜），也可能其利润等于零（投标失败）。由于利润可能出现两种情况（即取决于投标获胜或是失败），在实际分析中，有必要区别两种类型的利润，即直接实际利润和预期利润。

投标者的直接利润可理解为工程的投标价格与实际成本之间的差额。用公式表示为：

$$I = B - A$$

式中：I 为投标者在该项工程中的直接利润；B 为投标者的投标价格；A 为工程的实际成本。

投标者的预期利润，是在各种投标方案得标概率的基础上估算预得的利润。可由下式求得：

$$E(I) = P \times (B - A) = P \times I$$

式中：$E(I)$ 为投标者的预期利润；P 为得标的概率。

例如，某投标者决定参加某一项工程的投标，他拟定了 3 个不同标价进行选择。设工程的实际成本为 800 000 元，各方案的标价、得标概率、直接利润和由此计算的预期利润列于表 5 - 3。

表 5 - 3　3 个不同标价方案的得标概率

方案序号	拟报价(元) B	工程估价(元) A	直接利润(元) $I = B - A$	得标概率 P	预测利润(元) $E(I) = P \times I$
1	1 000 000	800 000	200 000	0.1	20 000
2	9 000 000	800 000	100 000	0.6	60 000
3	850 000	800 000	50 000	0.8	40 000

表 5 - 3 中各方案得标的概率，是投标者自己估计的认为是最低标的可能性。方案 1 有较高的直接利润，但获胜的概率较小，因此，该方案的预期利润反而最少。方案 2 不具有最高的直接利润，却具有最高的预期利润。预期利润是承包人对很多类似工程以相同金额报价时各个工程所得的平均利润，而不是每项工程的实际利润。预期利润是长期经营利润，而这正是承包人的主要目标。所以，虽然它不能反映承包人从某工程上获得的实际利润（如采用方案 2，得到的实际利润或是零，或者是 100 000 元，而预期利润为 60 000 元），但由于它考虑了投标是否获胜的因素，因而更具有现实意义，所以在制定投标策略时均以预期利润为依据。因此，在本例中，以采用方案 2 为宜。

显然，根据预期利润确定投标策略的关键，在于估计获胜的可能性，即中标概率 P。该概率可由以下几种方法确定：

1. 获胜报价法

获胜报价法是利用承包人过去获胜报价的历史资料判断获胜概率的方法，它以下面两个基本假定为前提：①在竞争的工程估价与投标者的工程估价之间，有一个固定不变的关系，即二者之比为某一常数；②竞争者今天的做法会与他们过去的做法一样。

根据以上假定，所有的报价就不用绝对数来表示，而是用投标报价占投标人的工程估价的比值表示，或者用百分数表示。例如，如果工程估价为：$A = 20$ 万美元，而投标报价为：$B = 24$ 万美元，则可写成 $B = 1.2A$。

利用获胜报价法判断中标概率，必须有过去获胜投标的历史资料。根据历史资料，首先计算出每一个获胜报价占企业那次报价中的工程估价的比值 B，例如依次为…，$1.10A$，$1.15A$，$1.20A$，…，然后，找出竞争者过去获胜报价超过 B 的次数，例如，依次为…，75，50，30，…。最后求出竞争者的获胜报价超过 B 的比例，例如…$75/100 = 0.75$，$50/100 = 0.5$，$30/100 = 0.3$，…。

根据以上数据，就可以绘制出获胜概率曲线如图 5 - 4 所示。从图中可查出：当获胜报价为 $1.05A$ 时，将有 0.9 的中标概率。这样，承包人就可以据此确定投标报价。

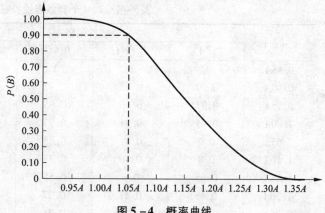

图 5 - 4 概率曲线

2. 具体对手法

具体对手法是承包人已知参加某些工程投标的竞争者的数目及竞争对象，而且了解他们以前投标的历史和投标策略概况时用以报价并判断中标概率的方法。具体对手法按计算概率的方法不同和竞争对手是谁和数量的不同而有不同模式和不同计算方法，现分别介绍如下。

(1) 具体对手法的模式。

为了赢得投标胜利，投标人的报价必须低于所有其他竞争者的报价。因此，必须确定报价低于每个竞争者的概率，按确定该概率的方法不同，具体对手法有以下两种模式。

①弗里特曼模式：

$$P_F = P_1 \times P_2 \times P_3 \times \cdots \times P_i (i = 1, 2, \cdots, n)$$

②盖茨模式：

$$P_K = \frac{1}{\sum\limits_{i=1}^{n} \left[(1 - P_i)/P_i \right] + 1} (i = 1, 2, \cdots, n)$$

式中：P_1、P_2、…、P_i 为投标人分别击败各个具体对手的概率。以下示例说明这两种模式在应用上的特点。

例：某承包人在某项工程的投标中，与 A、B、C、D 4 个竞争者相遇，根据承包人掌握的历史资料，分析他对 4 个对手分别获胜的概率依次为：$P_1(A)$、$P_2(B)$、$P_3(C)$、$P_4(D)$；按照上述两种模式，承包人算出了报价低于所有竞争者的获胜总概率，如表 5 - 4 所列。根据表 5 - 4 的获胜总概率 P，计算出与 4 个竞争对手投标的预期利润如表 5 - 5，其特性曲线如图 5 - 5 所示。

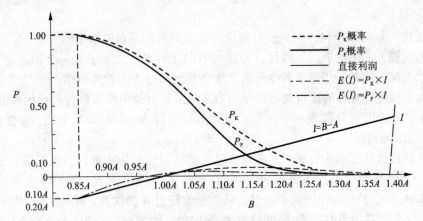

图 5 - 5　投标获胜概率的特性曲线

表 5 - 4　对 4 个竞争者投标获胜的概率

投标报价	分项获胜的概率				获胜总概率 P	
	$P_1(A)$	$P_2(B)$	$P_3(C)$	$P_4(D)$	P_F	P_K
0.85A	1	1	1	1	1	1
0.90A	0.99	0.98	0.97	0.96	0.903	0.907
0.95A	0.97	0.96	0.95	0.94	0.832	0.841
1.00A	0.95	0.94	0.93	0.92	0.764	0.782
1.05A	0.9	0.87	0.85	0.83	0.552	0.609
1.10A	0.8	0.76	0.72	0.7	0.306	0.42
1.15A	0.65	0.6	0.55	0.5	0.107	0.249
1.20A	0.45	0.41	0.37	0.33	0.023	0.13
1.25A	0.25	0.23	0.21	0.19	0.002	0.065
1.30A	0.18	0.16	0.14	0.12	0	0.041
1.35A	0.1	0.08	0.06	0.04	0	0.016
1.40A	0	0	0	0	0	0

注：表中 P_F、P_K 分别为弗里特曼模式和盖茨模式计算值。

表 5 - 5　对 4 个竞争者投标的预期利润表

投标报价	直接利润	获胜的概率 P		预期利润(I)	
B	I = B - A	P_F	P_K	$P_F \times I$	$P_K \times I$
0.85A	- 0.15A	1	1	- 0.150A	- 0.150A
0.90A	- 0.10A	0.903	0.907	- 0.090A	- 0.091A
0.95A	- 0.05A	0.832	0.841	- 0.042A	- 0.042A
1.00A	0	0.746	0.782	0	0
1.05A	+ 0.05A	0.552	0.609	+ 0.028A	+ 0.030A
1.10A	+ 0.10A	0.306	0.42	+ 0.031A	+ 0.042A
1.15A	+ 0.15A	0.107	0.249	+ 0.016A	+ 0.037A
1.20A	+ 0.20A	0.023	0.135	+ 0.005A	+ 0.027A
1.25A	+ 0.25A	0.002	0.065	+ 0.001A	+ 0.016A
1.30A	+ 0.30A	0	0.041	0	+ 0.012A
1.35A	+ 0.35A	0	0.016	0	+ 0.006A
1.40A	+ 0.40A	0	0	0	0

通过对图 5 - 5 和表 5 - 4、表 5 - 5 的分析，还可以得出以下结论：两种模式计算结果都表明，当 $B = 1.10A$ 时，投标者可以获得最大预期利润，即 $E(I) = 0.031A$（或 $0.042A$）；获胜概率由一个竞争对手 A 的概率 0.80 变为 4 个竞争对手总概率 0.306（或 0.420）。这说明随着竞争对手的增加，中标概率降低了。因此，投标者应随竞争对手的增多而压低投标价格，当然预期利润也随之降低。

由上述比较可知，弗里特曼模式和盖茨模式在投标中都可以使用，但由于用盖茨模式估计的获胜概率和预期利润偏高，故一般使用中多采用弗里特曼模式。以下介绍也仅应用该模式。

（2）只有一个对手甲的情况。

如果已知有一个确定的对手甲，并在过去投标时曾和他打过多次交道，而且掌握了他的投标记录，对他的投标估价都有记载，为了在投标中得胜，承包人的报价必须低于甲的报价。为此，就要利用过去的投标记录判断自己的报价低于甲的报价概率。

首先，可以将掌握的历次投标中甲的标价 B_1 和自己的估价 A 相对照，找出各种标价比例 B_1/A 发生的频数 f 和概率 P_1，如表 5 - 6 所示。

在算出各种标价比例的概率之后，承包人就可以求得他所出的各种标价 B 比竞争对手甲的标价 B_1 低的概率。例如甲采用 $1.20A$ 时，承包人可采用较低的 $1.15A$，以此类推。为了竞争取胜，竞争对手采用的每一个比例数 B_1/A，承包企业都可有一个较低的比例数 B_1/A 与之对应。并通过对每个对应比例数得标概率的计算，推测出战胜对手的可能性。

求一个比例能成为最低标（即获胜标）的概率，只需将甲的所有高于此比例的概率相加即得，见表 5 - 7。

表 5 - 6　不同 B_1/A 值出现的概率

B_1/A	频数 f（出现次数）	概率 $P_1 = f/\sum f$
0.8	1	0.01
0.9	2	0.03
1.0	8	0.10
1.1	14	0.19
1.2	22	0.30
1.3	19	0.26
1.4	6	0.08
1.5	2	0.03
合计	74	1.00

表 5 - 7　最低标概率的求证法

承包人的报价/承包人的估价（B/A）	承包人的报价低于甲的报价的概率 P
0.75	1.00
0.85	0.99
0.95	0.96
1.05	0.86
1.15	0.67
1.25	0.37
1.35	0.11
1.45	0.03
1.55	0.00

例如，承包企业将标价之比 B/A 定为 1.25，则甲的所有高于此比例的 B_1/A 值由表 5 - 7 知 1.3、1.4 和 1.5，故 $B/A = 1.25$ 的概率 $P = 0.26 + 0.08 + 0.03 = 0.37$。

承包企业可以利用这种获胜概率计算的方法，确定对甲的竞争投标策略，并可用投标获胜的概率和投标中的直接利润相乘，得到预期利润。此时取承包人的估价 A 作为工程的实际造价，根据公式可以计算出每一投标报价的预期利润，如表 5 - 8 所示。

从表 5 - 8 计算的预期利润中可以看出，用 $1.15A$ 的投标方案，可以得到最大的预期利润 $0.10A$，说明在同对手甲的竞争中，承包人按标价与估价比为 $1.15A$ 进行投标，是最有利的。

如工程估价为 400 000 元，则应报价 460 000 元。考虑到有失败的可能，即中标概率为 0.67，承包人的预期利润为 0.10A = 40 000 元。

表 5 – 8　投标报价预期利润（A 为工程估价）

投标报价	直接利润 I	概率 P	预期利润 $E(I) = P \times I$
0.75A	− 0.25A	1.00	− 0.25A
0.85A	− 0.15A	0.99	− 0.15A
0.95A	− 0.05A	0.96	− 0.05A
1.05A	+ 0.05A	0.86	+ 0.04A
1.15A	+ 0.15A	0.67	+ 0.10A
1.25A	+ 0.25A	0.37	+ 0.09A
1.35A	+ 0.35A	0.11	+ 0.04A
1.45A	+ 0.45A	0.03	+ 0.01A
1.55A	+ 0.55A	0	0

（3）有多个对手竞争的情况。

当承包人投标时要与几个已知对手竞争，并掌握了这些对手过去的投标信息，那么他可能用上述方法分别求出自己的报价低于每个对手报价的概率 P_1, P_2, $\cdots$, P_i, $\cdots$, P_n。由于每个对手的投标报价是互不相关的独立事件，根据概率论可知，它们同时发生的概率，即承包人的标价低于几个对手报价的概率 P 等于它们的各自概率的乘积，即：

$$P = P_1 \cdot P_2 \cdots P_i \cdots P_n = \prod_{i=1}^{n} P_i$$

已知 P，则可按只有一个对手的情况，根据预期利润确定报价决策，以下举例加以说明。

例：某承包人在某项工程的投标中要与甲、乙和丙 3 个对手竞争（$n = 3$）。根据他掌握的资料，分析得出他对此 3 个对手投标取胜的概率 P_1、P_2 和 P_3 后，则可计算预期利润（见表 5 – 9 和表 5 – 10）。

表 5 – 9　对甲、乙、丙 3 个对手投标取胜的概率

承包人所报价与其估价的比值 B/A	承包人对其对手投标取胜的概率		
	P_1（甲）	P_2（乙）	P_3（丙）
0.75	1.00	1.00	1.00
0.85	0.99	0.99	1.00
0.95	0.96	0.96	0.98
1.05	0.86	0.86	0.80
1.15	0.67	0.69	0.70
1.25	0.37	0.36	0.60
1.35	0.11	0.16	0.27
1.45	0.03	0.03	0.09
1.55	0	0	0

表 5 – 10　与 3 个对手竞争投标的预期利润

投标报价	直接利润 I	概率 $P = P_1 \times P_2 \times P_3$	预期利润 $E(I) = P \times I$
0.75	$-0.25A$	1.00	$-0.25A$
0.85	$-0.15A$	0.98	$-0.15A$
0.95	$-0.05A$	0.90	$-0.05A$
1.05	$+0.05A$	0.53	$+0.03A$
1.15	$+0.15A$	0.32	$+0.05A$
1.25	$+0.25A$	0.08	$+0.02A$
1.35	$+0.35A$	0.01	$+0.004A$
1.45	$+0.45A$	0	0
1.55	$+0.55A$	0	0

　　分析结果表明，承包人的最优报价策略仍为 1.15A，但预期利润为 0.05A，低于只有一个竞争对手甲时的预期利润 0.10A，同时 P 由 0.67 减少为 0.32。这说明对手愈多，得标的可能性愈小。注意表中报价 1.15A 和 1.05A 对应的预期利润差值为 0.02A，而只有一个对手甲时此项差值为 0.6A。这说明随着投标竞争对手人数的增多，报价也不得不压低。

　　(4) 对竞争者临时变卦的判断。

　　在一般情况下，竞争者都会按规定日期向业主提出投标申请，并如期投标。但也有的竞争者会临时变卦，放弃投标机会，此时其他投标者的中标概率就发生变化。因此，投标人应按下式调整获胜投标概率。

$$P = P_{s1} \times P_{s2} \times P_{s3} \times \cdots \times P_{si}(i = 1, 2, \cdots, n)$$

式中：P_{si} 为投标报价 B 低于竞争者的报价的概率，$P_{si} = f_i \times P_i + (1 - f_i)$；$f_i$ 为过去在类似情况下竞争者 i 提出投标的系数。

　　例：以表 5 – 4 中的 4 个竞争者为例，假定他们过去在类似情况下参加投标的系数为 $f_1 = 0.8$，$f_2 = 0.7$，$f_3 = 0.6$，$f_4 = 0.5$；那么，当投标者的投标报价为 $B = 1.15A$ 时，其对应的概率为 $P_1 = 0.65$，$P_2 = 0.60$，$P_3 = 0.55$，$P_4 = 0.50$；求投标者的获胜概率。

　　该投标者的获胜概率可按以下步骤求出：

$$P_{s1} = 0.8 \times 0.65 + (1 - 0.8) = 0.72$$
$$P_{s2} = 0.7 \times 0.60 + (1 - 0.7) = 0.72$$
$$P_{s3} = 0.6 \times 0.55 + (1 - 0.6) = 0.73$$
$$P_{s4} = 0.5 \times 0.50 + (1 - 0.5) = 0.75$$
$$P = 0.72 \times 0.72 \times 0.73 \times 0.75 = 0.284$$

　　由此看出，这个获胜概率 0.284 显然比前面所列出的获胜总概率 0.107 大。由于竞争人数的减少，增加了投标者的获胜概率。

　　3. 平均对手法

　　平均对手法就是把参加某项工程投标的竞争者考虑在内，而不考虑竞争者具体是谁的判断中标概率的方法，也称一般对手法。

　　由于没有具体的竞争者可进行概率分析，投标人可以假定这些竞争者中有一代表，称其为"平均对手"或"典型对手"。这样，就收集某一有代表性的公司的有关资料，并据以计算中标概率。其获胜概率计算同样有弗里特曼和盖茨两种模式。在此，只介绍用弗里特曼模式的计算方法。

平均对手法又可能有以下两种情况。

（1）当只知道竞争对手的数目时。

在这种情况下，由于没准确的资料，故不能直接按上述具体对手法计算。然而，投标人可以以"平均对手"为对象，按具体对手法求出能够取胜平均对手的投标概率 P_0。知道了能取胜"平均对手"的概率 P_0，如果又知道有 n 个竞争对手，则报价低于 n 个对手的概率 P 就等于 n 个平均对手的概率 P_0 的乘积，即：

$$P = (P_0)^n$$

其应用举例说明如下：

例：已知承包人在一项工程的投标中有 5 个不确定的竞争对手。通过调查研究，确定的报价低于平均对手的概率 P_0 及报价低于 n 个对手（$n=2,3,4,5$）的概率 P_0^n，如表 5－11 所示。

表 5－11　报价低于平均对手的概率及 P_0 及 p_0^n

投标报价	p_0^n				
	$n=1$	$n=2$	$n=3$	$n=4$	$n=5$
0.75A	1.00	1.00	1.00	1.00	1.00
0.85A	0.98	0.960	0.941	0.922	0.904
0.95A	0.95	0.903	0.857	0.815	0.774
1.05A	0.85	0.723	0.614	0.522	0.443
1.15A	0.60	0.360	0.216	0.130	0.078
1.25A	0.40	0.016	0.064	0.026	0.010
1.35A	0.20	0.040	0.008	0.002	0
1.45A	0.05	0.003	0	0	0
1.55A	0	0	0	0	0

已知 $(P_0)^5$ 可求出 $n=5$ 时各种投标方案的预期利润，从而确定出最佳投标报价。表 5－12 列出了当 $n=1$ 至 $n=5$ 时的报价与预期利润，其结果重新整理以易于看出的形式示于表 5－12 中。由表 5－12 可知，最佳投标报价之值及预期利润随竞争对手数量的增加而下降。

表 5－12　投标预期利润

投标报价	直接利润 I	投标预期利润 $E(I) = P_0 \times I$				
		$n=1$	$n=2$	$n=3$	$n=4$	$n=5$
0.75A	-0.25A	-0.25A	-0.25A	-0.25A	-0.25A	-0.25A
0.85A	-0.15A	-0.147A	-0.144A	-0.141A	-0.138A	-0.135A
0.95A	-0.05A	-0.048A	-0.045A	-0.043A	-0.041A	-0.039A
1.05A	-0.05A	+0.43A	+0.036A	+0.031A	+0.026A	+0.022A
1.15A	0.15A	+0.090A	+0.054A	+0.032A	+0.019A	+0.012A
1.25A	0.25A	+0.100A	+0.040A	+0.016A	+0.006A	+0.003A
1.35A	0.35A	+0.070A	+0.014A	+0.003A	+0.001A	0
1.45A	0.45A	+0.023A	+0.001A	0	0	0
1.55A	0.55A	0	0	0	0	0

表 5 - 13　最佳投标报价与预期利润

竞争对手数目	最佳投标报价	预期利润
1	1.25A	+0.100A
2	1.15A	+0.054A
3	1.15A	+0.032A
4	1.05A	+0.026A
5	1.05A	+0.022A

（2）当竞争对手及数目都不确定时。

对竞争对手是谁和数目都不确定的情况，可以采取这样的办法，即首先估计最多可能有多少个竞争对手，并估计出不同数目的竞争对手参加的可能性，再根据一个可取胜平均对手的投标概率 P_0 计算出投标获胜概率。例如，若投标者根据经验及所收集的资料，估计出如下数据：

f_0——没有竞争者的概率；

f_1——有一个竞争者的概率；

f_n——有 n 个竞争者的概率。

则投标获胜概率为：

$$P = f_0 + f_1 P_0 + f_2 P_0^2 + \cdots + f_n P_0^n$$

式中，P_0 为投标者取胜平均对手的投标概率；且 $\sum_{i=1}^{n} f_i = 1$，即 f 的总和应等于 1。

假定前例中参加投标的竞争者最多为 5 家，即 $n = 5$，并估计 $f_0 = 0$，$f_1 = 0.1$，$f_2 = 0.2$，$f_3 = 0.3$，$f_4 = 0.3$，$f_5 = 0.1$，则可求得最优报价为 $B = 1.15A$，其最大利润为 $0.036A$，如表 5 - 14 所示。

表 5 - 14　竞争者数目不确定的预期利润

投标报价 B	P_0	p	直接利润 $I = B - A$	预期利润 $E(I) = P \times I$
0.75A	1.00	1.000	-0.25A	-0.25A
0.85A	0.98	0.940	-0.15A	-0.141A
0.95A	0.95	0.854	-0.05A	-0.043A
1.05A	0.85	0.615	-0.05A	0.031A
1.15A	0.60	0.243	0.15A	0.036A
1.25A	0.40	0.100	0.25A	0.025A
1.35A	0.20	0.031	0.35A	0.011A
1.45A	0.05	0.006	0.45A	0.003A
1.55A	0	0	0.55A	0

例如，当 $P_0 = 0.95$ 时，则：

$$P = 0 + 0.1 \times 0.95 + 0.2 \times 0.95^2 + 0.3 \times 0.95^3 + 0.3 \times 0.95^4 + 0.1 \times 0.95^5$$

$$= 0 + 0.095 + 0.181 + 0.257 + 0.244 + 0.077$$

$$= 0.854$$

与上例 $n=5$ 时的最优标价为 $1.05A$ 和预期利润 $0.022A$ 相比，二者都有所提高。这是因为上例中 $n=5$ 时最佳投标报价预期利润实际都是 $f_5=0.1$ 时的计算结果，本例中仅估计 $f_5=0.1$，就是说有 5 家参加投标的可能性很小，故投标者在竞争中可提出较高的标价并得到较高的预期利润。

4. 平均对手法和具体对手法结合判断中标概率

承包人在工程投标中，遇到的情况往往不可能只用一种判断方法确定获胜概率，此时可将平均对手法与具体对手法结合起来判断中标概率：

对于充分了解的具体对手，其概率可以用具体对手法的模式确定；对于未知的对手，可以采用平均对手法的模式确定其概率；然后，用下面的公式确定获胜总概率：

$$P = P_{YZ} \cdot P_{WZ}$$

式中，P_{YZ} 为报价低于已知具体对手的概率；P_{WZ} 为报价低于未知平均对手的概率。

总之，投标人必须根据实际情况和竞争对手的状况，灵活运用上述各种判断中标概率的模式，确定出获胜概率大、预期利润高的最佳投标报价。

定量方法为选择投标项目和报价提供了一种工具。但投标报价是一个很复杂的问题，它既取决于企业的经营状况、经营水平和生产能力，又取决于整个承包时的经济形势和竞争状况，因而是不能单纯靠数学方法解决的，而且有的方法的应用具有一定条件。如概率分析方法是建立在竞争者今后采取的投标策略与他们过去采用的一样的假定上的，且要求有全面的、完整的投标历史资料，这些在实践中是难以保证的。因此，在实践中，不能单纯靠定量分析方法解决问题，而应将定量分析方法与定性分析方法结合运用，且在实际运用中，还必须结合实际情况对方法加以调整。

5.6　投标文件的编制与递交

5.6.1　投标文件的编制

投标文件的编制是根据参与项目时所取得的招标文件的要求来编制。招标文件应包含投标邀请书、投标人须知、合同通用条款前附表、相关服务要求、评标标准及方法、投标文件格式。投标文件应按照招标文件中的投标文件格式里的详细内容来一一对应。如有必要，可以增加附页，作为投标文件的组成部分。其中，投标函附录在满足招标文件实质性要求的基础上，可以提出比招标文件要求更有利于招标人的承诺。

投标文件应当对招标文件有关工期、投标有效期、质量要求、技术标准和要求、招标范围等实质性内容作出响应。

投标文件应用不褪色的材料书写或打印，投标函及投标函附录、承诺函、已标价工程量清单（包括工程量清单说明、投标报价说明、计日工说明、其他说明及工程量清单各项表格、调价函及调价后的工程量清单（如有）的内容应由投标人的法定代表人或其委托代理人逐页签署姓名（本页正文内容已由投标人的法定代表人或其委托代理人签署姓名的可不签署）并逐页加盖投标人单位章（本页正文内容已加盖单位章的除外）。

如果投标文件由委托代理人签署，则投标人需提交附有法定代表人身份证明的授权委托书，授权委托书应按规定的书面方式出具，并由法定代表人和委托代理人亲笔签名，不得使用印章、签名章或其他电子制版签名。经公证机关对授权委托书中投标人法定代表人的签名、委托代理人的签名、投标人的单位章的真实性作出有效公证后，原件应装订在投标文件的正本之中。投标人无须再对法定代表人身份证明进行公证。公证书出具的日期应与授权委托书出具的日期同日或在其之后。

如果由投标人的法定代表人亲自签署投标文件，则不需提交授权委托书，但应经公证机关对法定代表人身份证明中法定代表人的签名、投标人的单位章的真实性作出有效公证后，将原件装订在投标文件的正本之中。公证书出具的日期应与法定代表人身份证明出具的日期同日或在其之后。

以联合体形式参与投标的，投标文件由联合体牵头人的法定代表人或其委托代理人按上述规定签署并加盖联合体牵头人单位章。法定代表人授权委托书(如有)须由联合体牵头人按上述规定出具并公证。

投标文件应尽量避免涂改、行间插字或删除。如果出现上述情况，改动之处应加盖单位章或由投标人的法定代表人或其授权的代理人签字确认。

投标文件正本一份，副本份数见投标人须知前附表。正本和副本的封面上应清楚地标记"正本"或"副本"的字样。当副本和正本不一致时，以正本为准。

5.6.2　投标文件容易出现的问题

在评标过程中，专家会根据招标文件中规定的商务要求和技术规范来评定，若出现重大偏差，可视为不响应、不符合而导致废标。投标文件容易出现的问题有：

(1)标书内名称或合同段打印差错、装订缺页；

(2)不能明确法定代表人的身份；

(3)授权委托书后未附有公证机关出具的加盖钢印、单位章并盖有公证员签名章的公证书；或者钢印不清晰；或者公证内容不满足招标文件规定；

(4)公证书出具的日期比授权书出具的日期早；

(5)法定代表人和委托代理人的签字不是亲笔签名，使用印章、签名章或其他电子制版签名；

(6)以联合体形式投标的，授权委托书不是由联合体牵头人的法定代表人按上述规定签署并公证的；或者缺少联合体协议书；

(7)提交的投标担保时间不够，或修改了招标文件提供的格式，变为有条件担保，不能接受；或者没按要求在投标文件中提供电汇回单的复印件(采用电汇方式)；或者没在投标文件的正本中装订银行保函原件(采用银行保函方式)；

(8)未能遵循技术规范要求，提供了不同于原设计的设计或产品，其在关键性能指标、参数或其他要求方面有实质性的不同；

(9)修改招标文件中"投标人须知"的实质内容；

(10)强制性标准或业绩不能满足要求或存在做假业绩的问题；

(11)人员资质、业绩、学历自相矛盾等问题；

(12)对招标文件的理解不透(如降价函，应附调价后的工程量清单)。

5.6.3　投标文件的递交

投标人应在规定的投标截止时间前递交投标文件。投标人递交投标文件的地点见投标人须知前附表。除投标人须知前附表另有规定外，投标人所递交的投标文件不予退还。招标人收到投标文件后，向投标人出具签收凭证。逾期送达的或者未送达指定地点的投标文件，招标人不予受理。

　　在特殊情况下，招标人如果决定延后投标截止时间，应在投标人须知前附表规定的时间前，以书面形式通知所有投标人延后投标截止时间。在此情况下，招标人和投标人的权利和义务相应延后至新的投标截止时间。

5.7　投标文件的评审

　　1．评标委员会

　　评标由招标人依法组建的评标委员会负责。评标委员会由招标人或其委托的招标代理机构熟悉相关业务的代表，以及有关技术、经济等方面的专家组成。评标委员会成员人数以及技术、经济等方面专家的确定方式见投标人须知前附表。

　　评标委员会成员有下列情形之一的，应当回避：

　　（1）招标人或投标人的主要负责人的近亲属；

　　（2）项目主管部门或者行政监督部门的人员；

　　（3）与投标人有经济利益关系，可能影响对投标公正评审的；

　　（4）曾因在招标、评标以及其他与招标投标有关活动中从事违法行为而受过行政处罚或刑事处罚的。

　　2．评标原则

　　评标活动遵循公平、公正、科学和择优的原则。

　　3．评标

　　评标委员会按照"评标办法"规定的方法、评审因素、标准和程序对投标文件进行评审。对于"评标办法"没有规定的方法、评审因素和标准，不作为评标依据。

第6章　其他招投标

6.1　勘察设计招投标

6.1.1　勘察设计招投标的基本内容

（一）勘察设计概述

从勘察设计开始，建设工程项目将进入实施阶段。工程勘察是对项目的建设地点的地形、地质、水文、道路条件进行勘察，为工程设计提供基本资料；工程设计是在批准的场地范围内对拟建工程进行详细规划、布局、设计，以保证实现项目投资的各项经济、技术指标。勘察设计是工程建设过程中的关键环节，建设工程进入实施阶段的第一项工作就是工程勘察设计招标。勘察设计质量的优劣、对工程建设是否顺利完成起着至关重要的作用。以招标的方式委托勘察设计任务，是为了使设计技术和成果作为有价值的技术商品进入市场，打破地区、部门的限制，促使设计单位优化管理、采用先进的技术、更好地完成各种复杂的工程勘察设计任务，从而降低工程造价、缩短工期和提高投资效益，所以勘察设计招标与投标对工程建设来说是十分必要的。

（二）勘察设计招标与投标的含义

勘察设计招标是指招标人在实施工程勘察设计工作之前，以公开或邀请书的方式提出招标项目的指标要求、投资限额和实施条件等，由愿意承担勘察设计任务的投标人按照招标文件的要求和条件，分别报出工程项目的构思方案和实施计划，然后由招标人通过开标、评标、定标确定中标人的过程。勘察设计投标是指勘察设计单位根据招标文件的要求编制投标书和报价，争取获得承包权的活动。凡具有国家批准的勘察设计许可证，并具有经过有关部门核准的资质等级证书的勘察设计单位，都可以按照批准的业务范围参加投标。建设工程勘察设计招标和投标双方都应具有法人资格，招标和投标时法人之间的经济活动，受国家法律的保护和制约。

（三）勘察设计招标承包范围

一般工程项目的设计分为初步设计和施工图设计两个阶段进行，对于技术复杂而又缺乏设计经验的项目，可根据实际情况在初步设计阶段后增加技术设计阶段。招标单位可以将某一阶段的设计任务或几个阶段的设计任务通过招标的方式，委托选定的设计单位实施。

招标单位应根据工程项目的具体特点决定发包的范围。实施勘察设计招标的工程项目，可采取设计全过程总发包的一次性招标，也可以在保证整个建设项目完整性和统一性的前提下，采取分单项、分专业的分包招标。经招标单位同意，中标单位也可以将初步设计和施工图设计的部分工作分包给具有相应资质条件的其他设计单位，其他设计单位就其完成的工作成果与总承包方一起向发包方承担连带责任。

勘察任务可以单独发包给具有相应资质条件的勘察单位实施，也可以将其工作内容包括在设计招标任务中。通过勘察工作取得的工程项目建设所需求的技术基础资料室设计的依据，直接为设计服务，必须满足设计的要求，因此，勘察任务包括在设计招标的发包范围内，由具有相应能力的设计单位来完成或由其再去选择承担勘察任务的分包单位，对招标单位较为有利。与分为勘察、设计两个合同的分承包相比，勘察、设计总承包的优点在于，不仅在履行合同的过程中，业主和监理单位可以摆脱两个合同实施过程中可能遇到的协调义务，而且可以使勘察工作直接根据设计需要进行，以更好地满足设计对勘察资料精度、内容和进度的要求，必要时可进行补充勘察。

6.1.2　勘察设计招标的方式及应具备的条件

(一)勘察设计招标的方式

勘察设计招标与施工招标、材料供应招标、设备采购招标等招标方式不同，具有独特之处。设计招标的承包任务是承包者将建设单位对建设项目的设想转变为可实施的蓝图，而施工招标则是根据设计的具体要求，去完成规定的施工任务。因此，勘察设计招标文件对投标者提出的要求不是很具体，而是简单介绍工程项目的实施条件、应达到的技术经济指标、总投资限额、进度要求等。投标者根据相应的规矩和要求分别报出工程项目的设计构思方案、实施计划和工程概算；招标单位通过开标、评标等程序对所有方案进行比较确定中标单位，然后由中标单位根据预定方案去实现。勘察设计招标与其他项目招标的主要区别表现在以下几个方面：

(1)招标文件的内容不同。勘察设计招标文件中仅提出设计依据、工程项目应达到的技术经济指标、项目限定的工作范围、项目所在地基本资料、要求完成的时间等内容，没有具体的工作量要求。

(2)对投标书编制的要求不同。投标者的投标报价不是按具体的工程量清单填报单价后算出总价，而是首先提出设计构思、初步方案，阐述该方案的优点和实施计划，然后在此基础上提出投标报价。

(3)开标方式不同。开标时不是由招标单位按各投标书的报价高低去排定标价次序，而是由各投标人自己说明其勘察设计方案的基本构思、意图以及其他实质性内容，并不排定标价顺序。

(4)评标原则不同。评标时不过分追求工程项目的报价高低，而是更多地关注设计方案的技术先进性、合理性，所达到的技术经济指标，对工程项目投资效益的影响。

勘察设计招标可采用公开招标方式，即由招标单位通过报刊、广播、电视等媒体公开发布招标广告；也可以采用邀请招标方式，即由招标单位向有能力的、具备资质条件的勘察设计单位直接发出招标通知书，邀请招标必须在3个以上的投标单位中进行。

一般的民用建筑或中小型工业项目都采用通用的规范设计，为了提高设计水平，可以选取打破地域和部门界限的公开招标方式。而对于专业性较强的大型工业建筑设计，限于专业特点、生产工艺流程要求以及对目前国内外先进技术的了解等方面的要求，只能在行业内的设计单位中通过邀请招标的方式选择投标单位。对于少数特殊工程或偏僻地区的小工程，一般设计单位不愿意参与竞争，可以由项目主管或当地政府指定投标单位，以议标的方式委托设计单位。

(二)勘察设计招标应具备的条件

按照国家颁布的有关法律、法规，勘察设计招标项目应具备如下条件：

（1）具有经过审批机关批准的设计任务书或项目建议书。

（2）具有国家规划部门划定的项目建设地点、平面布置图和用地红线图。

（3）具有开展设计必需的可靠的基础资料，包括：建设场地勘察的工程地质、水文地质初步勘察资料或有参考价值的场地附近的工程地质、水文地质详细勘察资料：水、电、燃气、供热、环保、通讯、市政道路等方面的基础资料，符合要求的勘察地形图等。

（4）成立了专门的招标工作机构，并有指定的负责人。

（5）有设计要求说明等。

6.1.3　业主或相关单位的权力

按照建设项目实行项目法人负责制的原则，建设单位作为投资责任者和业主享有以下权利：

①有权按照法定程序组织工程设计招标活动。

②有权按照国家有关规定，选择招标方式，确定投标单位，公正主持评标工作，确定中标者。

如果建设单位不具备独立组织招标活动的能力，可委托具有与工程项目相对应资质条件的中介机构或咨询公司代理。建设单位、中介机构（或咨询公司）应满足以下条件：

①是独立法人或有依法成立的董事会机构。

②有相应的工程技术、经济管理人员。

③有组织编制工程设计招标文件的能力。

④有组织设计招标、评标的能力。

6.1.4　招标与评标

（一）设计招标与投标程序

依据委托设计的工程项目规模以及招标方式，各建设项目设计招标的程序繁简程度也不尽相同。国家有关建设法规规定了如下的标准化公开招标程序，采用邀请招标方式时可以根据具体情况适当变更或酌减。

（1）招标单位编制招标文件。

（2）招标单位发布招标广告或发出招标通知书。

（3）投标单位购买或领取招标文件。

（4）投标单位报送申请书。

（5）招标单位对投资单位进行资质审查，或委托中介机构或咨询公司进行审查。

（6）招标单位组织投标单位勘察现场，解答招标文件中的问题。

（7）投标单位确定设计主导思想，编制设计方案，编写投标文件。

（8）投标单位按规定时间密封报送投标书。

（9）招标单位当众开标，组织评标，确定中标单位发出中标通知书。

（10）招标单位与中标单位签订合同。

（二）招标准备工作

1. 招标的组织准备

业主决定进行设计招标后，首先要成立招标组织机构，具体负责招标工作的有关事宜。目前我国招标组织机构主要有 3 种形式：

（1）由建设项目的主管部门负责招标的全部工作。组织机构的人员一般从有关部门临时抽调，成立临时工作机构，待招标工作完成后回原单位。这种形式不利于管理专业化的工程项目，也不利于提高招标工作水平。

（2）由政府行政主管部门设立招投标领导小组或办公室之类的机构，统一处理招标工作。这种形式在推行招标承包制开始阶段采用较多，能够较快地打开局面。但政府行政主管部门过多干预建设单位的招标活动，代替招标单位决策，既不符合经济体制改革"实行政企分开、转换政府职能"的要求，也与工程建设实行建设项目法人责任制、按经济规律搞建设的宗旨相违背。

（3）专业咨询机构或工程建设监理单位受业主委托承办招标的技术性和事务性工作，决策仍由业主做出。这种形式可使业主节省大量工作人员。专业咨询机构或工程建设监理单位要在竞争中求得生存和发展，就必须精益求精，不断提高服务质量。这种模式符合讲求实效、节约开支和工程项目管理专业化的原则。通过实践总结可以看出，监理单位从设计招标阶段就参与管理，对于监理设计合同的履行较为有利。若业主还委托监理单位从事施工阶段的监理工作，由于其对业主的项目建设意图了解得比较深刻，对设计过程中关键部位或专项问题有充分的认识，有利于施工过程中采取有效的协调管理措施，保证设计意图的实施，减少风险事件的发生。

在招标组织机构内，除了必要的一般工作人员外，还应包括法律、技术、经济方面的专家，由他们来组织和领导招标工作的进行。

2. 招标文件的准备

招标文件是指导设计单位正确投标的依据，也是对投标人提出要求的文件。招标文件一经发出，招标单位不得擅自修改。如果确需修改，应以补充文件的形式将修改内容通知每一个投标人，补充文件与招标文件具有等同的法律效力。若因修改招标文件造成投标人的经济损失，招标人应承担赔偿责任。

（1）招标文件的主要内容。

为了使投标人能够正确地进行投标，招标文件应包括以下几方面的内容：

①投标须知。包括工程名称、地址、竞选项目、占地范围、建筑面积、竞选方式等。

②设计依据文件。包括经过批准的设计任务书或项目建议书及有关行政文件的复制件。

③项目说明书。包括对工程内容、设计范围或深度、图纸内容、张数和图幅、建设周期和设计进度等方面的说明，工程项目建设的总投资限额。

④合同的主要条件和要求。

⑤设计基础资料。包括提供设计所需资料的种类、方式、时间以及设计文件的审查方式。

⑥现场勘察和标前会议的时间和地点。

⑦投标截止日期。

⑧文件编制要求及评定原则。

⑨招标可能涉及的其他有关内容。

（2）设计要求文件的编制。

在招标文件中，最重要的是对项目的设计提出明确要求的"设计要求文件"或"设计大纲"。"设计要求文件"通常由咨询机构或监理单位从技术、经济等方面考虑后具体编写，作为设计招标的指导性文件。文件应包括以下几方面的内容：

①设计文件编制的依据。

②国家有关行政主管部门对规划方面的要求。

③技术经济指标要求。

④平面布置要求。

⑤结构形式方面的要求。

⑥结构设计方面的要求。

⑦设备设计方面的要求。

⑧特殊工程方面的要求。

⑨其他有关方面的要求，如环境、防火等。

由咨询机构或监理单位准备的设计要求文件需经过项目法人的批准。如果不满足要求，应重新核查设计原则，修改设计要求文件。设计文件的编制，应兼顾以下三方面：

①严格性。文字表达应清楚，不易产生误解。

②完整性。任务要求全面，无遗漏。

③灵活性。要为设计单位发挥创造性留有充分的自由度。

（三）对投标人的资格审查

招标方式不同，招标人对投标人资格审查的方式也不同。如采用公开招标，一般会采用资格预审的方式，由投标人递交资格预审文件，招标人通过综合对比分析各投标人的资质、经验、信誉等，确定候选人参加勘察设计的招标工作。如采用邀请招标，则会简化以上过程，由投标人将资质状况反映在投标文件中，与投标书一起共同接受招标人的评判。但无论是公开招标时对投标人的资格审查，还是邀请招标时的资格后审，审查内容是基本相同的，一般包括对投标人资质的审查、能力的审查、经验的审查三个方面。

1. 资质审查

资质审查主要是检验投标人的资质等级和可承接项目的范围，检查申请投标单位所特有的勘察和设计资质证书等级是否与拟建工程项目的级别相一致，不允许无资格证书单位或低资格单位越级承担工程勘察、设计任务。审查的内容包括以下三个方面：

（1）证书的种类。国家和地方主管部门颁发的资格证书分为工程勘察和工程设计证书两种。如果勘察任务合并在设计招标中，申请投标人必须同时拥有两种证书。仅持有工程设计证书的单位可联合其他持有工程勘察证书的单位，以总包和分包的形式共同参加投标，资格预审时同时提交总包单位的工程设计证书和分包单位的工程勘察证书。

（2）证书的级别。我国工程勘察或设计证书各分为甲、乙、丙、丁四级，不允许低资格单位承接高等级工程的勘察设计任务。各级证书的适用范围如下：

①持有甲级证书的单位，可以在全国范围内承接大、中、小型工程项目的勘察设计任务。

②持有乙级证书的单位，可以在本省、市范围内承接中、小型工程项目的勘察或设计任务。申请跨省、市承接勘察或设计任务时，须经过项目所在地省、市级勘察、设计主管部门的批准。

③持有丙级证书的单位，允许在本省、市范围内承担小型工程项目的勘察或设计任务。申请跨省、市承揽勘察或设计任务时，应当持项目主管部门出具的证明，报项目所在地省、市级勘察和设计主管部门批准。

④持有丁级证书的单位，只能在单位所在地的市或县范围内承担小型简单工程及零星工程项目的勘察或设计项目。

（3）证书规定允许承接任务的范围。尽管申请投标单位所持证书的级别与工程项目的级别相适应，如果工程项目的勘察或设计任务有较强的专业性要求，还需审查证书规定的允许承揽工作范围是否与项目的专业性质相一致。工程设计资格按归口部门分为电力、轻工、建筑工程等28类行业；工程勘察资格又分为地质勘察、岩土工程、水文地质勘察和工程测量4个专业。

申请投标单位所持有的证书在以上三个方面中有任何一项不合格，该单位应被淘汰。

2. 能力审查

能力审查包括对投标单位设计人员的技术力量和所拥有的技术设备两方面的审查。考察设计人员的技术力量主要看设计负责人的资质能力和各类设计人员的专业覆盖面、人员数量、各级职称人员的比例等是否满足完成工程设计任务的需要。审查设备能力主要看开展正常勘察或设计任务所需的器材和设备，在种类、数量方面是否满足要求，不仅看其拥有量，还应考察其完好程度和其他工程上的占用情况。

3. 经验审查

通过审查投标者报送的最近几年完成的工程项目设计一览表，包括工程名称、规模、标准、结构形式、设计期限等内容，评定其设计能力和设计水平。侧重考察已完成的设计项目与招标工程在规模、性质、形式上是否相适应，即判断投标者有无此类工程的设计经验。

招标单位若关注其他问题，可以要求投标单位报送有关材料，作为资格预审的内容。资格预审合格的申请单位可以参加设计投标竞争。对不合格者，招标单位也应及时发出通知。

（四）设计投标书的内容

设计单位应严格按照招标文件的规定编制投标书，并在规定的时间内送达。设计投标书的内容，一般包括以下几个方面：

（1）方案设计综合说明书。对总体方案构思作详尽的文字阐述，并列出技术、经济指标表，包括总用地面积，总建筑面积，建筑占地面积，建筑总层数、总高度，建筑容积率、覆盖率，道路广场铺砌面积、绿化面积，绿化率，必要时还应计算场地初平土方工程量等。

（2）方案设计内容及图纸。图纸包括总体平面布置图，单体工程的平面、立面、剖面，透视渲染表现图等，必要时可以提供模型或沙盘。

（3）工程投资估算和经济分析。投资估算文件包括估算的编制说明及投资估算表。投资估算编制说明的内容应包括：编制依据；不包括的工程项目和费用；其他有必要说明的问题。投资估算表是反映一个建设项目所需全部建筑安装工程投资的总文件，它是以各单位工程为基本组成基数的投资估算（如土方、道路、围墙、门窗、室外管线等）加上预备费后汇总得到的建设项目的总投资。

（4）项目建设工期。

（5）主要的施工技术要求和施工组织方案。

（6）设计进度计划。

（7）设计费报价。

（五）评标和定标

开标后即可进入评标、定标阶段，从众多投标人中择优选出中标单位后，业主即与其签订合同。评标由招标单位邀请有关部门的代表和专家组成评标小组或评委会进行，通过对各标书的评审写出综合评价报告，并推选出第一、二、三名候选中标单位。业主可分别与候选中标人进行会谈，就评标时发现的问题探讨修改意见或补充原投标方案，或就将其他投标人的某些设计特点融于该设计方案中的可能性等问题进行协商,最终选定中标单位。为了保护非中标单位的权益,如果使用非中标单位的技术成果,须征得其同意后实行有偿转让。

设计评标时评审的内容很多,但主要应侧重考虑以下几个方面:

(1)设计方案的优劣。设计方案评审的内容主要包括:

①设计指导思想是否正确。

②设计方案是否反映了国内外同类工程项目较先进的水平。

③总体布置的合理性和科学性,场地利用系数是否合理。

④设备选型的适用性。

⑤主要建筑物、构建物的结构是否合理,造型是否美观大方,是否与周围环境协调。

⑥"三废"治理方案是否有效。

⑦其他有关问题。

(2)投入产出和经济效益的好坏主要涉及以下几个方面:

①建设标准是否合理。

②投资估算是否超过投资限额。

③先进工艺流程可能带来的投资回报。

④实现该方案可能需要的外汇估算等。

(3)设计进度的快慢:评价投标书内的设计进度计划,看其能否满足招标人制定的项目建设总进度计划要求。大型复杂的工程项目为了缩短建设周期,往往在初步设计完成后就进行施工招标,在施工阶段陆续提供施工详图,此时,应重点审查设计进度是否能满足施工进度要求,避免妨碍或延误施工的顺利进行。

(4)设计资历和社会信誉:没有设置资格预审的邀请招标,在评标时还要对设计单位的设计资历和社会信誉进行评审,作为对各投标单位的比较内容之一。

根据有关建设法规规定,自发出招标文件到开标的时间,最长不得超过半年。自开标、评标至确定中标单位的时间,一般不得超过半个月。确定中标单位后,双方应在一个月内签订设计合同。

6.2 建设工程监理招投标

6.2.1 建设工程监理招投标的基本概念

1988 年 7 月 25 日建设部《关于开展建设监理工作的通知》的颁发,标志着我国工程建设监理的起步。经过十多年的不断努力,现在我国建设监理已成工程建设项目普遍采用的管理方式,逐步实现了产业化、标准化和规范化,并快速向国际监理水平迈进。

建设工程监理常简称为建设监理。建设监理的含义是什么?这是我们首先要搞明白的问题,并在此基础上对工程建设监理招标与投标作更进一步的认识。

(1)监理。监理就是有关执行者根据一定的行为准则,对某些或某种行为进行监督和管理、约束和协调,使这些行为符合原则的要求并协助行为主体实现其行为目的。构成监理需要具备基本条件,即应当有"执行者",也就是必须有监理的组织;应当有"准则",也就是实施监理的依据;应当有明确的被监理"行为",也就是监理的具体内容;应当有明确的"行为主体",也就是监理的对象;应当有明确的监理目的,也就是行为主体和监理执行者共同的最终追求；应当有监理的方法和手段，否则监理就无法组织实施。

（2）建设监理。建设监理是指针对一个具体的工程项目，政府有关机构根据工程项目建设的方针、政策、法律、法规对参与工程项目建设的主体进行监督和管理，使它们的工程建设行为能够符合公众利益和国家利益，并通过社会化、专业化的工程建设监理单位为工程业主提供工程服务，使他们的工程项目能够在预定的投资、进度和质量目标内得以完成。

（二）建设监理招标的范围

国务院颁布的《建设工程质量管理条例》明确指出，应当实施建设监理的工程包括：国家重点建设工程；大、中型公用事业工程，成片开发建设的住宅小区工程，利用外国政府或者国际组织贷款、援助资金的工程，国家规定必须实行监理的其他工程。其中部分工程因为工程规模、工程性质、投资额、投资方等不同，必须采用招标方式选择建设监理单位。

（三）建设监理招标的方式

建设监理招标一般实行公开招标或邀请招标两种方式。招标人采用公开招标方式的，应在当地建设工程发包承包交易中心或指定的报刊上发布招标公告。招标人采用邀请招标方式的，应当向 3 个以上具备资质条件的特定监理单位发出邀请通知书。

招标公告和邀标通知书应当载明招标人的名称和地址、招标项目的性质和数量、实施地点和时间以及获取招标文件的办法等事项。

（四）建设监理招标与投标的主体

1. 建设监理招标的主体

建设监理招标主体是承建招标项目的建设单位。招标人可能自行组织监理招标，也可以委托具有相应资质的招标代理机构组织招标。必须进行监理招标的项目，招标人自行办理招标事宜的，就向招标投标办事机构备案。

国务院建设主管部门负责全国建设监理招标投标的管理工作，各省、市、自治区及其工业、交通部门建设行政管理机构负责本地区、本部门建设监理招标投标管理工作，各地区、各部门建设工程招标管理办公室对监理招标与投标活动实施监督管理。

2. 建设监理投标的主体

参加投标的监理单位就是建设工程监理投标的主体。参加投票的监理单位应当是取得监理资质证书、具有法人资格的监理公司、监理事务所或兼承监理业务的工程设计、科学研究及工程建设咨询的单位，同时必须具有与招标工程规模相适应的资质等级。

资质等级是各级建设行政主管部门按照监理单位的人员素质、资金数量、专业技能、管理水平及监理业绩审批核定的。我国监理单位资质分为甲级、乙级、丙级三级。各级监理资质标准如下：

（1）甲级。由取得监理工程师资格证书的在职高级工程师、高级建筑师或者高级经济师作单位负责人，或者由取得监理工程师资格证书的在职高级工程师、高级建筑师作单位负责人；取得监理工程师资格证书的工程技术与管理人员不少于 50 人，且专业配套，其中高级工程师和高级建筑师不少于 10 人，高级经济师不少于 3 人；注册资金不少于 100 万元；一般应监理过 5 个一等一般工业与民用建设项目或者 2 个一等工业、交通建设项目。

（2）乙级。由取得监理工程师资格证书的在职高级工程师、高级建筑师或者高级经济师作单位负责人，或者由取得监理工程师资格证书的在职高级工程师、高级建筑师作技术负责人；取得监理工程师资格证书的工程技术与管理人员不少于 30 人，且专业配套，其中高级工程师和高级建筑师不少于 5 人，高级经济师不少于 2 人；注册资金不少于 50 万元；一般应监理过 5 个二等一般工业与民用建设项目或者 2 个二等工业、交通建设项目。

（3）丙级。由取得监理工程师资格证书的在职高级工程师、高级建筑师或者高级经济师作单位负责人，或者由取得监理工程师资格证书的在职高级工程师、高级建筑师作技术负责人；取得监理工程师资格证书的工程技术与管理人员不少于 10 人，且专业配套，其中高级工程师和高级建筑师不少于 2 人，高级经济师不少于 1 人；注册资金不少于 10 万元；一般应监理过 5 个三等一般工业与民用建设项目或者 2 个三等工业、交通建设项目。

（五）建设监理招标与投标程序

建设监理招标与投标的基本程序如下：

（1）招标人组建项目管理班子，确定委托监理的范围，自行办理招标事宜的，应在市投标办事机构办理备案手续；

（2）编制招标文件；

（3）发布招标公告或发出邀标通知书；

（4）向投标人发出投标资格预审书，对投标人进行资格预审；

（5）招标人向投标人发出招标文件，投标人组织编写投标文件；

（6）招标人组织必要的答疑、现场勘察、解答投标人提出的问题，编写答疑文件或补充招标文件等；

（7）投票人递送投标书，招标人接受投标书；

（8）招标人组织开标、评标、决标；

（9）招标人确定中标单位后向招标投标办事机构提交招标投标情况的书面报告；

（10）招标人向投标人发出中标或者未中标通知书；

（11）招标人与中标单位进行谈判，订立委托监理书面合同；

（12）投票人报送监理规划，实施监理工作。

6.2.2 建设工程监理招标

（一）选择委托监理的内容和范围

建设监理的工作内容遍布项目的全过程，因此，在选择监理单位前，应首先确定委托监理的工作内容和范围，既可将整个建设过程委托一个单位来完成，也可按不同阶段的工作内容或不同合同的内容分别交与几个监理单位来完成。在划分委托监理工作范围时，一般要考虑以下几方面的因素：

（1）工程规模。对于中小型工程项目，有条件时可将全部监理工作委托给一个单位；对于大型复杂工程，则应按阶段和工作内容分别委托监理单位，如将设计和施工两个阶段分开。

（2）项目的专业特点。不同的施工内容对监理人员的素质、专业技能和管理水平的要求也不同，所以在大型、复杂的工程建设阶段，划分监理工作范围时应考虑不同工作内容的要求，若有特殊专业技能要求（如特殊基础处理工程），还可将其工作进一步划分给有该项技能的监理单位。

（3）合同履行的难易程度。建设期间，业主与有关承包商所签订的经济合同较多，对于较容易履行的合同，如一般建筑材料供销合同的履行监督、管理等，其监理工作可以并入某项监理工作的委托合同之中，或者不必委托监理；而设备加工定购合同，则需委托专门的监理单位负责合同履行的监督、控制和管理。

(4)业主的管理能力。若业主的技术能力和管理能力较强，项目实施阶段的某些监理工作内容也可以由业主自己来承担，如施工前期的现场准备工作等。

(二)监理单位的资格预审

业主根据项目的特点确定了委托监理工作范围后，即应开始选择合格的监理单位。监理单位受业主委托进行工程建设的监理工作，用自己的知识和技能为业主提供技术咨询和服务工作，与设计、施工、加工制造等承包经营活动有本质的区别，因此，衡量监理单位的能力的标准应该是技术第一，其他因素从属于技术标准。

目前国内监理单位招标多采用邀请招标，业主的项目管理班子在招标时根据项目的需要和对有关监理公司的了解，初选3~10家公司，分别邀请它们来进行委托监理任务的意向性洽谈，重要项目和大型项目才会核发资格预审文件。洽谈时，首先向对方介绍拟建项目的简单概况、监理服务的要求、监理工作范围、拟委托的权限和要求达到的目的等情况，并听取对方就该公司业务情况的介绍，然后请其对该监理公司资质证明文件中的有关内容作进一步的说明。

监理资格预审的目的是总体考察邀请的监理单位资质、能力是否与拟实施项目特点相适应，而不是评定其实施该项目监理工作的建议是否可行、适用。因此，审查的重点应侧重于投标人的条件、监理经验、可用资源、社会信誉、监理能力等方面。

(三)监理招标文件的内容

建设工程监理招标文件的内容一般包括以下几部分：

(1)工程概况。包括项目主要建设内容、规模、地点、总投资金额、现场条件和开竣工日期等。

(2)招标方式。主要是关于监理项目的招标形式、如何招标的问题。

(3)委托监理的范围和要求。

(4)合同主要条款：包括监理费报价、投票人的责任、对投票人的资质要求、对现场监理人员的要求以及招标人的交通、办公和住宿条件等。

(5)投标须知。我国已颁布了建设监理招标文件范本，规范建设监理的招标行为，它已成为监理单位的投标须知。

(四)建设监理的开标、评标、定标

1．开标

开标一般在统一的交易中心进行，由工程招标人或其代理人主持，并邀请招投标办事机构有关人员参加。

在开标中，属于下列情况之一的，按照无效标书处理：

(1)招标人未按时参加开标会，或虽参加会议但无有效证件。

(2)投标书未按规定的方式密封。

(3)投标书未加盖单位公章和法定代表人的印鉴。

(4)唱标时弄虚作假，更改投标书内容。

(5)投标书字迹难以辨认。

(6)监理费报价低于国家规定的下限。

在建设监理的招标中，业主主要看重的是监理单位的技术水平而非监理报价，并且经常采用邀请招标的方式，因此，有些招标不进行公开开标，也不宣布各投标人的报价。

2. 评标

(1)评标委员会组成。评标委员会应由招标人代表和技术、经济等方面的专家组成，成员一般为 5 人以上的单数，其中专家不能少于成员组成的 2/3。对组成评标委员会的专家也有特殊要求，例如，参加评标的专家人选应在开标 3 日内，由招标人在市招标投标办事机构的评标专家库中随机抽取确定，与投标人有利害关系的人不得进入该项目的评标委员会。评标委员会负责人由招标人担任，评标委员会成员的名单在中标结果前应当保密。

(2)评标方法。监理招标的评标方法一般采用专家评审法和记分评审法。专家评审法是由评标委员会的专家分别就各投标书的内容充分进行优缺点评论，共同讨论、比较，最终以投票的方式评选出最具有实力的监理单位；记分评审法是采用量化指标考察每一监理公司的综合水平，按各项评价因素得分的累计分值高低，排出各标书的优劣顺序。

(3)评标应注意的事项。在评标过程中，招标人应当采取必要的措施，保证评标在严格保密的情况下进行，任何单位和个人不得非法干预评标过程、影响结果。假如采用评分法，招标人的评标委员会成员根据评分规定，各自进行打分，并记录在综合评分表中，然后计算出各投标人的平均得分，分值一经得出，并核对无误签字后，任何人不得更改。

评标委员会完成评标后，应当向招标人提出书面评标报告，并推荐合格的中标候选人。评标委员会也可接受招标人委托，按得分高低直接确定中标单位。

3. 定标、签约

确定中标单位后，招标人应当向中标单位发出中标通知书，同时将中标结果通知所有未中标的投票人。

招标人和中标单位应当自中标通知书发出之日起的一定时间内，按照招标文件和中标单位的投标文件订立书面委托监理合同。在订立之前，双方还要进行合同谈判，谈判内容主要是针对委托监理工程项目的特点，就工程建设监理合同示范文本中专用条件部分的条款具体协商，一般包括工作计划、人员配备、业主方的投入、监理费的结算、调整等问题，双方在谈判达成一致的基础上签订监理合同。

6.2.3　建设工程监理投标

(一)监理单位接受资格预审

在接到投标邀请书或得到招标方公开招标的信息之后，监理投标单位应主动与招标方联系，获得资格预审文件，按照招标人的要求，提供参加资格预审的资料。资格预审文件的内容应与招标人资格预审的内容相符，一般包括：

(1)企业营业执照，资质等级证书和其他有效证明。

(2)企业简历。

(3)主要检测设备一览表。

(4)近 3 年来的主要监理业绩等。

资格预审文件制作完毕之后，按规定的时间递送给招标人，接受招标人的资格预审。

(二)编制投标文件

在通过资格预审后，监理投标单位应向招标人购买招标文件，根据招标文件的要求，编制投标文件。

投标文件包含的内容如下：

(1)投标书。

(2)监理大纲。

(3)监理企业证明资料。

(4)近3年来承担监理的主要工程。

(5)监理机构人员资料。

(6)反映监理单位自身信誉和能力的资料。

(7)监理费用报表及其依据。

(8)招标文件中要求提供的其他内容。

(9)如委托有关单位对本工程进行试验检测。须明示其单位名称和资质等级。

除以上主要内容，还需提供附件资料，包括：

(1)投标监理人企业营业执照副本。

(2)投标人监理资质证书。

(3)监理单位3年内所获国家及地方政府荣誉证书复印件。

(4)投标人法定代表人委托书。

(5)监理单位综合情况一览表。

(6)监理单位近3年来已完成或在监的单位工程××万平方米(或总造价××万元)以上工程项目的业绩表。

(7)拟派项目监理总工程师资格一览表。

(8)拟派项目监理机构中监理工程师资格一览表。

(9)拟在本项目中使用的主要仪器、检测设备一览表。

(10)投标人需业主提供的条件等。

(三)递送投标文件

投标人应当在招标文件要求提交投标文件的截止时间前，将投标文件送达投标地点。招标人收到投标文件后，应当签收保存，不得开启。如果收到的投标文件少于3份，招标人应当组织人员重新招标。

在招标文件要求提交投标文件的截止时间后送达的投标文件，会被视为废标，招标人会拒收。

投标书应当装入专用的投标袋并密封，投标袋密封处必须加盖投标人两枚公章和法定代表人的印鉴，在规定的期限内送达指定地点。

(四)签订监理合同

收到招标人发来的中标通知书后，中标的监理单位会与业主进行合同签订前的谈判，主要就合同专用条款部分进行谈判，双方达成共识后签订合同，建设监理招标与投标即告结束。

(五)监理单位在承接招标项目时应注意的事项

(1)严格遵守国家的法律、法规及有关规定，遵守监理行业的职业道德。

(2)严格按照批准的经营范围承接监理业务，特殊情况下，承接经营范围以外的监理业务时，须向资质管理部门申请批准。

(3)承揽监理业务的总量要视本单位的力量而行，不得与业主签订监理合同以后把监理业务转包给其他监理单位。

(4)对于监理风险较大的监理项目，建设工期较长的项目，遭受自然灾害或政治、战争影响的可能性较大的项目，工程量庞大或技术难度很高的项目，监理单位除可向保险公司投保外，还可以与几家监理单位组成联合体共同承担监理风险。

6.3 物资采购招投标

6.3.1 建设工程物资采购的主要内容

(一)建设工程物资采购的含义

建设工程物资主要是指与建设工程相关的建筑材料、建筑工程设备等,所以建设工程物资采购就是指建设工程材料、设备的采购,即采购主体就其所需要的工程设备、材料向供货商询价,或通过招标的方式,邀请若干供货商通过投标报价进行竞争,采购主体从中选择优胜者并与其达成交易协议,随后按合同实现标的。物资采购不仅包括单纯采购大型建筑材料和定型生产的中小型设备等机电设备,还包括按照工程项目的要求进行设备、材料的综合采购、运输、安装、调试等以及交钥匙工程,即指工程设计、土建施工、设备采购、安装调试等实施阶段全过程的工作。

(二)建设工程物资采购的范围

建设工程物资采购主要是指建筑材料、设备的采购,其采购范围主要包括建设工程所需要的大量建材、工具、用具、机械设备、电气设备等,对有的工程项目而言,这些材料设备占到工程合同总价的60%以上,其采购范围和内容包括以下几类:

(1)工程用料。包括土建、水电设施及一切其他专业工程的用料。

(2)施工用料。包括一切周转使用的模板、脚手架、工具、安全防护网等,以及消耗性用料,如焊条、电石、氧气、铁丝、钉类等。

(3)暂设工程用料。包括工地的活动房屋或固定房屋的材料、临时水电和道路工程及临时生产加工设施的用料。

(4)工程机械。包括各类土方机械、打桩机械、混凝土搅拌机械、起重机械、钢筋焊接机械、吊塔及其维护备件等。

(5)正式工程中的机电设备。包括一般建筑工程中常用的电梯、自动扶梯、备用电机、空气调节设备、水泵等。生产性的机械设备,例如加工生产线等,则必须根据专门的工艺设计组织成套设备供应、安装、调试、投产和培训等。

(6)其他辅助办公和试验设备。包括办公家具、器具和昂贵仪器等。

(三)建设工程物资采购的方式

采购建设工程材料、设备时,选择供应商并与其签订物资购销合同或加工定购合同的方法有以下几种:

1. 招标选择供应商

这种方式适用于大批材料、较重要或较昂贵的大型机具设备、工程项目中的生产设备和辅助设备。承包商或业主根据项目的要求,详细列出采购物资的品名、规格、数量、技术性能要求,承包商或业主自己选定的交货方式、交货时间、支付货币和支付条件,以及产品质量保证、检验、罚则、索赔和争议解决等合同条款作为招标文件,邀请有资格的制造厂家或供应商参加投标(也可采用公开招标方式),通过竞争择优签订购货合同。这种方式实际上是将询价和商签合同连在一起进行,在招标程序上与施工招标基本相同。

2. 询价选择供应商

这种方式是采用询价—报价—签订合同的程序,即采购方对3家以上的供货商就采购的标的物进行询价，对报价经过比较后选择其中一家与其签订供货合同。这种方式实际上是一种议标的方式，无需采用复杂的招标程序，又可以价格有一定的竞争性，一般适用于采购建筑材料或价值小的标准规格产品。

3．直接订购

直接订购方式不能进行产品的质量和价格比较，因此，是一种非竞争性物资采购方式，一般适用于以下几种情况：

（1）为了使设备或零配件标准化，向经过招标或询价选择的原供货商增加购货，以便适应现有设备。

（2）所需设备具有专卖性质，只能从一家制造商获得。

（3）负责工艺设计的承包单位要求从指定供货商处采购关键性部件，并以此作为保证工程质量的条件。

（4）在特殊情况下，需要某些特定机电设备早日交货，也可直接签订合同，以免由于时间延误而增加开支。

6.3.2　物资采购招标的范围和方式

在现代建设市场竞争中，为了保证工程质量、缩短建设工期、降低工程造价、提高投资效益，建设工程中使用的大额度的物资均采用招标的方式进行采购。

（一）建设工程物资采购招标的范围

物资采购招标的范围大体包含以下几点：

（1）以政府投资为主的公益性、政策性项目需采购的物资，应委托有资格的招标机构进行招标。

（2）国家规定必须招标的物资，应委托国家指定的有资格的招标机构进行招标。

（3）竞争性项目等物资的采购，其招标范围另有规定。

有下列情况之一的物资项目，可以不进行招标：

（1）采购的物资只能从唯一的制造商处获得。

（2）采购的物资可由需求方自己生产。

（3）采购的活动涉及国家安全和秘密。

（4）法律、法规另有规定的。

（二）建设工程物资采购招标的方式

物资采购招标的方式不同，其工作程序也不同。最常见的招标方式有国际竞争性招标、有限竞争性国际招标和国内竞争性招标三种。

1．国际竞争性招标

这种招标方式也叫国际公开招标，其基本特点是业主对其拟采购的物资提供者不作民族、国家、地域、人种和信仰上的限制，只要制造商、供货商能按标书要求提供质量优良、价格低廉、能充分满足招标文件要求的物资、均可以参加投标竞争。经过开票、询标等阶段，评出性能价格比最佳的中标者。这种无限竞争性的招标方式要求将招标信息公开发布，便于世界各国有兴趣的潜在投标者及时得到信息。国际公开招标需要组织完善，涉及环节多，时间较长，故要求有相当数量的标的，使中标金额的服务费足以抵消招标期间发生的费用支出。

国际竞争性招标是国际上常见的一种招标方式，我国招标活动与国际惯例接轨，主要是指向这种招标方式过渡。但是由于其面对的物资项目特点不同，较易引起供需双方的矛盾。同时，招标工作的内容与各地环境的不同使招标过程中发生的问题量多面广，协调工作艰巨而繁重。

2. 有限竞争性国际招标

这种招标方式通常在以下几种情况下采用：

(1)拟采购的物资项目的制造厂商在国际上较少；

(2)对拟采购的物资项目的制造商、供应商的情况比较了解，对其物资项目特点、性能、供货周期以及它们在世界上特别在中国的履约能力都较为熟悉，潜在投标者资信可靠；

(3)项目的采购周期很短，时间紧迫；或者考虑到资金或技术条款保密等因素，不宜进行公开竞争招标。

有限竞争性国际招标是在上述情况下，由招标机构向有制造能力的制造商或有供货能力的供货商发出专门邀请函，邀请其前来参加投标的一种招标方式。

3. 国内竞争性招标

这种招标方式适用于下列两种情况：一是利用国内资金；二是利用国外资金中允许进行区域采购的那部分，是通过国内各地区的制造商或代理商采购物资项目的一种公开竞争招标。采用国内竞争性招标，首先要特别掌握投票者的资信和制造或供应物资项目的能力，必要时可组织专人到现场考察。其次要核实投标方资金到位的情况，国内签约要特别注意其履约情况。再次，要注意使投标者有利可图，虽不允许暴利，但也要有合理的利润。

(三)建设工程物资采购招标投标单位应具备的条件

1. 建设工程物资采购招标单位应具备的条件

建设工程中的材料、设备等物资的采购，有的是由建设单位负责，有的是由施工单位负责，还有的是委托中介机构(或称代理机构)负责。为了确保物资项目质量和招标工作质量，招标单位一般应具备如下条件：

(1)具有法人资格。招标活动是法人之间的经济活动，招标单位必须具有合法身份。

(2)配备与承担招标业务和物资项目配套工作相适应的技术、经济管理人员，他们应具有组织建设工程物资供应工作的经验。

(3)可承担国家或地区大、中型基建、技改项目的成套物资的招标单位应当具有国家有关部门审查认证的相应资质。

(4)有编制招标文件和标底文件、进行资格预审和组织开标、评标、定标的能力。

(5)有对所承担的招标物资项目进行协调服务的人员和设施。

以上除第一条外，都是对招标单位人员素质、技术水平、经济水平、组织管理能力、招标工作经验以及协调能力、服务的能力所作的规定，目的是确保招标工作顺利进行和取得良好的效果。

若建设单位自行组织招标工作，它也应符合上述条件。不具备上述条件的建设单位应委托经招标投标办事机构核准的代理机构进行招标。代理机构除应具备上述五项条件外，还应具有与所承担的招标任务相适应的经济实力，保证代理机构因自身原因给招标、投标单位造成经济损失时，能承担相应的民事责任。

2. 建设工程物资采购投标单位应具备的条件

凡实行独立核算、自负盈亏、持有营业执照的国内制造厂家、设备公司(集团)及物资成套承包公司(集团)，如果具备投标的基本要求，均可参加投标或联合体投标，但与招标单位有直接经济联系(财务隶属关系或股份关系)的单位及项目设计单位不能参加投标。

采用联合体投标,必须明确由一个牵头单位承担全部责任,联合体各方的责任和义务应以协议形式加以确定,并在投标文件中加以说明。

(四)建设工程物资采购招标程序

凡应报送项目管理部门审批的项目,必须在报送的项目可行性研究报告中增加有关招标的内容,包括建设项目的重要设备、材料等采购活动的具体招标范围(全部或部分招标)和拟采用的招标组织形式(委托招标或者自行招标)。若自行招标,则应按照国家发展计划委员会颁布的第五号令《工程建设项目自行招标试行办法》中的规定,报送书面材料及拟采用的招标方式(公开招标或者邀请招标)。国家发展计划委员会确定的国家重点项目和省、自治区、直辖市人民政府确定的地方重点项目,拟采用邀请招标的,应对采用邀请招标的理由作出说明。

建设工程物资采购招标的程序如下:

(1)工程建设部门同招标单位办理委托手续。

(2)招标单位编制招标文件。

(3)发出招标公告或邀请投标意向书。

(4)对投标单位进行资格审查。

(5)发放招标文件和有关技术资料,进行技术交底,解释投标单位提出的有关招标文件的疑问。

(6)组成评标组织,制定评标原则、办法、程序。

(7)在规定时间、地点接受投标。

(8)确定标底。

(9)开标,一般采用公开方式开标。

(10)评标、定评。

(11)发出中标通知书,物资需方和中标单位签订供货合同。

(12)项目总结归档,标后跟踪服务。

6.3.3　物资采购招标的准备工作

(一)招标前的准备工作

在开始招标工作前,需要完成一些前期准备工作。

(1)作为招标机构,要掌握本建设项目立项的进展情况、项目的目的与要求,了解国家关于招标投标的具体规定。作为招标代理机构,应向业主了解进展情况,并向项目单位介绍国家招标投标的有关政策、招标的经验、以往取得的业绩、招标的工作方法、招标程序和招标周期时间的安排等。

(2)根据招标的需要,对于项目中涉及的物资设备、工程和服务等,要开展信息咨询,收集各方面的有关资料,做好准备工作。这种工作一是要做早,二是要做细。做早,就是要尽早介入招标工作,一般在项目建议书上报或主管单位审批项目建议书时就要介入,这样在将来编制标书时可以对项目中的各种需要和应坚持的原则问题做到心领神会,配合紧密,才会取得好的效果。招标机构从这时起,就应指定业务人员专门负责这一项目。人员一经确定,就不宜变动,放手让这一专门小组与用户、信息中心多接触、多联系、多发挥这些专业人员的积极性。

（二）招标前的分标工作

由于材料、设备种类繁多，不可能有一个能够完全生产或供应工程所有材料、设备的制造商或供应商，所以不管是询价、直接订购还是以公开招标方式采购材料、设备等，都不可避免地遇到分标的问题。

建设工程物资采购分标和工程施工分标不同，一般是将与工程有关的物资项目采购分为若干个标，也就是说将物资项目招标内容工程性质和物资项目性质划分为若干个独立的招标文件，而每个标又分为若干个包，每个包又分为若干个项。每次招标时，可根据货物的性质只发一个合同包或划分成几个合同包分别发包，如电气设备包、电梯包、建筑材料包等。供货商投票的基本单位是包，在一次招标中，它可以投全部的合同包，也可以只投其中一个或几个包，但不能仅投一个包中的某几项。

建设工程物资采购分标时需要考虑以下因素：

（1）招标项目的规模。根据工程项目中各项物资项目之间的关系、预计金额大小来分标。如果每一个标分得太大，只有技术能力强大的供货商来单独投标或由其他组织投标，而一般中小供货商则无力问津。由于投标者数量减少，可能引起投标报价上涨。反之，如果标分得比较小，可以吸引众多的供货商，但很难引起国外大型供货商的兴趣，同时，招标、评标工作量会增大。因此，分标的大小要适当，既可以吸引足够多的供货商，利于降低报价，便于买方挑选，又不至于过分增大招标、评标的工作量。

（2）建设工程物资项目的性质和质量的要求。如果分标时考虑到大部分或全部物资材料、设备等由同一厂商制造供货，按相同行业划分可减少招标工作量，吸引更多竞争者。有时考虑到某些技术要求国内制造商完全可以达到，便可单列一个标向国内招标，而将国内制造有困难的物资单列一个标向国外招标。

（3）工程进度与供货时间。如一个工程所需供货时间较长，而在项目实施过程中物资材料、设备等的需要时间不同，则应依据资金、运输、仓储等条件来进行分标，以利于保证供应、降低建设工程成本。

（4）市场供应情况。有时一个大型工程需要大量的建筑材料和设备，如果一次采购，势必引起价格上涨，因此应合理计划、分批采购。

（5）货款来源。如果买方是由一个以上单位贷款，而各贷款单位对采购的限制条件有不同要求，则应合理分标，以吸引更多的供货商参加投标。

6.3.4　物资采购招投标文件的编制

（一）招标文件的编制

招标文件是投标和评标的主要依据，由招标单位编制。招标文件编制的质量直接关系到下一步招标工作的成败。招标文件的内容应该完整、准确，招标条件应该公平、合理、符合国家的有关法律。下文将论述国际上通用的物资采购招标文件的内容与编制。

国际物资招标文件的内容比较具体、全面，包括投标邀请书、投标须知、货物需求一览表、技术规格、合同条件、合同格式和各类附件等七大部分。下面重点阐述投标邀请书、投标须知及技术规格等内容。

1. 投标邀请书

投标邀请书是招标人向投标人发出的投标邀请，号召供货商对项目所需的物资进行密封式投标。

在投标邀请书中一般明确规定所附的全部招标文件,买方回答投标者咨询的地址、电话、电报、电传和传真,投标书送交的地点和截止日期,开标的时间和地点。

2. 投标须知

(1)对建设工程的简要说明。

(2)招标文件的主要内容,招标文件的澄清、修改。

(3)投标书的编写。投标书的语言与工程采购招标文件所用的语言相同。投标书的文件应包括按投标须知要求填写的投标书格式(包含单独装在一个信封内的开标一览表)、投标价格表和物资说明一览表;投标者的资格和能力的证明文件;证明投标者提供的物资及辅助服务合格的资料;投标保证。

(4)投标书格式。

(5)投标报价。投标人应在招标文件附件中的投标价格表中报价,指明不同填要求,说明如果单价与总价有出入,以单价为准;说明按投标文件分组报价只是用于评标时比较,并不限制买方发不同条件签订合同。投标者的报价为履行合同的固定价格,不得随意改动,按可调价格作出的报价将被拒绝。

(6)投标的货币。在投标书格式和投标报价表格中,应按下列货币报价:国内物资用人民币报价;国外物资用一种国际贸易货币或投标者所在国货币报价,如投标者希望用多种货币报价,应在投标文件中声明。

(7)投标者的资格证明文件。投标者应提交证明其有资格进行投标和有能力履行合同的文件,作为投标文件的一部分。这些证明文件要证明的内容是:

①若投标者按合同要求提供的物资不是投标者制造或生产的,投标者必须得到物资制造商或生产商的充分授权,向买方所在国提供该物资。

②投标者具有履行合同所需的财务、技术和生产能力。

③如果投标者不在买方所在国营业,应让有能力的代理人履行合同规定的由卖方承担的各种服务性(如维修保养、修理、备件供应等)义务。

(8)证明物资合格并符合招标文件规定的文件。例如某一物资的主要技术指标和性能指标的详细描述;一份说明所有细节的清单,包括货物在特定时间内所需的所有零配件、特殊工具的货源和价格情况表。

(9)投标保证。此项内容基本上与工程施工招标文件内容相同。

(10)投标有效期。此项内容基本上与工程施工招标文件内容相同。

(11)投标文件格式。此项内容基本上与工程施工招标文件内容相同。

(12)投标文件的密封和标记。此项内容基本上与工程施工招标文件内容相同。有的招标文件要求投标者在投标时填写附件中规定的"开标一览表",与投标保证单独装在一个信封内送交。"开标一览表"包括投标者名称、投标者国别、制造商国别、品号或包号、总 CIF 价或出厂价、有无投标保证等。

(13)投标文件的递交截止日期。机电产品国际招标的投标期限自招标文件发售之日起,一般不得少于 20 个工作日,大型设备或成套设备不得少于 50 个工作日。其他内容基本上与工程施工招标文件内容相同。

(14)迟到的投标文件。此项内容基本上与工程施工招标文件内容相同。

(15)投标文件的修改和撤销。此项内容基本上与工程施工招标文件内容相同。

(16)开标。此项内容基本上与工程施工招标文件内容相同。

（17）初审投标文件，确定其符合性。

对投标文件的初审的目的是确定投标文件是否符合招标文件的要求，在供货范围、质量与性能等方面是否响应了招标文件的要求，有没有重要的、实质性的不符之处。

（18）评标。说明评标标准以及评标时考虑的因素等。

（19）投评文件的澄清。此项内容基本上与工程施工招标文件内容相同。

（20）保密程度。此项内容基本上与工程施工招标文件内容相同。

（21）授予合同的准则。买方将把合同授予基本符合招标文件要求的价格最低标，它应是买方认为能圆满履行合同的投标者。

（22）授予合同时变更数量的权利。买方在授予合同时有权在招标文件事先规定的一定幅度内对"货物需求一览表"中规定的货物数量或服务予以增加或减少。

（23）买方有权接受任何投标、拒绝任何或所有的投标。

（24）授予合同的通知。此项内容基本上与工程施工招标文件内容相同。

（25）签订合同或合同格式。

（26）履约保证。些项内容基本上与工程施工招标文件内容相同。

3. 货物需求一览表

货物需求一览表表格格式见表 6-1。

表 6-1　货物需求一览表

项目号	货物名称	规格	数量	交货期	目的港

4. 技术规格

技术规格文件一般包括以下内容：

（1）总则、说明和评标准则。

①前言。提醒投标者仔细阅读全部招标文件，使投标文件能符合招标文件的要求。如承包商有替代方案，应在投标价格表中单独说明。前言规定货物生产厂家的制造经验与资格，列明投标商要在技术部分投标文件中编列的文件资料格式、内容和图纸。

②供货内容。对单纯的物资采购，其供货范围和要求在货物需求一览表中说明即可，此外还应说明要求供货商承担的其他任务，如设计、制造、运输、安装、调式、培训等。要注意供货商承担的任务与土建工程承包商的任务的衔接。供货内容按分项列开，还应包括备件、维修工具及消耗材料等。

③与工程进度的关系。对单纯的物资采购，在货物需求一览表中规定交货期即可。但对工程项目的综合采购，则应考虑其与工程进度的关系，以便考虑安装和土建的配合以及调试等环节，还应明确规定交货期，包括是否允许提前交货。

④备件、维修工具和消耗材料。备件可以分为三大类：第一类是按照标准或惯例应随货物提供的标准备件，这类备件的价格包括在基本报价之内，投标者应在投标文件中列表填出标准备件的名称、数量和总价。第二类是招标文件中规定可能需要的备件，这类备件不计入投标价格，但要求投标者按每种备件规格报出单价，如果中标，买方根据需要数量算出价格，计入合同总价。第三类是保证期满后需要的备件，投标者可列出建议清单，包括名称、数量

和单价。以备买方考虑选购。维修工具和消耗材料也分类报价。第一类是随货物提供的标准成套工具和易耗材料，逐个填出名称、数量、单价和总价，此总价应计入投标报价内。第二类是招标文件中提出要求的工具内容，由投标者在投标文件中进行报价，在中标后根据选择的品种、数量计算价格后再计入合同总价。

⑤图纸和说明书。

⑥审查、检验、安装、测试、考核和保证。这些工作是指交货前的有关技术规定和要求。

⑦通用的技术要求。指各分包和分项共同的技术要求，一般包含使用的标准、涂漆、材料和电气设备通用技术要求。招标文件中规定了货物应符合的总的标准体系，如果投标者在设计、制造时采用独自的标准，应事先申请买方审查批准。

⑧评标准则。

（2）技术要求。

技术要求也称特殊技术条件，详细说明待采购物资的技术规范。货物的技术规格、性能是判断货物在技术上是否符合要求的重要依据，应在招标文件中规定得详细、具体、准确。对工程项目综合采购中的主体设备和材料的规格及相关联的部分，也应叙述得明确、具体。这些说明加上图纸，就可反映出工程设计及其中准备安装的永久设备的设计意图和技术要求。这也是鉴别投标者的投标文件是否作出实质性响应的依据。我们在编写技术要求时应注意以下几个事项：

①应具体写明待采购货物的型号、规格和性能要求、结构要求、结合部位的要求、附属设备以及土建工程的限制条件等。

②在保证货物质量优良、与有关设备布置相协调的前提下，要使投标者发挥其专长，不宜对货物结构的一般型号和工艺规定得太死。

③工程项目的综合采购中，应注意说明供应的辅助设备、装备、材料、土建工程和其他相关工程项目的分界面，必要时用图纸作为辅助手段解释。

④替代方案。要说明买方可以授受的替代方案的范围和要求，以便投标者作出响应。

⑤注意招标文件的一致性。如技术要求与供货范围一致，投标书的技术要求应与招标文件中的要求一致等。

（二）标底文件的编制

标底文件由招标单位编制。非标准物资设备的标底文件应报招标投标办事机构审查，其他设备的标底文件报招标投标办事机构备案。标底文件应当依据设计单位出具的市级概算和国家、地方发布的有关价格政策编制。标底价格应当以编制标底文件时的全国物资设备市场的平均价格为基础，包括不可预见费、技术措施费和其他有关政策规定的应包含在计算内的各种费用。

（三）投标文件的编制

编制投标文件是投标单位进行投标并最后中标的最关键的环节，其中投标书也是评标的主要依据之一。投标文件的内容和形式都应符合招标文件的规定和要求，其基本内容如下：

（1）投标书。

（2）投标物资设备数量及价目表。

（3）偏差说明书（对招标文件某些要求有不同意见的说明）。

（4）证明投标单位资格的有关文件。

（5）投标企业法人代表授权书。

　　(6)投标保证金(如果需要)。

　　(7)招标文件要求的其他需要说明的事项。

　　投标书的有效期应符合招标文件的要求,应满足评标和定标的要求。如招标文件有要求,投标单位投标时,应在投标文件中向招标单位提交投标保证金,金额一般不超过投标物资设备金额的2%。招标工作结束后(最迟不得超过投标文件有效期限),招标单位应将投标保证金及时退还给投标单位。

　　投标单位对招标文件中某些内容不能接受时,应在投标文件中声明。

　　投标书编写完毕之后,应由投标单位法人代表或法人代表授权的代理人签字,并加盖单位公章、密封后送交招标单位。

　　投标单位投标后,在招标文件中规定的时间内,可以对文件作出修改或补充。补充文件作为投标文件的一部分,具有与其他部分相同的法律效力。

6.3.5　建设工程物资采购评标与授标签订合同

(一)评标和定标

　　评标工作由招标单位组织的评标委员会秘密进行。

　　评标委员会应有一定的权威,由招标人或其委托的招标代理机构中熟悉相关业务的代表以及技术、经济等方面的专家组成,成员人数为5人以上单数,为了保证评标的科学性和公正性,其中技术、经济等方面的专家不得少于成员总数的2/3,且不得邀请与投标单位有直接经济业务关系的人员参加。评标过程中有关评标情况不得向投标人或与招标工作无关的人员透露。凡招标申请公证的,评标过程在公证部门的监督下进行。招标投标办事机构派人参加评标会议,对评标进行监督。

　　在评标过程中,如果有必要,可请投标单位对其投标书内容做澄清解释,澄清时不得对投标书内容作实质性修改。对于澄清解释,可作局部纪要,经投标单位授权代表签字后,作为投标文件的组成部分。

　　在建筑物资采购中,机电设备采购的评标与施工的评标有很大的差异,在评标过程中所考虑的因素和评审方法与施工评标不同。招标人不仅要看采购时所报的现价是多少,还要考虑设备在使用寿命周期内可能投入的运营和管理费。如果投标人所报的价格较低,但运营费很高,仍不能符合业主以最合理的价格采购的原则。评标过程中的初评程序与施工评标相同。

　　在建设工程物资采购评标过程中需要考虑的因素包括:投标价、运输费、交付期、物资设备的性能和质量、设备价格、支付要求、售后服务、其他与招标文件偏离或不符合的因素等。

　　建设工程物资采购评标过程中采用的评标方法主要是:最低标价法、综合评价法、以寿命周期成本为基础的评价法、综合评分法。

　　根据以上的评标方法确定出评标结果,然后根据招标单位的原则定出最终要选择的投标单位。评标、定标后,招标单位应尽快向中标单位发出中标通知书,同时通知其他未中标的单位。

(二)投标签订合同

　　中标单位在接到中标通知书之日起的一定期限内,与需方签订物资供货合同。如果中标通知发出后,中标单位拒签合同,要受到处罚,应向招标单位和物资需方赔偿经济损失,赔偿金额不超过中标金额的2%，招标单位可将投标单位的投标保证金作为违约赔偿金；如果物资需方拒签合同，同样要受到处罚，应当向招标单位和中标单位赔偿经济损失，赔偿金额为中标金额的2%，由招标单位负责处理。

招标人与中标人签订合同后5个工作日内，应当向中标人和未中标的投标单位退还投标保证金。合同签订后10个工作日内，由招标单位将一份合同副本报招标投标办事机构备案，以便其实施监督。定标后，招标单位和中标单位应向招标投标办事机构缴纳招标、投标管理费。招标、投标管理费的具体标准由当地物价局会同当地财政局制定，一般不超过中标物资项目金额的1.5%。

第 7 章　建设工程合同体系

7.1　建设工程合同体系

7.1.1　概述

建设工程合同是建设工程有关当事人之间为了工程项目的建设而明确双方权利与义务关系的协议。建设工程合同是一种双务有偿合同。

1. 建设工程合同的特征

建设工程合同有如下特征：

（1）合同主体的严格性。建设工程的合同的主体一般只能是法人，对法人的要求非常严格，如勘察设计单位、施工单位、监理单位必须具有法人资格和与工程项目相当的企业资质等级。

（2）合同标底的特殊性。建筑产品的特征、建筑生产的特征决定了建设工程合同标底的特殊性。

（3）合同订立程序的严格性。建设工程合同一般都要通过招投标才能订立，其中，招标是要约邀请、投标是要约、发出中标通知书是承诺，只有通过严格的、合法的招投标程序，才能签订建设工程合同。

（4）合同履行期限的长期性。建筑生产包括了劳动过程和自然过程，还有不可抗力事件、工程变更等，导致了建筑工程合同履行期限的长期性。

（5）合同形式的特殊性。建设工程体积庞大、结构复杂、工种多、技术复杂，因而会产生合同纠纷，为了更好地完成建设工程项目和解决合同纠纷，一般要求建设工程合同用特定的书面形式。

2. 建设工程合同的种类

（1）按时间可分为长期合同、短期合同。

（2）按效力可分为有效合同、无效合同、可撤销合同。

（3）按包含关系可分为总合同、分合同。

（4）按主从关系可分为主合同、从合同。

（5）按义务可分为双务合同、单务合同。

（6）按格式可分为格式合同、非格式合同。

3. 建筑工程常见的合同

建筑工程常见的合同有买卖合同、劳动合同、运输合同、贷款合同、租赁合同、加工合同、保险合同、勘察设计合同、监理合同、施工合同、分包合同等。

7.1.2　建设工程勘察设计合同

(一)概述

1. 工程勘察

(1)工程勘察指具有法人资格和勘察资质的勘察企业依据工程建设目标通过对地形、地质、水文等要素进行测绘、勘探、测试和综合分析,查明建设场地和相关范围内的地质、地理环境特征,提供建设设计和施工所需要的勘察成果及相关的活动。

(2)内容:①工程测量(平面控制、高程控制、地形测量);②水文地质勘测;③工程地质勘察。

2. 工程设计

(1)工程设计指具有法人资格和设计资质的设计企业依据工程建设目标,运用工程技术和经济的方法,对建设工程的工艺、建筑物、公用设施、环境等系统进行综合策划、论证、编制建设所需要的设计文件及相关的活动。

(2)内容:①两阶段设计(初步设计、施工图设计);②三阶段设计(初步设计、技术设计、施工图设计);③工程概预算。

(二)工程勘察设计合同

1. 定义

建设工程勘察设计合同是指委托方与承包方为完成特定的勘察设计任务,明确相互权利义务关系而订立的合同。建设单位称为委托方;勘察设计单位称为承包方。

2. 合同的主体

《建设工程勘察设计合同管理办法》第四条规定:勘察设计合同的发包人应当是法人或者自然人,承接方必须具有法人资格。甲方是建设单位或项目管理部门,乙方是持有建设行政主管部门颁发的工程勘察设计资质证书、工程勘察设计收费资格证书和工商行政管理部门核发的企业法人营业执照的工程勘察设计单位。

3. 分类

为了保证建设工程项目的质量达到预期的投资目的,实施过程必须遵循项目建设的内在规律,即坚持先勘察、后设计、再施工的程序。《建设工程勘察设计管理条例》第四条规定:从事建设工程勘察、设计活动,应当坚持先勘察、后设计、再施工的原则。

按照《中华人民共和国合同法》第二百六十九条的规定,建设工程勘察设计合同属于建设工程合同的范畴,分为建设工程勘察合同和建设工程设计合同两种。

建设工程勘察合同是指根据建设工程的要求,查明、分析、评价建设场地的地质地理环境特征和岩土工程条件,编制建设工程勘察文件的协议。

建设工程设计合同是指根据建设工程的要求,对建设工程所需的技术、经济、资源、环境等条件进行综合分析、论证,编制建设工程设计文件的协议。

4. 建设工程勘察合同的订立

依据示范文本订立建设工程勘察合同时,双方通过协商,应根据工程项目的特点,在相应条款内明确以下方面的具体内容。

(1)发包人应提供的勘察依据文件和资料。

①提供本工程批准文件(复印件),以及用地(附红线范围)、施工、勘察许可等批件(复印件);

②提供工程勘察任务委托书、技术要求和工作范围的地形图、建筑总平面布置图；

③提供勘察工作范围已有的技术资料及工程所需的坐标与标高资料；

④提供勘察工作范围地下已有埋藏物的资料(如电力、电讯电缆、各种管道、人防设施、洞室等)及具体位置分布图；

⑤其他必要的相关资料。

(2)委托任务的工作范围。

①工程勘察任务(内容)包括：自然条件观测，地形图测绘，资源探测，岩土工程勘察，地震安全性评价，工程水文地质勘察，环境评价，模型试验等；

②技术要求；

③预计的勘察工作量；

④勘察成果资料提交的份数。

(3)合同工期：合同约定的勘察工作开始和终止时间。

(4)勘察费用：

①勘察费用的预算金额；

②勘察费用的支付程序和每次支付的百分比。

(5)发包人应为勘察人提供的现场工作条件。根据项目的具体情况，双方可以在合同内约定由发包人负责保证勘察工作顺利开展应提供的条件，包括：

①落实土地征用、青苗树木赔偿；

②拆除地上地下障碍物；

③处理施工扰民及影响施工正常进行的有关问题；

④平整施工现场；

⑤修好通行道路、接通电源水源、挖好排水沟渠以及水上作业用船等。

(6)违约责任：

①承担违约责任的条件；

②违约金的计算方法等。

(7)合同争议的最终解决方式、约定仲裁委员会的名称。

5．建设工程设计合同的订立

依据示范文本订立民用建筑设计合同时，双方通过协商，应根据工程项目的特点，在相应条款内明确以下方面的具体内容。

(1)发包人应提供的文件和资料。

①设计依据文件和资料：经批准的项目可行性研究报告或项目建议书，城市规划许可文件，工程勘察资料等。发包人应向设计人提交的有关资料和文件在合同内需约定资料和文件的名称、份数、提交的时间和有关事宜。

②项目设计要求：工程的范围和规模；限额设计的要求；设计依据的标准；法律、法规规定应满足的其他条件。

(2)委托任务的工作范围。

①设计范围。合同内应明确建设规模，详细列出工程分项的名称、层数和建筑面积。

②建筑物的合理使用年限设计要求。

③委托的设计阶段和内容。可能包括方案设计、初步设计和施工图设计的全过程，也可以是其中的某几个阶段。

④设计深度要求。设计标准可以高于国家规范的强制性规定，发包人不得要求设计人违反国家有关标准进行设计。方案设计文件应当满足编制初步设计文件和控制概算的需要；初步设计文件应当满足编制施工招标文件、主要设备材料订货和编制施工图设计文件的需要；施工图设计文件应当满足设备材料采购、非标准设备制作和施工的需要，并注明建设工程合理使用年限。具体内容要根据项目的特点在合同内约定。

⑤设计人配合施工工作的要求。包括向发包人和施工承包人进行设计交底；处理有关设计问题；参加重要隐蔽工程部位验收和竣工验收等事项。

7.1.3　建设工程监理合同

（一）工程监理概述

工程监理是指具有相应资质等级的工程监理企业，接受业主的委托，根据国家批准的工程项目建设文件、有关工程建设的法律、法规和工程建设委托监理合同及其他工程建设合同，代表业主对承包商的建设行为实施监控的一种专业化服务活动。

1. 建设工程监理的性质

（1）服务性。建设工程监理具有服务性，是从它的业务性质方面定性的。建设工程监理的主要方法是规划、控制、协调，主要任务是控制建设工程的投资、进度和质量，最终应当达到的基本目的是协助建设单位在计划的目标内将建设工程建成投入使用。这就是建设工程监理的管理服务的内涵。

工程监理企业既不直接进行设计，也不直接进行施工；既不向建设单位承包造价，也不参与承包人的利益分成。在工程建设中，监理人员利用自己的知识、技能和经验、信息以及必要的试验、检测手段，为建设单位提供管理服务。

工程监理企业不能完全取代建设单位的管理活动。它不具有工程建设重大问题的决策权，它只能在授权范围内代表建设单位进行管理。

建设工程监理的服务对象是建设单位。监理服务是按照委托监理合同的规定进行的，是受法律约束和保护的。

（2）科学性。科学性是由建设工程监理要达到的基本目的决定的。建设工程监理以协助建设单位实现其投资目的为己任，力求在计划的目标内建成工程。面对工程规模日趋庞大，环境日益复杂，功能、标准要求越来越高，新技术、新工艺、新材料、新设备不断涌现；参加建设的单位越来越多，市场竞争日益激烈，风险日渐增加的情况，只有采用科学的思想理论、方法和手段才能驾驭工程建设。

科学性主要表现在：工程监理企业应当由组织管理能力强、工程建设经验丰富的人员担任领导，应当由有足够数量的、有丰富的管理经验和应变能力的监理工程师组成的骨干队伍，要有一套健全的管理制度，要掌握先进的管理理论和方法，运用现代化的管理手段，要积累足够的技术、经济资料和数据，要有科学的工作态度和严谨的工作作风，要实事求是、创造性地开展工作。

（3）独立性。《建筑法》明确指出，工程监理企业应当根据建设单位的委托，客观、公正地执行监理任务。《工程建设监理规定》和《建设工程监理规范》要求工程监理企业按照"公正、独立、自主"原则开展监理工作。

按照独立性要求，工程监理单位应当严格地按照有关法律、法规、规章、工程建设文件、工程建设技术标准、建设工程委托监理合同、有关的建设工程合同等的规定实施监理；在委托监理的工程中，与承建单位不得有隶属关系和其他利害关系；在开展工程监理的过程中，必须建立自己的组织，按照自己的工作计划、程序、流程、方法、手段，根据自己的判断，独立地开展工作。

（4）公正性。公正性是社会公认的职业道德准则，是监理行业能够长期生存和发展的基本职业道德准则。在开展建设工程监理的过程中，工程监理企业应当排除各种干扰，客观、公正地对待监理的委托单位和承建单位。特别是当这两方发生利益冲突或者矛盾时，工程监理企业应以事实为依据，以法律和有关合同为准绳，在维护建设单位的合法权益时，不损害承建单位的合法权益。例如，在调解建设单位和承建单位之间的争议，处理工程索赔和工程延期，进行工程款支付控制以及竣工结算时，应当尽量客观、公正地对待建设单位和承建单位。

2．依据

（1）工程建设委托监理合同；

（2）工程建设合同（咨询合同、勘察设计合同、施工合同、设备采购合同）；

（3）工程项目建设文件（可行性研究报告、已批准的设计文件、已批准的施工图纸、已批准的工程概预算）；

（4）有关法律法规（建筑法、合同法、招投标法、建设工程监理规则等）；

（5）有关标准、规范。

3．范围

（1）工程：所有的工程（工业与民用建筑、公路工程、桥梁工程、电力工程、水利工程、港航工程等）；

（2）活动：勘察、设计、施工、采购，其中施工监理是我国主要的监理活动。

4．建设工程监理的主要任务与基本方法

（1）任务：

①三控：进度控制、质量控制、费用控制；

②两管：合同管理、信息管理；

③一协调：协调与建设工程有关各方的关系。

（2）基本方法：目标规划、动态控制、组织协调。

5．程序

编写监理大纲、编写监理规划、编写监理实施细则，参与监理活动，收取监理费用。

（二）工程监理合同

1．建设工程委托监理合同

监理合同是一个总的协议，是纲领性文件。主要内容是当事人双方确认的委托监理工程的概况（工程名称、地点、规模及总投资）；合同签订、生效、完成时，双方愿意履行约定的各项义务的承诺，以及合同文件的组成。监理合同还应包括：

（1）监理投标书或中标通知书；

（2）监理委托合同标准条件；

（3）监理委托合同专用条件；

（4）在实施过程中双方共同签署的补充与修正文件。

2．合同主体

建设监理合同的发包人应当是法人或者自然人，承接方必须具有法人资格。甲方是建设单位或项目管理部门，乙方是持有建设行政主管部门颁发的监理企业资质证书、工商行政管理部门核发的企业法人营业执照的建设监理单位。

（三）双方的权利与义务

1. 委托人的权利

（1）委托人有选定工程总承包人，以及与其订立合同的权利。

（2）委托人有对工程规模、设计标准、规划设计、生产工艺设计和设计使用功能要求的认定权，以及对工程设计变更的审批权。

（3）监理人调换总监理工程师需事先经委托人同意。

（4）委托人有权要求监理人提供监理工作月报及监理业务范围内的专项报告。

（5）当委托人发现监理人员不按监理合同履行监理职责，或与承包人串通给委托人或工程造成损失的，委托人有权要求监理人更换监理人员，直到解除合同并要求监理人承担相应的赔偿责任或连带赔偿责任。

2. 委托人的义务

（1）委托人在监理人开展监理业务之前应向监理人支付预付款。

（2）委托人应当负责工程建设的所有外部关系的协调，为监理工作提供外部条件。如将部分或全部协调工作委托监理人承担，则应在专用条款中明确委托的工作和相应的报酬。

（3）委托人应当在双方约定的时间内免费向监理人提供与工程有关的为监理工作所需要的工程资料。

（4）委托人应当在专用条款约定的时间内就监理人书面提交并要求做出决定的一切事宜做出书面决定。

（5）委托人应当授权一名熟悉工程情况、能在规定时间内做出决定的常驻代表（在专用条款中约定），负责与监理人联系。更换常驻代表，要提前通知监理人。

（6）委托人应当将授予监理人的监理权利，以及监理人主要成员的职能分工、监理权限及时书面通知已选定合同承包人，并在与第三人签订的合同中予以明确。

（7）委托人应当在不影响监理人开展监理工作的时间内提供如下资料：

①与本工程合作的原材料、购配件、设备等生产厂家名录。

②提供与本工程有关的协作单位、配合单位的名录。

（8）委托人应免费向监理人提供办公用房、通讯设施、监理人员工地住房及合同专用条件约定的设施。对监理人自备的设施给予合理的经济补偿（补偿金额＝设施在工程使用时间占折旧年限的比例×设施原值＋管理费）。

（9）根据情况需要，如果双方约定，由委托人免费向监理人提供其他人员，应在监理合同专用条件中予以明确。

3. 监理人的权利

（1）监理人在委托人委托的工程范围内，享有以下权利：

①选择工程总承包人的建议权。

②选择工程分包人的认可权。

③对工程建设有关事项包括工程规模、设计标准、规划设计、生产工艺设计和使用功能要求，向委托人的建议权。

④对工程设计中的技术问题，按照安全和优化的原则，向设计人提出建议，如果提出的建议可能会提高工程造价，或延长工期，应当事先征得委托人的同意。当发现工程设计不符

合国家颁布的设计工程质量标准或设计合同约定的质量标准时，监理人应当书面报告委托人并要求设计人更正。

⑤审批工程施工组织设计和技术方案，按照保质量、保工期和降低成本的原则，向承包人提出建议，并向委托人提出书面报告。

⑥主持工程建设有关协作单位的组织协调，重要协调事项应当事先向委托人报告。

⑦征得委托人同意，监理人有权发布开工令、停工令、复工令，但应当事先向委托人报告。如在紧急情况下未能事先报告时，则应在 24 小时内向委托人做出书面报告。

⑧工程上使用的材料和施工质量的检验权。对于不符合设计要求和合同约定及国家质量标准的材料、构配件、设备，有权通知承包人停止使用。对于不符合规范和质量标准的工序、分部、分项工程和不安全施工作业，有权通知承包人停工整改、返工。承包人得到监理机构复工令后才能复工。

⑨工程施工进度的检查、监督权，以及工程实际竣工日期提前或超过工程施工合同规定的竣工期限的签认权。

⑩在工程施工合同约定的工程价格范围内，工程款支付的审核和签认权，以及工程结算的复核确认权与否决权。未经总监理工程师签字确认，委托人不支付工程款。

(2) 监理人在委托人授权下可对任何承包人合同规定的义务提出变更。如果由此严重影响了工程费用或质量、或进度，则这种变更须经委托人事先批准。在紧急情况下未能事先报委托人批准时，监理人所作的变更也应尽快通知委托人。在监理过程中如发现工程承包人员工作不力，监理机构可要求承包人调换有关人员。

(3) 在委托的工程范围内，委托人或承包人对对方的任何意见和要求（包括索赔要求），均必须首先向监理机构提出，由监理机构研究处置意见，再同双方协商确定。当委托人和承包人发生争执时，监理机构应根据自己的职能，以独立的身份判断，公正地进行调解。当双方的争议由政府建设行政主管部门调解或仲裁机构仲裁时，应当提供作证的事实材料。

4. 监理人义务

(1) 监理人按合同约定派出监理工作需要的监理机构及监理人员。向委托人报送委派的总监理工程师及其监理机构的主要成员名单、监理规划，完成监理合同专用条件中约定的监理工程范围内的监理业务。在履行合同义务期间，应按合同约定定期向委托人报告监理工作。

(2) 监理人在履行本合同的义务期间，应认真勤奋地工作，为委托人提供与其水平相适应的咨询意见，公正维护各方面的合法利益。

(3) 监理人使用委托人提供的设施和物品属委托人的财产。在监理工作完成或中止时，应将其设施和剩余的物品按合同约定的时间和方式移交委托人。

(4) 在合同期内和合同终止后，未征得有关方同意，不得泄漏与本工程、本合同业务有关的保密资料。

（四）双方的责任

1. 监理人责任

(1) 监理人的责任期即委托监理合同有效期。在监理过程中，如果因工程建设进度的推迟或延误而超过书面约定的日期，双方应进一步约定相应延长的合同期。

(2) 监理人在责任期内，应当履行约定的义务。如果因监理人过失而造成了委托人的经济损失，应当向委托人赔偿。累计赔偿总额不应超过监理报酬总额（除去税金）。

(3) 监理人对承包人违反合同规定的质量和要求完工（交货，交图）时限，不承担责任。

因不可抗力导致委托监理合同不能全部或部分履行，监理人不承担责任。但对违反认真工作规定引起的与之有关的事宜，向委托人承担赔偿责任。

（4）监理人向委托人提出赔偿要求不能成立时，监理人应当补偿由于该索赔所导致委托人的各种费用支出。

2．委托人责任

（1）委托人应当履行委托监理合同约定的义务，如有违反则应当承担违约责任，赔偿给监理人造成的经济损失。

（2）监理人处理委托业务时，因非监理人原因的事由受到损失的，可向委托人要求补偿损失。

（3）委托人如果向监理人提出赔偿的要求不能成立，则应当补偿由该索赔所引起的监理人的各种费用支出。

（五）合同生效、变更与终止

（1）由于委托人或承包人的原因使监理工作受到阻碍或延误，以致发生了附加工作或延长了持续时间，则监理人应当将此情况与可能产生的影响及时通知委托人。完成监理业务的时间相应延长，并得到附加工作的报酬。

（2）在委托监理合同签订后，实际情况发生变化，使得监理人不能全部或部分执行监理业务时，监理人应当立即通知委托人。该监理业务的完成时间应予延长。当恢复执行监理业务时，应当增加不超过 42 日的时间用于恢复执行监理业务，并按双方约定的数量支付监理报酬。

（3）监理人向委托人办理完竣工验收或工程移交，承包人和委托人已签订工程保修责任书，监理人收到监理报酬尾款，本合同即终止。保修期间的责任，双方在专用条款中约定。

（4）当事人一方要求变更或解除合同时，应当在 42 日前通知对方，因解除合同使一方受到损失的，除依法可以免除责任的外，应由责任方负责赔偿。变更或解除合同的通知或协议必须采取书面形式，协议未达成之前，原合同依然有效。

（5）监理人在应当获得监理报酬之日起 30 日内仍未收到支付单据，而委托人又未对监理人提出任何书面解释时，或暂停执行监理业务时限超过 6 个月的，监理人可以向委托人发出终止合同的通知，发出通知后 14 日内仍未得到委托人答复，可进一步发出终止合同的通知，如果第二份通知发出后 42 日内仍未得到委托人答复，可终止合同或自行暂停执行全部或部分监理业务。委托人承担违约责任。

（6）监理人由于非自己的原因而暂停或终止执行监理业务，其善后工作以及恢复执行监理业务的工作，应当视为额外工作，有权得到额外的报酬。

（7）当委托人认为监理人无正当理由而又未履行监理义务时，可向监理人发出指明其未履行监理义务的通知。若委托人发出通知后 21 日内没有收到答复，可在第一个通知发出后 35 日内发出终止委托监理合同的通知，合同即行终止。监理人承担违约责任。

（8）合同协议的终止并不影响各方面应有的权利和应当承担的责任。

（六）监理报酬

1．监理报酬的组成

正常的监理酬金的构成，是乙方在工程项目监理中所需的全部成本，再加上合理的利润和税金。具体应包括：

（1）直接成本。直接成本包括：

①监理人员和监理辅助人员的工资，包括津贴、附加工资、奖金等；

②用于该项工程监理人员的其他专项开支，包括差旅费、补助费、书报费等；

③监理期间使用与监理工作相关的计算机和其他仪器、机械的费用;

④所需的其他外部协作费用。

(2)间接成本。间接成本包括全部业务经营开支和非工程项目的特定开支:

①管理人员、行政人员、后勤服务人员的工资;

②经营业务费,包括为招揽业务而支出的广告费等;

③办公费,包括文具、纸张、账表、报刊、文印费用等;

④交通费、差旅费、办公设施费(公司使用的水、电、气、环卫、治安等费用);

⑤固定资产及常用工器具、设备的使用费;

⑥业务培训费、图书资料购置费;

⑦其他行政活动经费。

2. 监理报酬的计算方法

我国现行的监理费计算方法主要有四种,即国家物价局、建设部颁发的价费字 479 号文《关于发布工程建设监理费有关规定的通知》中规定的:

(1)按照监理工程概预算的百分比计收:即按监理工程概预算百分比计收,这种方法比较简单、科学,在国际上也是一种比较常用的方法,一般情况下,新建、改建、扩建的工程,都应采用这种方式。

(2)按照参与监理工作的年度平均人数计算:即按照参与监理工作的年度平均人数计算收费,1994 年 5 月 5 日建设部监理司以建监工便(1994)第 5 号文做了简要说明。这种方法,主要适用于单工种或临时性,或不宜按工程概预算的百分比计取监理费的监理项目。

(3)不宜按(1)、(2)两项办法计收的,由甲方和乙方按商定的其他方法计收。

(4)中外合资、合作、外商独资的建设工程,工程建设监理费由双方参照国际标准协商确定。

(七)其他

(1)委托的建设工程监理所必要的监理人员出外考察、材料、设备复试,其费用支出经委托人同意的,在预算范围内向委托人实报实销。

(2)在监理业务范围内,如需聘用专家咨询或协助,由监理人聘用的,其费用由监理人承担,由委托人聘用的,其费用由委托人承担。

(3)监理人在监理工作中提出的合理化建议,使委托人得到了经济利益,委托人应当按专用条件中的约定给予经济奖励。

(4)监理人驻地监理机构及其职员不得接受监理工程项目施工承包人的任何报酬或者经济利益。监理人不得参与可能与合同规定的与委托人的利益相冲突的任何活动。

(5)监理人在监理过程中,不得泄漏委托人申明的秘密,监理人亦不得泄漏设计人,承包人等提供并申明的秘密。

(6)监理人对于由其编制的所有文件拥有版权,委托人仅有权为本工程使用或复制此类文件。

(八)争议的解决

因违反或终止合同而引起的对损失或损害的任何赔偿,应首先通过双方协商友好解决。如协商未能达成一致,可提交主管部门协调。仍不能达成一致时,根据约定提交仲裁机构仲裁或向法院起诉。

7.1.4　建设工程其他有关合同

建筑工程项目管理各方在项目管理过程中，必然会涉及多种合同关系，做好对建设工程项目涉及的各种合同关系，是建设工程项目能够顺利完成的前提，涉及的合同主要有：

（一）劳务合同

1. 劳务合同的概念

劳务合同是作为独立经济实体的单位之间、公民之间以及它们相互之间就有关提供和使用劳动力问题而订立的协议。

2. 劳务合同的主体和客体

（1）劳务合同的主体是承包商和劳务人员；

（2）劳务合同的客体体是承包商和劳务人员。

3. 劳务合同的特征

（1）主体的广泛性与平等性。劳务合同的主体既可以是法人、组织之间签订，也可以是公民个人之间、公民与法人组织之间，一般不作为特殊限定，具有广泛性。同时，双方完全遵循市场规则，地位平等。双方签订合同时应依据《合同法》的公平原则进行。

（2）合同标的的特殊性。劳务合同的标的是一方当事人向另一方当事人提供的活劳动，即劳务，它是一种行为。劳务合同是以劳务为给付标的的合同，只不过每一具体的劳务合同的标的对劳务行为的侧重方面要求不同而已，或侧重于劳务行为本身即劳务行为的过程，如运输合同；或侧重于劳务行为的结果即提供劳务所完成的劳动成果，如承揽合同。

（3）内容的任意性。除法律有强制性规定以外，合同双方当事人完全可以以其自由意志决定合同的内容及相应的条款，就劳务的提供与使用、受益双方议定，内容既可以属于生产、工作中某项专业方面的需要，也可以属于家庭生活。双方签订合同时应依据《合同法》的自愿原则进行。

（4）合同是双务合同、非要式合同。在劳务合同中，一方必须为另一方提供劳务，另一方则必须为提供劳务的当事人支付相应的劳务报酬，故劳务合同是双务有偿合同。大部分劳务合同为非要式合同，除法律有作特别规定者外。

4. 劳务合同的内容

（1）劳务合同期限；

（2）双方权利义务；

（3）劳务报酬支付；

（4）合同的终止与解除；

（5）违约责任；

（6）争议解决。甲乙双方若发生争议应在相互谅解的基础上进行友好协商，直至达到双方满意。

（二）买卖合同

1. 买卖合同的概念

买卖合同是出卖人转移标的物的所有权，买受人支付价款的合同。

2. 合同主体和客体

（1）合同主体是出卖人（建筑材料、设备供应商）和买受人（施工方）；

（2）合同客体是建筑材料、设备等。

3. 买卖合同的特点

（1）买卖合同是双务、有偿合同。当事人双方都有权利与义务，并且双方权利的取得都是有偿的。

(2)买卖合同是诺成合同。即买卖合同以合同当事人的意思表示一致为成立条件，不以实物的交付为成立条件。

(3)买卖合同是不要式合同。在一般情况下买卖合同的成立和生效并不需要具备特别的形式或履行审批手续。

4．买卖合同内容

(1)标的物的名称、品种、规格；

(2)标的物的技术标准(包括质量要求)；

(3)标的物的数量和计量单位、计量方法；

(4)标的物的包装标准和包装物的供应与回收；

(5)标的物的交货单位、交货方法、运输方式、到货地点；

(6)标的物的价格与货款的结算；

(7)标的物验收方法；

(8)对标的物提出异议的时间和办法；

(9)乙方的违约责任；

(10)甲方的违约责任；

(11)不可抗力；

(12)合同纠纷及解决方法。

(三)运输合同

1．运输合同的概念

运输合同是承运人将货物运到约定地点，托运人或收货人支付票款或运费的合同。

2．运输合同主体、当事人与客体

(1)合同主体：托运人和承运人。

(2)合同当事人：托运人、承运人和收货人。

(3)运输合同的客体是指承运人将一定的货物或旅客到约定的地点的运输行为。

3．运输合同特征

(1)运输合同是有偿的、双务的合同。

(2)运输合同大多是格式条款合同。

4．运输合同内容

(1)托运人的权利与义务。

①托运人的主要权利包括：要求承运人按合同约定的时间安全运输到约定的地点；在承运人将货物交付收货人前，托运人可以请求承运人中止运输、返还货物、变更到货地点或将货物交给其他收货人，但由此给承运人造成的损失应予赔偿。

②托运人的主要义务包括：如实申报货运基本情况的义务，办理有关手续的义务，包装货物的义务，支付运费和其他有关费用的义务。

(2)承运人的权利与义务。

①承运人的主要权利包括：收取运费及符合规定的其他费用；对逾期提货的，承运人有权收取逾期提货的保管费，对收货人不明或收货人拒绝受领货物的，承运人可以提存货物，不适合提存货物的，可以拍卖货物提存价款；对不支付运费、保管费及其他有关费用的，承运人可以对相应的运输货物享有留置权。

②承运人的主要义务包括：按合同约定调配适当的运输工具和设备，接收承运的货物，按期将货物运到指定的地点；从接收货物时起至交付收货人之前，负有安全运输和妥善保管的义务；货物运到指定地点后，应及时通知收货人收货。

（3）收货人的权利与义务。

①收货人的主要权利是：承运人将货物运到指定地点后，持凭证领取货物的权利；在发现货物短少或灭失时，有请求承运人赔偿的权利。

②收货人的主要义务是：检验货物的义务，及时提货的义务，支付托运人少交或未交的运费或其他费用的义务。

（4）托运人责任。

①未按合同规定的时间和要求提供托运的货物，托运人应按其价值的一定百分比偿付给承运人违约金。

②由于在普通货物中夹带、匿报危险货物，错报笨重货物重量等而招致调具断裂、货物摔损、调机倾翻、爆炸、腐蚀等事故，托运人应承担赔偿责任。

③由于货物包装缺陷产生破损，致使其他货物或运输工具机械设备被污染腐蚀、损坏，造成人身伤亡的托运人应承担赔偿责任。

④在托运人专用线或在港、站公用线、专用铁道字装的货物，在到站卸货时，发现货物损坏、缺少，在车辆施封完好或无异状的情况下，托运人应赔偿收货人的损失。

⑤罐车发运货物，因未随车附带规格质量证明或化验报告，造成收货方无法卸货时，托运人应偿付承运人卸车等存费及违约金。

（5）承运人责任。

①不按合同规定的时间和要求配车（船）发运的，承运人应偿付托运人违约金元。

②承运人如将货物错运到货地点或接货人，应无偿运至合同规定的到货地点或接货人。如果货物逾期到达，承运人应偿付逾期交货的违约金。

③运输过程中货物灭失、短少、变质、污染、损坏，承运人应按货物的实际损失（包括装费、运杂费）赔偿托运人。

④联运的货物发生灭失、短少、变质、污染、损坏，应由承运人承担赔偿责任的，由终点阶段的承运人向负有责任的其他承运人追偿。

⑤在符合法律和合同规定条件下运输，由于下列原因造成货物灭失、短少、变质、污染、损坏，承运人不承担违约责任：不可抗力，货物本身的自然属性，货物的合理损耗，货运人或收货方本身的过错。

（6）资金结算方式。

（7）违约责任。

（8）争议解决。在本协议执行期间如果双方发生争议，双方应友好协商解决。如果协商不成，向本合同签订地人民法院起诉。

（四）贷款合同

1. 贷款合同的定义

贷款合同是指以金融机构为贷款人，接受借款人的申请向借款人提供贷款，由借款人到期返还贷款本金并支付贷款利息的协议。

2. 贷款合同的主体和客体

（1）贷款合同的主体：金融机构和借款人；

（2）贷款合同的客体：资金（长期贷款和短期贷款）。

3．贷款合同内容

（1）贷款用途：应说明此项贷款的用途，不得挪作他用；

（2）贷款金额；

（3）贷款利率；

（4）贷款期限；

（5）违约责任：甲方未按本合同第六条的约定如期向乙方拨付资金，致使乙方未能按借贷合同的约定按时向借款人提供贷款，甲方应赔偿乙方向借款人支付的违约金和赔偿金。乙方未按本合同第七条的约定如期将收回的贷款本息划缴甲方，应根据未缴金额按延期天数每日向甲方支付一定数目违约金。

（6）保密：双方保证对从另一方取得且无法自公开渠道获得的商业秘密（技术信息、经营信息及其他商业秘密）予以保密。未经该商业秘密的原提供方同意，一方不得向任何第三方泄露该商业秘密的全部或部分内容。但法律、法规另有规定或双方另有约定的除外。一方违反上述保密义务的，应承担相应的违约责任并赔偿由此造成的损失。

（7）不可抗力：如因不可抗力事件的发生导致合同无法履行时，遭遇不可抗力的一方应立即将事故情况书面告知另一方，并应在一定的时间内，提供事故详情及合同不能履行或者需要延期履行的书面资料，双方认可后协商终止合同或暂时延迟合同的履行。

（8）争议的处理：本合同在履行过程中发生的争议，由双方当事人协商解决，也可由有关部门调解；协商或调解不成的，提交仲裁委员会仲裁；或依法向人民法院起诉。

（五）租赁合同

1．租赁合同的概念

租赁合同是出租人将租赁物交付承租人使用、收益，承租人支付租金的合同。凡是当事人需要取得对方标的物的临时使用、收益而无须取得所有权，并且该物不是消耗物时，都可以适用租赁合同。

2．租赁合同的主体和客体

（1）租赁合同的主体：租赁方和承包商；

（2）租赁合同的客体：施工机械、架管、竹架板、模板。

3．特征

（1）租赁合同是转移租赁物使用收益权的合同。在租赁合同中，承租人的目的是取得租赁物的使用收益权，出租人也只转让租赁物的使用收益权，而不转让其所有权；租赁合同终止时，承租人须返还租赁物。这是租赁合同区别于买卖合同的根本特征。

（2）租赁合同是双务、有偿合同。在租赁合同中，交付租金和转移租赁物的使用收益权之间存在着对价关系，交付租金是获取租赁物使用收益权的对价，而获取租金是出租人出租财产的目的。

（3）租赁合同是诺成合同。租赁合同的成立不以租赁物的交付为要件，当事人只要依法达成协议合同即告成立。

（4）合同的标的物只能是法律允许流通的财产，且不能被消费的特定物。

（5）租赁合同在当事人之间既引起债权法律关系，又引起特权法律关系，即导致承租人获得特权性质的租赁权和先买权。

4. 租赁合同的内容

租赁合同的内容包括租赁物的名称、数量、用途、租赁期限、租金及其支付期限和方式、租赁物维修等条款。

(六)加工承揽合同

1. 加工承揽合同的概念

加工承揽合同是指承揽方按照定作方提出的要求完成一定的工作,定作方接受承揽方完成的工作成果并给付约定报酬而订立的合同。

2. 加工承揽合同的主体和客体

(1)加工承揽合同的主体:定作方,提出加工任务的一方;承揽方,接受并完成加工任务的一方。

(2)加工承揽合同的客体:非标准件,是特定的劳动成果,具有特定性,当事人在订立合同时应当具体准确地写明定作物的名称或项目。

3. 加工承揽合同的内容

(1)原材料的供应和使用。承揽人提供原材料应在订立合同时规定原材料的质量标准,承揽人必须依照合同规定选用原材料,并接受定作人的检验,承揽人隐瞒原材料缺陷或者使用不符合合同规定原材料而影响定作物质量时,定作人有权要求重作、修理、减少价款或解除合同。

由定作人提供原料在订立合同时应规定原材料交付的时间、数量、质量、交接地点、方式等,承揽人对原材料应及时检验,不符合要求的应立即通知定作人更换或补齐。承揽人对定作人提供的原材料不得擅自更换,对修理的物品不得偷换零件。同时还应对原材料消耗定额,以及超出定额部分材料费用的承担作出约定,以明确责任,避免履行过程中出现纠纷。

(2)对定作物的质量要求及(或)技术标准。订立合同时,对定作物的质量的规定应当明确具体,不能简单或者模棱两可。当事人对质量约定不明的补救措施,应按照国家标准、行业标准履行;没有国家标准、行业标准的,按照通常标准或符合合同目的的特定标准履行。

质量是以样品为准,除了双方封存样品外,还应有样品质量描述的书面材料。以免样品灭失或自然毁损或对样品内部质量有异议而发生纠纷。

(3)检查验收。

①承揽方在工作期间,应当接受定作方必要的检查,但定作方不得因此妨碍承揽方的正常工作。当事人双方对定作物和项目的质量在检验中发生争议时,可由法定质量监督检验机构提供检验证明。

②定作方应当按合同规定的期限验收承揽方所完成的工作。验收前承揽方应当向定作方提交必需的技术资料和有关质量证明。对短期检验难以发现质量缺陷的,定作物或项目,应当由双方协商,在合同中规定保证期限。保证期限内发生的质量问题,除定作方使用,保管不当等原因而造成质量问题的以外,由承揽方负责修复或退换。

(4)交付(提取)定作物的方式及费用负担。交付方式一般是通过自提或送货途径。涉及运输的方式和费用负担双方协商约定。注意不得出现"带款提货"、"货到付款"的字样,因为这不是买卖合同,无货可提,并且"带款提货"、"货到付款"也不是交提货方式。

加工承揽合同中一般约定定金,数额为总价款的20%,因定作人有任意解除合同的权利,一旦中途解除合同,承揽人的损失将无法及时有效地得到赔偿。适用定金罚则的条件一般为"一方不履行合同或单方解除合同"。

　　加工承揽合同一般不能约定分期付款,无论谁提供原材料,在加工过程中都转化为定作物,而定作物的所有权在加工完成时就属于定作人所有,承揽人只享有留置权,一旦交付,留置权消灭,分期付款对承揽人十分不利。

　　(5)违约责任及违约金数额或计算方法。如有约定要分别注明违约事项所适用的违约金数额或计算方法。不要出现"按经济合同法",这是违法无效的约定;不要出现"按合同法",这是无意义的约定。《加工承揽合同条例》对违约责任、违约金结付定出了比例幅度,合同当事人应注意确定违约金的具体百分数。

　　(6)保密条款。承揽人在订立和履行合同过程中知悉定作人的商业秘密或技术秘密,如:设计图纸、技术资料、专利成果甚至是定作人要求保密的姓名、名称、住所等,如果承担人泄漏或不正当使用该秘密的,将会给定作人的利益带来损害。因此,在签订承揽合同时,定作人应明确约定承揽人保密的内容和期限,保密的期限可以不限于合同的履行期限,并应具体约定如承揽人违反保密的义务所应承担的赔偿责任。

　　(7)不可抗力。在合同规定的履行期限内,由于不可抗力致使定作物或原材料毁损、灭失的,承揽方在取得合法证明后,可免于承担违约责任,但应当采取积极措施,尽量减少损失,如在合同规定的履行期限以外发生的,不得免除责任;在定作方迟延接受或无故拒收期间发生的,定作方应当承担责任,并赔偿承揽方由此造成的损失。

　　(8)纠纷的处理。加工承揽合同发生纠纷时,当事人双方应协商解决;协商不成时任何一方可向合同管理机关申请调解、仲裁,也可以直接向人民法院起诉。

　　(七)保险合同

　　1. 保险合同的概念

　　保险合同是投保人与保险人约定保险权利义务关系的协议。投保人是指与保险人订立保险合同,并按照保险合同负有支付保险费义务的人。保险人是指与投保人订立保险合同,并承担赔偿或者给付保险金责任的保险公司。

　　2. 保险合同的主体

　　保险合同的主体:保险合同的主体分为保险合同当事人、保险合同关系人和保险合同辅助人三类。

　　(1)保险合同当事人。

　　①保险人。保险人也称承保人,是指经营保险业务,与投保人订立保险合同,收取保费,组织保险基金,并在保险事故发生或者保险合同届满后,对被保险人赔偿损失或给付保险金的保险公司。保险人具有以下特征:保险人仅指从事保险业务的保险公司,其资格的取得只能是符合法律的严格规定;保险人有权收取保险费;保险人有履行承担保险责任或给付保险金的义务。

　　②投保人。投保人也称"要保人",是指与保险人订立保险合同,并按照合同约定负有支付保险费义务的人。在人身保险合同中,投保人对被保险人必须具有保险利益;在财产保险合同中,投保人对保险标的要具有保险利益。投保人必须具备以下两个条件:具备民事权利能力和民事行为能力,承担支付保险费的义务。

　　(2)保险合同关系人。

　　①被保险人。被保险人俗称"保户",是指受保险合同保障并享有保险金请求权的人。被保险人具有以下特征:被保险人是保险事故发生时遭受损失的人。在人身保险中,被保险人是其生命或健康因危险事故的发生而遭受直接损失的人;在财产保险中,被保险人必须是财

产的所有人或其他权利人；被保险人是享有保险金请求权的人；被保险人的资格一般不受限制，被保险人可以是投保人自己，也可以是投保人以外的第三人；被保险人也可以是无民事行为能力人，但是在人身保险中，只有父母才可以为无民事行为能力人投保以被保险人死亡为给付保险金条件的保险。

②受益人。受益人是指在人身保险合同中有被保险人或者投保人指定的享有保险金请求权的人，投保人、被保险人或者第三人都可以成为受益人。受益人具有以下特征：受益人享有保险金请求权；受益人由被保险人或者投保人指定；受益人的资格一般没有资格限制，受益人无需受民事行为能力或保险利益的限制；但是若投保者为与其有劳动关系的人投保人身保险时，不得指定被保险人及其近亲属以外的人为受益人。

(3) 保险合同辅助人。

①保险代理人。保险代理人即保险人的代理人，指依保险代理合同或授权书向保险人收取报酬、并在规定范围内，以保险人名义独立经营保险业务的人。保险代理是一种特殊的代理制度，表现在：保险代理人与保险人在法律上视为一人；保险代理人所知道的事情，都假定为保险人所知的；保险代理必须采用书面形式。保险代理人既可以是单位也可以是个人，但须经国家主管机关核准具有代理人资格。

②保险经纪人。保险经纪人是基于投保人的利益，为投保人和保险人订立合同提供中介服务，收取劳务报酬的人。

③保险公估人。保险公估人是指接受保险当事人委托，专门从事保险标的之评估、勘验、鉴定、估损理算等业务的单位。

3. 保险合同的客体

保险合同的客体是指保险法律关系的客体，即保险合同当事人权利义务所指向的对象。由于保险合同保障的对象不是保险标的本身，而是被保险人对其财产或者生命、健康所享有的利益，即保险利益，所以保险利益是保险合同当事人的权利义务所指向的对象，是保险合同的客体。保险标的是保险合同所要保障的对象。

4. 保险合同形式

(1) 投保单。投保单又称要保书，是投保人向保险人递交的书面要约，投保单经保险人承诺，即成为保险合同的组成部分之一。

投保单一般由保险人事先按统一的格式印制而成，投保人在投保书上所应填具的事项一般包括：

①投保人姓名(或单位名称)及地址；

②投保的保险标的名称和存在地点；

③投保险别；

④保险价值或确定方法及保险金额；

⑤保险期限；

⑥投保日期和签名等。

(2) 暂保单。暂保单是保险人在签发正式保险单之前的一种临时保险凭证。暂保单上载明了保险合同的主要内容，如被保险人姓名、保险标的、保险责任范围、保险金额、保险费率、保险责任起讫时间等。在正式的保险单作成交付之前，暂保单与保险单具有同等效力；正式保险单签发后，其内容归并于保险单，暂保单失去效力。

(3) 保险单。保险单简称保单，是保险合同成立后由保险人向投保人签发的保险合同的正式书面凭证，它是保险合同的法定形式。

（4）保险凭证。保险凭证是保险合同的一种证明，实际上是简化了的保险单，所以又称之为小保单。保险凭证与保险单具有同等的法律效力。

5. 保险合同应当包括的事项

（1）保险人的名称和住所；

（2）投保人、被保险人的姓名或者名称、住所，以及人身保险的受益人的姓名或者名称、住所；

（3）保险标的；

（4）保险责任和责任免除；

（5）保险期间和保险责任开始时间；

（6）保险金额；

（7）保险费以及支付办法；

（8）保险金赔偿或者给付办法；

（9）违约责任和争议处理；

（10）订立合同的年、月、日。

7.2　工程施工合同

7.2.1　工程施工合同概述

（一）工程施工合同

施工合同是指业主和承包商就建设项目工程施工而明确双方权利、义务关系的协议。

1. 工程施工合同的当事人

施工合同的当事人是发包人和承包人，双方是平等的民事主体。

发包人应具有民事权利能力和民事行为能力；应具有建设工程的需求、设计文件、施工图纸和各种准建手续；应具有相应的建设资金。

承包人应具有法人资格；应具有与工程建设项目相应的企业资质等级。承包人不能将工程转包或出让，如进行分包，应在合同签订前提出并征得发包人同意。

在施工合同中，实施的是以监理工程师为核心的管理体系。

2. 特征

（1）施工合同的标底具有特殊性。建筑产品和土木工程施工具有固定性、多样性、体积庞大、价值巨大、露天施工性、社会关注等特性，所以施工合同的标底具有特殊性。

（2）施工合同的履行时间长。建筑生产有制作劳动和自然两个过程，生产周期长，所以施工合同的履行时间长。

（3）施工合同的条款多。建筑物结构复杂、施工工序多、工种多、投入大，应具体、明确和完整，所以施工合同的条款多。

（4）施工合同综合性强。施工项目的管理牵涉业主、监理工程师、施工单位、勘察设计单位、分包商、材料供应商等方面，需要协调与沟通，有时候还要进行矛盾调解，所以施工合同综合性强。

3．依据

(1)《合同法》、《建筑法》；

(2)建筑安装工程承包合同条例；

(3)建筑工程施工合同管理办法；

(4)建筑工程施工合同示范文本。

4．作用

工程施工合同是施工合同双方当事人履行合同的行为准则，是施工单位进行工程建设质量管理、进度管理、施工合同双方当事人解决合同纠纷的依据。

(二)施工合同的订立

1．施工合同订立的条件

(1)已取得《土地使用权证》、《规划许可证》、《施工许可证》；

(2)已具有设计文件和施工图纸；

(3)建设资金已经落实；

(4)已完成工程招投标，中标通知书已发出；

(5)已委托建设监理；

(6)建设工地已完成拆迁，已"三通一平"。

2．订立原则

(1)守法原则。订立施工合同，必须遵守国家法律、法规；遵守国家的建设计划和其他计划；必须遵守国家许多的强制性管理规定。

(2)平等、自愿、公平原则。订立施工合同双方当事人都具有平等的民事法律地位；合同内容应当是合同双方当事人真实意思的体现；合同的内容应当是公平的。

(3)诚实信用原则。订立施工合同双方当事人在订立施工合同时要诚实，不得有欺诈行为；在履行施工合同时合同双方当事人应严守信用、严格履行合同。

3．订立施工合同的程序

(1)方式：直接发包和招标发包，一般情况下，工程建设的施工都应通过招投标来确定施工单位。

(2)程序：①招标是要约邀请；②投标是要约；③发出中标通知书是承诺；④签订施工合同。

(三)《施工合同文本》的组成

1．合同协议书

合同协议书是《施工合同文本》中总纲性文件，规定了合同双方当事人最主要的权利与义务；规定了组成合同的文件体系以及合同当事人对履行合同义务的承诺；并且合同双方当事人应在这份文件上签字盖章，因此合同协议书具有很高的法律地位，常放在《施工合同文本》之首。

2．投标书

投标书是指投标单位按照招标书的条件和要求，向招标单位提交的报价并填具标单的文书。它要求密封后邮寄或派专人送到招标单位，故又称标函。它是投标单位在充分领会招标文件，进行现场实地考察和调查的基础上所编制的投标文书，是对招标公告提出的要求的响应和承诺，并同时提出具体的标价及有关事项来竞争中标。

3. 中标通知书

中标通知书是指招标人在确定中标人后向中标人发出的通知其中标的书面凭证。中标通知书的内容应当简明扼要，只要告知招标项目已经由其中标，并确定签订合同的时间、地点即可。

4. 专用条款

（1）"专用条款"是相对于通用条款而言。就具体的合同项目而言，尽管大量的条款是通用的，但有些条款必须考虑工程的具体情况和所在地区给予必要的变动。据项目所在国或地区的具体情况或项目自身的特点，对照第一部分合同通用条件具体编写，特别是对通用条件中某些条款不适合的，就可在专用条件中指出，并予以删去或修改，换上本项目适合的内容，还可对通用条件中写的不具体细致的，可在专用条件的对应条款中加以详细阐述或补充。

（2）作用：

①疏浚与填筑具体工程的有关条款；

②对通用条件的修改、补充和代替；

③作为合同文件组成部分补充文件的标准格式。

5. 通用条款

"通用条款"是指只要工程建设项目属于土木工程类的施工，则不论是工业与民用建筑，还是公路工程、桥梁工程、电力工程、水利工程、港航工程等都可使用的合同条款。FIDIC 新红皮书的《通用条件》有 20 条 163 款：

（1）一般规定：1.1 定义；1.2 解释；1.3 通信交流；1.4 法律与语言；1.5 文件优先次序；1.6 合同协议书；1.7 权益转让；1.8 文件的照管和提供；1.9 延误的图纸或指示；1.10 业主使用承包商文件；1.11 承包商使用业主文件；1.12 保密事项；1.13 遵守法律；1.14 共同的和各自的责任。

（2）业主：2.1 进入现场权；2.2 许可、执照或批准；2.3 业主人员；2.4 业主资金安排；2.5 业主的索赔。

（3）工程师：3.1 工程师的任务和权力；3.2 工程师的付托；3.3 工程师的指示；3.4 工程师的替换；3.5 确定。

（4）承包商：4.1 承包商的一般义务；4.2 履约担保；4.3 承包商代表；4.4 分包商；4.5 分包合同权益的转让；4.6 合作；4.7 放线；4.8 安全程序；4.9 质量保证；4.10 现场数据；4.11 中标合同金额的充分性；4.12 不可预见的物质条件；4.13 道路通行权和设施；4.14 避免干扰；4.15 进场道路；4.16 货物运输；4.17 承包商设备；4.18 环境保护；4.19 电、水和燃气；4.20 业主设备和免费供应的材料；4.21 进度报告；4.22 现场保安；4.23 承包商的现场作业；4.24 化石。

（5）指定分包商：5.1 指定分包商的定义；5.2 反对指定；5.3 对指定分包商的付款；5.4 付款证据。

（6）合同文件：6.1 员工的雇用；6.2 工资标准和条件；6.3 为业主服务的人员；6.4 劳动法；6.5 工作时间；6.6 为员工提供设施；6.7 健康和安全；6.8 承包商的监督；6.9 承包商人员；6.10 承包商人员和设备的记录；6.11 无序行为。

（7）生产设备、材料和工艺：7.1 实施方法；7.2 样品；7.3 检验；7.4 试验；7.5 拒收；7.6 修补工作；7.7 生产设备和材料的所有权；7.8 土地（矿区）使用费。

（8）开工、延误和暂停：8.1 工程的开工；8.2 竣工时间；8.3 进度计划；8.4 竣工实际时间的延长；8.5 当局造成的延误；8.6 工程进度；8.7 误期损害赔偿费；8.8 暂时停工；8.9 暂停施工的后果；8.10 暂停时对生产设备各材料的付款；8.11 拖长的暂停；8.12 复工。

（9）竣工试验：9.1 承包商的义务；9.2 延误的试验；9.3 重新试验；9.4 未能通过竣工试验。

（10）业主的接收：10.1 工程和分项工程的接收；10.2 部分工程的接收；10.3 对竣工试验的干扰；10.4 需要复原的地表。

（11）缺陷责任：11.1 完成扫尾工作和修补缺陷；11.2 修补缺陷费用；11.3 缺陷通知期限的延长；11.4 未能修补缺陷；11.5 移出有缺陷的工程；11.6 进一步试验；11.7 进入权；11.8 承包商调查；11.9 履约证书；11.10 未履行的义务；11.11 现场清理。

（12）测量和评估：12.1 需测量的工程；12.2 测量方法；12.3 估价；12.4 删减。

（13）变更和调整：13.1 变更权；13.2 价值工程；13.3 变更程序；13.4 以适用货币支付；13.5 暂列金额；13.6 计日工作；13.7 因法律改变的调整；13.8 因成本改变的调整。

（14）合同价格和付款：14.1 合同价格；14.2 预付款；14.3 期中付款证书的申请；14.4 付款计划表；14.5 拟用于工程的生产设备和材料；14.6 期中付款证书的颁发；14.7 付款；14.8 延误的付款；14.9 保留金的支付；14.10 竣工报表；14.11 最终付款证书的申请；14.12 结清证明；14.13 最终付款证书的颁发；14.14 业主责任的中止；14.15 支付的货币。

（15）由业主终止：15.1 通知改正；15.2 由业主终止；15.3 终止日期时的估价；15.4 终止后的付款；15.5 业主终止的权利。

（16）由承包商暂停和终止：16.1 承包商暂停工作的权利；16.2 由承包商终止；16.3 停止工作和承包商设备的撤离；16.4 终止时的付款。

（17）风险与职责：17.1 保障；17.2 承包商对工程的照管；17.3 业主的风险；17.4 业主风险的后果；17.5 知识产权和工业产权；17.6 责任限度。

（18）保险：18.1 有关保险一般要求；18.2 工程和承包商设备的保险；18.3 人身伤害和财产损害保险；18.4 承包商人员的保险。

（19）不可抗力：19.1 不可抗力的定义；19.2 不可抗力的通知；19.3 将延误减至最小的义务；19.4 不可抗力的后果；19.5 不可抗力影响分包商；19.6 自主选择终止、付款和解除；19.7 根据法律解除履约。

（20）索赔、争端和仲裁：20.1 承包商的索赔；20.2 争端裁决委员会的任命；20.3 未能就争端裁决委员会达成协议；20.4 取得争端裁决委员会的决定；20.5 友好解决；20.6 仲裁；20.7 未能遵守争端裁决委员会的决定；20.8 争端裁决委员会任命的期满。

6. 合同附件

（1）工程量清单。工程量清单是把承包合同中规定的准备实施的全部工程项目和内容，按工程部位、性质以及它们的数量、单价、合价等列表表示出来，用于投标报价和中标后计算工程价款的依据，工程量清单是承包合同的重要组成部分。

（2）行业标准和技术规范。

①行业标准由行业标准归口部门统一管理。行业标准的归口部门及其所管理的行业标准范围，由国务院有关行政主管部门提出申请报告，国务院标准化行政主管部门审查确定，并公布该行业的行业标准代号。

②技术规范是有关使用设备工序，执行工艺过程以及产品、劳动、服务质量要求等方面的准则和标准。技术规范是标准文件的一种形式，是规定产品，过程或服务应满足技术要求

的文件。它可以是一项标准(即技术标准)、一项标准的一部分或一项标准的独立部分。其强制性弱于标准。

(3)设计文件和施工图纸。

①设计文件是指从设计、试制、鉴定到生产的各个阶段的实践过程形成的图样及技术资料的总称。

②施工图纸是表示工程项目总体布局,建筑物的外部形状、内部布置、结构构造、内外装修、材料作法以及设备、施工等要求的图样。

(4)工程质量保修书。承包人在缺陷责任期内按照有关规定和双方约定承担维修质量缺陷的文字保证书。

注意:①这6部分文件单独存在时不具有法律效率,只有它们共同存在时才具有完整的法律效率;②这6部分文件顺序不能颠倒,法律地位从上至下依次降低。

7.2.2　业主监理承包商三方责权利

(一)业主的责权利

1. 业主

(1)业主是指既具有某项工程建设要求、又具有该项工程建设相应的建设资金和各种准建手续,在建设市场中发包工程建设的勘察、设计、施工任务,并最终得到建筑产品的法人和个人。

(2)条件:①具有民事权利能力和民事行为能力;②具有购买某件建筑商品的要求;③具有购买某件建筑商品的资金;④具有购买某件建筑商品的各种准建手续:工程报建批准通知书、规划许可证、土地使用权证、施工许可证等;⑤具有购买某件建筑商品的勘察设计资料、施工图纸、工程概预算书等;⑥已经委托了建设监理单位;⑦已经通过竞争性招投标选择好了工程施工承包商;⑧该件准备购买的建筑商品的工地已经完成了拆迁和"三通一平"。

2. 业主的职责

(1)提供建设用地、按期移交施工现场:①工程报建;②工程招投标,通过审查承包商的资质四个方面,包括注册资金数目、工程技术人员的资格与数目、技术装备数目、业绩与信誉;通过评定承包商的投标书来确定施工承包商;③委托工程建设监理;④办理各种准建手续,特别土地使用权证、规划许可证、施工许可证;⑤工地拆迁;"三通一平":通路、通水、通电;及时移交工地。

(2)按合同提供正式图纸、工程必需的水文、地质及有关技术资料和数据:①工程勘测:包括工程测量、水文地质勘察、工程地质测绘;②工程设计:两阶段设计(初步设计与施工图设计)、三阶段设计(初步设计、技术设计与施工图设计);③确定规范与标准;④确定工程用主要建材。

(3)协助办理手续:①协助交通控制手续;②协助办理爆破安全相关手续;③协助建立电话、电传和邮政信箱;④商定贷款支付方式;⑤协助雇佣劳动力;⑥协助租用土地房屋手续。

(4)派驻现场甲方代表:①检查工程进度;②及时验收;③支付工程进度款项。

(5)承担业主风险损失及违约索赔:①业主严重拖欠承包商应得工程款;②无理干涉、阻挠或推迟各项证书所需要的批准;③业主不可抗拒的原因;④其他须业主承担的原因。

3．业主的权力

(1)工程检查权：①对材料的检查；②对工序的检查；③对隐蔽物的检查。

(2)用人选择权：①选择分包商；②选择项目总监理工程师；③选择材料供应商。

(3)财务支付和控制权：①合同价格的确定：固定价格、可调价格、成本加酬金价格；②工程预付款；③工程款的结算：主要有按月结算、分段结算和竣工一次性结算三种方式；④确定支付程序。

4．业主的利益

(1)最大利益：得到合格工程，投入使用；

(2)扣、罚款。

(二)监理工程师的责、权、利

1．监理企业与监理工程师

(1)监理企业。

①监理企业指具有法人资格和一定的监理资质等级证书，从事工程建设监理的经济组织。

②条件：取得了法人资格；具有相应的资质等级(人员素质、资金数目、专业技能、技术装备、管理水平、监理业绩、信誉)。

(2)监理工程师。

FIDIC 条件中将施工阶段的工程监理人员分为三个层次：监理工程师、监理工程师代表、监理工程师助理。

①监理工程师指现在建设工程监理工作岗位上工作，经全国统一考试合格，并经政府建设主管单位注册的工程建设监理人员。

②应具备的基本素质：良好的品德；较高的学历和多学科知识；丰富的工程建设实践经验；良好的健康体魄和充沛旺盛的精力。

③工作准则，即 FIDIC 准则：对社会和职业的责任；能力；正直性；公正性；对他人的公正。

2．监理工程师的权力

监理工程师的权利来源于业主的委托与授权，主要包括：

(1)批准权：①批准分包；②批准承包人的进度计划及修订；③批准承包人使用的材料、设备与工艺；④批准竣工时间表；⑤批准"缺陷责任书"与"移交证书"等文件。

(2)决定权：①决定计日工；②决定工程索赔；③决定工程延期；④决定工程变更指令和工程变更单价；⑤决定暂定金额的使用；⑥决定进行紧急抢险工程；⑦决定暂停施工与复工。

(3)处分权(处理权)：①对不可抗力事件；②指定分包；③乙方违约；④特殊风险；⑤合同争议；⑥甲方违约；⑦合同价格变化；⑧非主体双方责任事故；⑨地下以外发现。

(4)撤换权(否定权)：①撤换乙方的不负责任者；②拆除不合格工程，要求将拆除的材料运出现场；③撤销缺陷责任期。

(5)解释权：①合同文件；②技术规范等；③要求设计单位对设计文件、施工图纸进行现场解释和指导。

(6)检查权：①随时进入现场对操作检查；②对隐蔽工程进行检查验收计量。

(7)监督权：①甲方交出施工现场；②工程进度；③支付。

(8)奖惩权：①提前竣工奖；②违约惩罚。

3．监理工程师的义务

(1)尽职尽责(独立、公正)；

(2)掌握情况；

(3)准确提供放线资料；

(4)管理好合同文件。

4．监理工程师利益

(1)按合同获取应得的服务报酬；

(2)赢得名誉和信誉。

(三)承包商的责、权、利

1．承包商

(1)承包商是指拥有一定的建筑装备、流动资金、工程技术经济管理人员；取得建设资质证书、营业执照，能按业主的要求提供不同形态的建筑产品并最终获得相应工程价款的施工企业。

(2)承包商的条件：①具有法人资格；②相应的企业资质等级；③一定数目的专业技术人员；④一定数目的技术装备。

(3)承包商的实力：承包商的实力体现在内在因素上有以下四个方面：

①技术方面的实力。有精通本行业的建筑师、结构工程师、建造工程师、造价工程师、会计师和管理专家组成的管理机构；有工程项目设计、施工的专业特长，能解决技术难度大以及各类工程施工难题的能力；有与招标项目同类型工程的施工经验；有一定技术实力的合作伙伴。

②经济方面的实力：具有垫付资金的能力；具有一定的固定的资产和机具设备及投入所需的资金；具有一定的周转资金；具有支付各种担保的能力；具有支付各种纳税和保险的能力；具有承担不可抗力带来的风险的能力；具有承担国际工程所需的外汇能力；具有在国际招标中聘请代理人的能力。

③管理方面的实力：承包商应在缩短工期、进行定额管理、减少管理人员、工人一专多能、节约原材料、采用先进的施工方法等方面下工夫，向管理要效益。

④信誉方面的实力：主要体现在承包商重质量、重合同、守法、讲信誉、按国际惯例办事、认真履约、保证施工安全、保证工期和质量上，少纠纷、少诉讼。

承包商的实力体现在外在表现上有：竞争能力、应变能力、盈利能力、技术开发能力、扩大再生产能力。

(4)承包商的资质。《建筑法》规定：建筑施工企业应按照其拥有的注册资本、专业技术人员、技术装备和已完工的建筑工程业绩等条件，划分为不同的资质等级。建筑施工企业经资质审查合格取得相应的资质等级证书后，方能在其资质等级许可的范围内从事建筑活动。

2．承包商的职责

(1)提交履约担保；

(2)按合同合理组织施工、工作；

(3)提供工程必要监督(内部监督)；

(4)遵从监理工程师指示；

(5)办理保险；

(6)遵纪守法；

(7)执行变更；

(8)尽快完成遗留工程、修补缺陷。

3．承包商的权力

(1)基本权力：生产决策权；对外经营权；联营兼并权；投资决策权；劳动用工权；人事管理权；资产处置权；采购权；定价权；销售权；资金使用权；分配权；内部机构设置权等。

(2)合同权力：①索赔与废约权；②价格贴现与调值权；③争议诉讼权。

4．承包商的利益

(1)经济方面：获得承包工程价款，并且盈利。

(2)非经济方面：得到锻炼、积累经验、提高水平；市场竞争、取得一席之地。

(四)项目经理

项目经理是由承包人单位法人代表授权的派驻施工现场的承包人代表。

1．项目经理基本条件

(1)政治素质：道德品质；责任心；事业心。

(2)能力素质：

①基本能力：观察能力、记忆能力、整体能力、思维能力；

②领导能力：筹划决策能力、组织协调能力、人际交往能力、灵活应变能力、改革创新能力。

(3)知识素质：学历、资历、资格。

(4)身体素质：身体健康，精力充沛。

2．项目经理的责、权、利

(1)职责：执行法律法规；加强管理；执行合同；控制项目。

(2)权力：组织项目经理部；处理各种关系；选择施工队伍；调配并管理人、财、物、机械设备等生产要素；合理进行经济分配。

(3)利益：承包利润；获得信誉。

3．项目经理的日常工作

(1)代表承包人向业主提出要求和通知；

(2)组织施工。

(五)建设工程施工项目管理体制

1．宏观管理

(1)管理关系图见图7－1。

(2)三方管理：业主投资、承包商施工、监理工程师监督。

(3)三方关系：

①业主与承包商：民事地位平等；施工合同管理(双方履行合同义务、享受合同权利的关系)。

②业主与监理单位：民事地位平等；委托合同管理(委托与被委托关系)。

③监理单位与承包商：民事地位平等；监督与被监督关系。

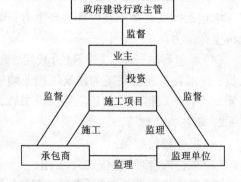

图7－1　建设工程施工项目管理关系示意图

（4）政府的宏观控制：

①对业主：公民、法人、依法成立的组织；工程要报建；工程要委托监理；要竞争性招投标；严禁"三边工程"。

②对承包商：企业法人；建筑资质；从业人员资格；严禁"工程转包"。

③对监理企业：企业法人；监理资质；从业人员资格。

2．微观管理

（1）施工单位应成立项目经理部，委派项目经理全权负责管理。

（2）监理单位应派出总监理工程师，全盘负责施工项目质量、进度、成本的监督。

（3）业主派出驻场代表，负责工程投资的支付等。

（4）设计单位派出驻场工程师，负责与承包商进行工程技术交接等。

3．主要的管理制度

（1）项目法人制；

（2）工程招投标制；

（3）建设监理制；

（4）合同管理制。

7.3 违约责任

7.3.1 违约责任的概念

违约责任，是指合同当事人不履行合同义务或者履行合同义务不符合约定时，依法产生的法律责任。违约责任制度是保障债权实现及债务履行的重要措施，它与合同效力、合同义务有密切联系。违约责任是以有效合同为基础的，同时又是以存在合同义务为前提的，违约责任是当事人违反有效合同中所约定的合同义务的法律后果。

7.3.2 违约责任的种类

1．继续履行合同

继续履行也称强制实际履行，是指违约方根据对方当事人的请求继续履行合同规定的义务的违约责任形式。其特征为：

（1）继续履行是一种独立的违约责任形式，不同于一般意义上的合同履行。具体表现在：继续履行以违约为前提；继续履行体现了法的强制；继续履行不依附于其他责任形式。

（2）继续履行的内容表现为按合同约定的标的履行义务，这一点与一般履行并无不同。

（3）继续履行以对方当事人（守约方）请求为条件，法院不得径行判决。

2．采取补救措施

采取补救措施作为一种独立的违约责任形式，是指矫正合同不适当履行（质量不合格），使履行缺陷得以消除的具体措施。这种责任形式，与继续履行（解决不履行问题）和赔偿损失具有互补性。

3．赔偿损失

赔偿损失，在合同法上也称违约损害赔偿，是指违约方以支付金钱的方式弥补受害方因违约行为所减少的财产或者所丧失的利益的责任形式。

（1）赔偿损失具有如下特点：

①赔偿损失是最重要的违约责任形式。赔偿损失具有根本救济功能，任何其他责任形式都可以转化为损害赔偿。

②赔偿损失是以支付金钱的方式弥补损失。金钱为一般等价物，任何损失一般都可以转化为金钱，因此，赔偿损失主要指金钱赔偿。但在特殊情况下，也可以以其他物代替金钱作为赔偿。

③赔偿损失是由违约方赔偿守约方因违约所遭受的损失。首先，赔偿损失是对违约行为所造成的损失的赔偿，与违约行为无关的损失不在赔偿之列。其次，赔偿损失是对守约方所遭受损失的一种补偿，而不是对违约行为的惩罚。

④赔偿损失责任具有一定的任意性。违约赔偿的范围和数额，可由当事人约定。当事人既可以约定违约金的数额，也可以约定损害赔偿的计算方法。

（2）赔偿损失的确定方式有两种：法定损害赔偿和约定损害赔偿。

①法定损害赔偿：法定损害赔偿是指由法律规定的，由违约方对守约方因其违约行为而对守约方遭受的损失承担的赔偿责任。根据合同法的规定，法定损害赔偿应遵循以下原则：完全赔偿原则；合理预见规则；减轻损失规则。

②约定损害赔偿：约定损害赔偿，是指当事人在订立合同时，预先约定一方违约时应当向对方支付一定数额的赔偿金或约定损害赔偿额的计算方法。它具有预定性（缔约时确定）、从属性（以主合同的有效成立为前提）、附条件性（以损失的发生为条件）。

4．违约金

违约金是指当事人一方违反合同时应当向对方支付的一定数量的金钱或财物。违约金可分为：

（1）法定违约金和约定违约金；

（2）惩罚性违约金和补偿性（赔偿性）违约金。

5．定金

定金是指合同当事人为了确保合同的履行，根据双方约定，由一方按合同标的额的一定比例预先给付对方的金钱或其他替代物。对此担保法做了专门规定。

定金应当以书面形式约定，定金的数额由当事人约定，但不得超过主合同标的额的20%。

7.3.3　工程承包中的违约惩罚条款

（1）国内工程承包中的违约惩罚条款主要有：①继续履行合同；②采取补救措施；③赔偿损失。

FIDIC 条款第 15 条为"雇主提出终止"：

15.3 规定了终止日期时的估价：在发出的终止通知生效后，工程师应尽快商定或决定工程、货物和承包商的文件的价值，以及就其根据合同实施的工作承包商应得到的所有款项。

15.4 规定了终止后的支付。

15.5 规定了雇主终止合同的权力。

FIDIC 条款第 16 条为"承包商提出暂停和终止"：

16.1 规定了承包商有权暂停工作；

16.2 规定了承包商提出终止的情况；

16.3 规定了停止工作及承包商的设备的撤离；

16.4 规定了终止时的支付。

(2)国际工程承包中的违约惩罚条款主要有：①违约金；②罚款；③业主接管工程；④终止合同；⑤重新招标；⑥取消承包资格。

7.3.4　违约责任的免除

1.　不可抗力

(1)不可抗力的定义：不可抗力是一项免责条款，是指买卖合同签订后，不是由于合同当事人的过失或疏忽，而是由于发生了合同当事人无法预见、无法预防、无法避免和无法控制的事件，以致不能履行或不能如期履行合同，发生意外事件的一方可以免除履行合同的责任或者推迟履行合同。

(2)不可抗力主要包括以下几种情形：①自然灾害，如台风、洪水、冰雹；②政府行为，如征收、征用；③社会异常事件，如罢工、骚乱。

(3)不可抗力的法律后果：

①合同全部不能履行——当事人可以解除合同，并免除全部责任；

②合同部分不能履行——当事人可以部分履行合同，并免除其不履行部分的责任；

③合同不能按期履行——当事人可以延期履行合同，并免除其迟延履行的责任。

2.　因不可抗力的违约责任的免除

FIDIC 条款第 19 条为"不可抗力"。19.1 规定了不可抗力的情况：在本条中，"不可抗力"的含义是指如下所述的特殊事件或情况；一方无法控制的，在签订合同前该方无法合理防范的，情况发生时，该方无法合理回避或克服的，以及主要不是由于另一方造成的。

不可抗力可包括(但不限于)下列特殊事件或情况：

(1)战争、敌对行动(不论宣战与否)、入侵、外敌行动；

(2)叛乱、恐怖活动、革命、暴动、军事政变或篡夺政权，或内战；

(3)暴乱、骚乱、混乱、罢工或停业，完全局限于承包商的人员以及承包商和分包商的其他雇员中间的事件除外；

(4)军火，炸药，离子辐射或放射性污染，由于承包商使用此类军火，炸药，辐射或放射性的情况除外；

(5)自然灾害，如地震、飓风、台风或火山爆发。

第 8 章　FIDIC 施工合同条件

8.1　FIDIC 简介

8.1.1　FIDIC 产生的历史背景

（1）"FIDIC"是"国际咨询工程师联合会"的法语缩写，即"Fédération Internationale Des Ingénieurs Conseils"。读"菲迪克"。FIDIC 的本义是指国际咨询工程师联合会这一独立的国际组织。习惯上有时也指 FIDIC 条款或 FIDIC 方法。

（2）FIDIC 于 1913 年由欧洲 4 国独立的咨询工程师协会在比利时根特成立。目前有 70 多个成员国，分属于四个地区性组织，即 ASPAC—亚洲及太平洋地区会员协会，CEDIC—欧洲共同体会员协会，CAMA—非洲会员协会组织，RINORD—北欧会员协会组织。FIDIC 代表了世界上大多数独立的咨询工程师，是最具有权威性的咨询工程师组织，它推动了全球范围内高质量的工程咨询服务业的发展。

（3）FIDIC 总部设在瑞士洛桑，主要职能机构有：

①执行委员会（TEC）。职责：处理那些会员大会职权范围所无法涵盖的管理工作；执行会员大会的决议；准备年度报告，修订议事程序，签署年度费用报告；任命常委会和特别小组的人选，审查其职责范畴并监督其行为；根据需要，提名授予某人联络沟通责任；执行 FIDIC 的战略计划（例如对影响咨询业的发展进行连续评估，在适当的时候对 FIDIC 的计划和行动进行重新定位，评价并更新现有的战略计划）；定期评价、更新或根据需要起草新的政策；加强 FIDIC 组织与其他国际组织的交流。

执行委员会每年召开 3 次会议，其中有一次是和会员大会同时召开。委员会中的一名成员（一般是财务主管或主席）负责秘书处的工作。

②土木工程合同委员会（CECC）。职责：鉴别那些应由 FIDIC 起草或更新的工程合同条件和其他服从于执行委员会的文件；成立特别小组起草文件并对工作进行指导，负责对文件提交执行委员会批准前的最终审核工作；与秘书处和对 FIDIC 合同条件感兴趣的组织进行交流和联络；协调处理合同文本的翻译工作；组织研讨会并推荐主题和演讲者；与裁决评审委员会密切沟通。

③业主与咨询工程师关系委员会（CCRC）。职责：为监督《顾客/咨询者模式服务协议》（即白皮书）、《合作与分包咨询协议书》及《指南》的使用情况；帮助执行委员会处理关于咨询从业人员服务事宜；帮助筛选参加研讨班的代表。

④职业责任委员会（PLC）。

⑤秘书处。

（4）1996 年 10 月，中国工程咨询协会正式加入 FIDIC，取得了在 FIDIC 的发言权和表决权。增加了开展国际交流，了解国外信息的渠道和开拓对外业务的机会。

8.1.2　FIDIC 组织的作用

（1）FIDIC 成立 100 年来，对国际上实施工程建设项目，以及促进国际经济技术合作的发展起到了重要作用。由该会编制的《业主与咨询工程师标准服务协议书》（白皮书）、《土木工程施工合同条件》（红皮书）、《电气与机械工程合同条件》（黄皮书）、《工程总承包合同条件》（桔黄皮书）被世界银行、亚洲开发银行等国际和区域发展援助金融机构作为实施项目的合同和协议范本。这些合同和协议文本，条款内容严密，对履约各方和实施人员的职责义务做了明确的规定；对实施项目过程中可能出现的问题也都有较合理规定，以利遵循解决。这些协议性文件为实施项目进行科学管理提供了可靠的依据，有利于保证工程质量、工期和控制成本，使业主、承包人以及咨询工程师等有关人员的合法权益得到尊重。此外，FIDIC 还编辑出版了一些供业主和咨询工程师使用的业务参考书籍和工作指南，以帮助业主更好地选择咨询工程师，使咨询工程师更全面地了解业务工作范围和根据指南进行工作。该会制订的承包商标准资格预审表、招标程序、咨询项目分包协议等都有很实用参考价值，在国际上受到普遍欢迎，得到了广泛承认和应用。

（2）作为一个国际性的非官方组织，FIDIC 的宗旨是要将各个国家独立的咨询工程师行业组织联合成一个国际性的行业组织；促进还没有建立起这个行业组织的国家也能够建立起这样的组织；鼓励制订咨询工程师应遵守的职业行为准则，以提高为业主和社会服务的质量；研究和增进会员的利益，促进会员之间的关系，增强本行业的活力；提供和交流会员感兴趣和有益的信息，增强行业凝聚力。

（3）FIDIC 规定，要想成为它的正式会员，须由该国的一家"全国性的咨询工程师协会"（以下简称"全国性协会"）提出申请，"全国性协会"应当达到以下要求：应为业主和社会公共利益而努力促进工程咨询行业的发展；应保护和促进咨询工程师和私人业务方面的利益和提高本行业的声誉；应促使会员之间在职业、经营方面的经验和信息交流。FIDIC 还对"全国性协会"的主要任务提出建议：要使社会公众和业主了解本行业的重要性和它的服务内容，以及作为一个独立咨询工程师团体和个人的职能；要制订出严格的规则和措施，促使会员保证遵守职业道德标准，维护本行业的声誉；致力于开展国际交流，并为会员开展业务，获取先进技能，提供国际接触通道；了解和发挥本国工程咨询的某些优势和特点；广泛地建立会员与其他工程组织机构和教学单位的联系，充实咨询内容和明确新的方向；促进使用标准程序、制度和合约（如以上所说的白皮书、红皮书、黄皮书等）；向政府报告本行业的共同性问题并提出需要政府解决的问题；传递 FIDIC 提供的各种信息和其他国家同行业协会的经验；研究会员收取咨询服务合理报酬的办法；提倡按能力择优选取咨询专家，避免单纯价格竞争，导致降低工程咨询标准和服务质量。

8.1.3　FIDIC 合同条件

FIDIC 合同条件是由咨询工程师联合会组织主持编撰的合同的总称，主要为国际工程建设各方主体缔约提供便利，是 FIDIC 组织多年来努力协调国际工程建设各方法律关系成果的集中体现。

FIDIC 条件是国际上公认的土木工程执行法，这些规范性文件包括：

（1）《土木工程施工合同条件（Conditions of Contract for Works of Civil Engineering Construction）》（红皮书）。1957 年由 FIDIC 首次出版，1965 年、1977 年、1987 年、1999 年分

别改编第 2、3、4、5 版，现行 1999 年新版。具有标准的土木工程施工合同条件格式，为国际通用。在此以前，没有专门编制的适用于国际土木工程承包的合同条件，故称为"FIDIC 条件"。该合同条件适用于建设项目规模大、复杂程度高、业主提供设计的项目。由于该标准合同的封面为红色，很快以"红皮书"而闻名世界。

（2）《招标程序（Tendering Procedure）》（蓝皮书）。国际咨询工程师联合会在 1982 年出版了《招标程序》，反映了国际上建设行业当今招投标的通行做法，它提供了一个完整的、系统的国际建设项目招标程序，具有实用性、灵活性。

（3）《业主与咨询工程师标准服务协议书（Conditions of The Client/Consultant Model Services Agreement）》（白皮书）。1979 年，FIDIC 编写出版了《设计和施工监督协议书国际范本及通用规则》；1980 年，FIDIC 编写出版了《业主与咨询工程师项目管理协议书国际范本及通用规则》；1990 年，FIDIC 在上述文件的基础上，编写出版了《业主与咨询工程师标准服务协议书》，以代替上述文件。白皮书适用于国际工程的投资前研究、可行性研究、设计及施工管理、项目管理。它是国际通用的业主与咨询工程师之间标准服务的协议书。

（4）《电气和机械工程合同条件（Conditions of Contract for Electrical and Mechanical Works）》（黄皮书）。《电气和机械工程合同条件》适用于大型工程的设备提供和施工安装，承包工作范围包括设备的制造、运送、安装和保修几个阶段。

（5）《设计、建造与交钥匙工程合同条件（Conditions of Contract for Design – Build and Turkey）》（橘皮书）。FIDIC 编制的《设计、建造与交钥匙工程合同条件》是适用于总承包的合同文本，承包工作内容包括：设计、设备采购、施工、物资供应、安装、调试、保修。土建施工和设备安装部分的责任，基本上套用土木工程施工合同条件和电气与机械工程合同条件的相关约定。橘皮书不适用于由业主及咨询工程师设计的项目，也不适用于承包商不对设计负责的情况。橘皮书于 1995 年出版了第 1 版。

（6）《土木工程施工分包合同条件（Civil engineering construction contract conditions）》（褐皮书）。FIDIC 编制的《土木工程施工分包合同条件》是与《土木工程施工合同条件》配套使用的分包合同文本。分包合同条件可用于承包商与其选定的分包商，或与业主选择的指定分包商签订的合同。分包合同条件的特点是，既要保持与主合同条件中分包工程部分规定的权利义务约定一致，又要区分负责实施分包工作当事人改变后两个合同之间的差异。

（7）《EPC/交钥匙项目合同条件（Conditions of Contract for EPC/Turkey）》（银皮书）。《EPC/交钥匙项目合同条件》是一种现代新型的建设履行方式。该合同范本适用于建设项目规模大、复杂程度高、承包商提供设计、承包商承担绝大部分风险的情况。与其他三个合同范本的最大区别在于，在《EPC/交钥匙项目合同条件》下业主只承担工程项目的很小风险，而将绝大部分风险转移给承包商。《EPC/交钥匙项目合同条件》特别适宜于下列项目类型：①民间主动融资，或 BOT 及其他特许经营合同的项目；②发电厂或工厂且业主期望以固定价格的交钥匙方式来履行项目；③基础设计项目（如公路、铁路、桥、水或污水处理石、水坝等）或类似项目，业主提供资金并希望以固定价格的交钥匙方式来履行项目；④民用项目且业主希望采纳固定价格的交钥匙方式来履行项目，通常项目的完成包括所有家具、调试和设备。

（8）《简明格式合同（Short Form of Contract）》（绿皮书）。FIDIC 编委会编写绿皮书的宗旨在于使该合同范本适用于投资规模相对较小的民用和土木工程，如：①造价在 500 000 美元以下以及工期在 6 个月以下；②工程相对简单，不需专业分包合同；③重复性工作；④施工周期短。承包商根据业主或业主代表提供的图纸进行施工。当然，简明格式合同也适用于部分或全部由承包商设计的土木电气、机械和建筑设计的项目。

　　这些文件不仅 FIDIC 成员采用，而且世界银行、亚洲开发银行、非洲开发银行的招标样本也常常采用。

8.1.4　工作指南

　　1. 工作指南种类

　　FIDIC 为了帮助项目参与各方正确理解和使用合同条件和协议书的涵义、帮助咨询工程师提高道德和业务素质，提升执业水平，相应地编写了一系列工作指南。FIDIC 先后出版的工作指南达几十种，如：

　　(1)FIDIC 合同指南(2000 年第 1 版)；

　　(2)客户/咨询工程师(单位)服务协议书(白皮书)指南(2001 年第 2 版)；

　　(3)咨询工程师和环境行动指南；

　　(4)咨询分包协议书与联营(联合)协议书应用指南；

　　(5)工程咨询业质量管理指南；

　　(6)工程咨询业 ISO9001：9004 标准解释和应用指南；

　　(7)咨询企业商务指南；

　　(8)根据质量选择咨询服务和咨询专家工作成果评价指南；

　　(9)FIDIC 关于提供运行、维护和培训(MT)服务的指南；

　　(10)FIDIC 生产设备合同的 EIC 承包商指南；

　　(11)设计采购施工(EPC)/交钥匙工程合同的 EIC 承包商指南；

　　(12)红皮书指南；

　　(13)业务实践指南系列；

　　(14)业务实践手册指南；

　　(15)工程咨询业实力建设指南；

　　(16)选聘咨询工程师(单位)指南；

　　(17)施工质量——行动指南；

　　(18)质量管理指南；

　　(19)ISO9001：2000 质量管理指南解读；

　　(20)业务廉洁管理指南；

　　(21)职业赔偿和项目风险保险：客户指南；

　　(22)联合国环境署—国际商会—FIDIC 环境管理体系认证指南；

　　(23)项目可持续管理指南。

　　2. 已在我国翻译出版的工作指南

　　(1)新版《FIDIC 合同指南》(2000 年第 1 版)；

　　(2)《客户/咨询工程师(单位)协议书(白皮书)指南》(2001 年第 2 版)。

8.1.5　工作程序与准则及工作手册

　　FIDIC 编制的文件中，有许多关于咨询业务指导性文件，主要有工作程序与准则以及工作手册等，这些文件对于规范工程市场活动，指导咨询工程师的工作实践、提高服务质量均有重要的借鉴和参考价值。

1．工作程序与准则

FIDIC 根据咨询业务实践的需要，编制和出版了一些重要的工作程序与准则以指导工作，其中包括：

（1）FIDIC 招标程序；

（2）咨询专家在运行、维护和培训中的作用——运行、维护和培训；

（3）编制项目成本估算的准则及工作大纲；

（4）根据质量选择咨询服务；

（5）推荐常规；

（6）职业责任保险入门；

（7）建设、保险与法律；

（8）国外施工工程英文标准函；

（9）大型土木工程项目保险；

（10）承包商资格预审标准格式。

2．工作手册

FIDIC 的工作手册可以作为咨询工程师的培训资料，对于提高他们的职业道德和业务素质起着有益的作用。下面列出的是一些常用的工作手册。

（1）风险管理手册；

（2）环境管理体系培训大全；

（3）业务廉洁管理体系培训手册；

（4）业务实践手册；

（5）质量管理体系培训材料等。

3．职业道德准则

为了充分有效地进行工作，不仅要求咨询工程师不断提高自身的学识和技能，而且也要求社会必须尊重咨询工程师的诚实与正直，信任咨询工程师的判断并给予合理的报酬。

所有 FIDIC 成员协会都同意以下行为准则：对社会和咨询业的责任、能力、廉洁、公正、对他人公正、反腐败。

8.1.6　FIDIC 施工合同条件的组成

《土木工程施工合同条件》，简称 FIDIC"红皮书"，是进行土木建筑类工程项目建设，由业主通过竞争性招标选择承包商承包，并委托监理工程师执行监督管理的标准化合同文件范本。主要内容包括通用条件、专用条件、投标书及其附件、合同协议书等。

（一）通用条件

（1）"通用"：所谓"通用"的含义是，工程建设项目不论属于哪个行业，也不管处于何地，只要是土木工程类的施工均可适用。

（2）红皮书《通用条件》是 FIDIC 条件的一部分，可直接放入招标文件中，不需从头编写合同条件，且印刷格式相一致，一共72 条194 款。

（3）新红皮书的《通用条件》对第 4 版的红皮书进行了归类合并，现为20 条163 款：

①一般规定：1.1 定义；1.2 解释；1.3 通信交流；1.4 法律与语言；1.5 文件优先次序；1.6 合同协议书；1.7 权益转让；1.8 文件的照管和提供；1.9 延误的图纸或指示；1.10 业主使用承包商文件；1.11 承包商使用业主文件；1.12 保密事项；1.13 遵守法律；1.14 共同的和

各自的责任。

②业主：2.1 进入现场权；2.2 许可、执照或批准；2.3 业主人员；2.4 业主资金安排；2.5 业主的索赔。

③工程师：3.1 工程师的任务和权力；3.2 工程师的付托；3.3 工程师的指示；3.4 工程师的替换；3.5 确定。

④承包商：4.1 承包商的一般义务；4.2 履约担保；4.3 承包商代表；4.4 分包商；4.5 分包合同权益的转让；4.6 合作；4.7 放线；4.8 安全程序；4.9 质量保证；4.10 现场数据；4.11 中标合同金额的充分性；4.12 不可预见的物质条件；4.13 道路通行权和设施；4.14 避免干扰；4.15 进场道路；4.16 货物运输；4.17 承包商设备；4.18 环境保护；4.19 电、水和燃气；4.20 业主设备和免费供应的材料；4.21 进度报告；4.22 现场保安；4.23 承包商的现场作业；4.24 化石。

⑤指定分包商：5.1 指定分包商的定义；5.2 反对指定；5.3 对指定分包商的付款；5.4 付款证据。

⑥合同文件：6.1 员工的雇用；6.2 工资标准和条件；6.3 为业主服务的人员；6.4 劳动法；6.5 工作时间；6.6 为员工提供设施；6.7 健康和安全；6.8 承包商的监督；6.9 承包商人员；6.10 承包商人员和设备的记录；6.11 无序行为。

⑦生产设备、材料和工艺：7.1 实施方法；7.2 样品；7.3 检验；7.4 试验；7.5 拒收；7.6 修补工作；7.7 生产设备和材料的所有权；7.8 土地(矿区)使用费。

⑧开工、延误和暂停：8.1 工程的开工；8.2 竣工时间；8.3 进度计划；8.4 竣工实际时间的延长；8.5 当局造成的延误；8.6 工程进度；8.7 误期损害赔偿费；8.8 暂时停工；8.9 暂停施工的后果；8.10 暂停时对生产设备各材料的付款；8.11 拖长的暂停；8.12 复工。

⑨竣工试验：9.1 承包商的义务；9.2 延误的试验；9.3 重新试验；9.4 未能通过竣工试验。

⑩业主的接收：10.1 工程和分项工程的接收；10.2 部分工程的接收；10.3 对竣工试验的干扰；10.4 需要复原的地表。

⑪缺陷责任：11.1 完成扫尾工作和修补缺陷；11.2 修补缺陷费用；11.3 缺陷通知期限的延长；11.4 未能修补缺陷；11.5 移出有缺陷的工程；11.6 进一步试验；11.7 进入权；11.8 承包商调查；11.9 履约证书；11.10 未履行的义务；11.11 现场清理。

⑫测量和评估：12.1 需测量的工程；12.2 测量方法；12.3 估价；12.4 删减。

⑬变更和调整：13.1 变更权；13.2 价值工程；13.3 变更程序；13.4 以适用货币支付；13.5 暂列金额；13.6 计日工作；13.7 因法律改变的调整；13.8 因成本改变的调整。

⑭合同价格和付款：14.1 合同价格；14.2 预付款；14.3 期中付款证书的申请；14.4 付款计划表；14.5 拟用于工程的生产设备和材料；14.6 期中付款证书的颁发；14.7 付款；14.8 延误的付款；14.9 保留金的支付；14.10 竣工报表；14.11 最终付款证书的申请；14.12 结清证明；14.13 最终付款证书的颁发；14.14 业主责任的中止；14.15 支付的货币。

⑮由业主终止：15.1 通知改正；15.2 由业主终止；15.3 终止日期时的估价；15.4 终止后的付款；15.5 业主终止的权利。

⑯由承包商暂停和终止：16.1 承包商暂停工作的权利；16.2 由承包商终止；16.3 停止工作和承包商设备的撤离；16.4 终止时的付款。

⑰风险与职责：17.1 保障；17.2 承包商对工程的照管；17.3 业主的风险；17.4 业主风险

的后果；17.5 知识产权和工业产权；17.6 责任限度。

⑱保险：18.1 有关保险一般要求；18.2 工程和承包商设备的保险；18.3 人身伤害和财产损害保险；18.4 承包商人员的保险。

⑲不可抗力：19.1 不可抗力的定义；19.2 不可抗力的通知；19.3 将延误减至最小的义务；19.4 不可抗力的后果；19.5 不可抗力影响分包商；19.6 自主选择终止、付款和解除；19.7 根据法律解除履约。

⑳索赔、争端和仲裁：20.1 承包商的索赔；20.2 争端裁决委员会的任命；20.3 未能就争端裁决委员会达成协议；20.4 取得争端裁决委员会的决定；20.5 友好解决；20.6 仲裁；20.7 未能遵守争端裁决委员会的决定；20.8 争端裁决委员会任命的期满。

(4)通用条件概括了工程项目施工阶段业主、承包商双方的权利与义务，建设监理工程师的职责与权利，各种可能预见事件发生的责任界限，正常履行合同过程中各方应遵守的工作程序以及因意外事件而使合同被迫终止时各方应遵守的工作准则。

(5)通用条件内相关条款之间，既相互联系起到补充作用，又相互制约起到保证作用。

(二)专用条件

1."专用"

专用条件是相对于"通用"而言，要根据准备实施的项目的工程专业特点，以及工程所在地的政治、经济、法律、自然条件等地域特点，针对通用条件中条款的规定加以具体化。可以对通用条件中的规定进行相应补充完善、修订或取代其中的某些内容，以及增补通用条件中没有规定的条款。专用条件中条款序号应与通用条件中要说明条款的序号对应，通用条件和专用条件内相同序号的条款共同构成对某一问题的约定责任。如果通用条件内的某一条款内容完备、适用，专用条件内可不再重复列此条款。特别是对通用条件中某些条款不适合的，就可在专用条件中指出，并予以删去或修改，换上本项目适合的内容，还可对通用条件中写得不具体细致的，可在专用条件的对应条款中加以详细阐述或补充。

2.专用合同条件中的条款出现的原因

(1)在通用合同条件的措词中专门要求在专用合同条件中包含进一步信息，如果没有这些信息，合同条件则不完整。

(2)在通用合同条件中说到在专用合同条件中可能包含有补充材料的地方，但如果没有这些补充条件，合同条件仍不失其完整性。

(3)工程类型、环境或所在地区要求必须增加的条款。

(4)工程所在国法律或特殊环境要求通用合同条件所含条款有所变更。此类变更是这样进行的：在专用合同条件中说明通用合同条件的某条或某条的一部分予以删除，并根据具体情况给出适用的替代条款，或者条款的一部分。

(三)合同的通用条件和专用条件二者的关系

合同的通用条件和专用条件二者的关系如下：

(1)专用条件是结合具体某个国家的某一工程项目编制的，它的针对性较强；通用条件是国际性承包工程项目均可使用的，其应用的广泛性较强；

(2)一般来说，合同专用条件的法律地位比通用条件高；

(3)专用条件中条款可以否定通用条件中条款，反之则不行。

(四)FIDIC 条件的组成顺序

FIDIC 条件的组成顺序为：

（1）合同协议书；

（2）中标通知书；

（3）标书、标书附录与投标保证；

（4）专用条件；

（5）通用条件；

（6）其他有关文件：①图纸；②规范标准；③有标价的工程量清单；④其他明确列入中标函和合同协议书中的文件。例如劳务费、材料供应协议；补遗；招标期间业主和承包商的来往信件；澄清会议纪要；现场条件资料；水文地质及气候资料等。

需要注意的是：这6部分文件单独存在时不具有法律效力，只有它们共同存在时才具有完整的法律效力。

（五）FIDIC 条件七大条款的要内容

针对 FIDIC 条件内容，可以将其条款汇总为七个方面：一般性条款、法律条款、商务条款、技术条款、权利与义务条款、违约惩罚与索赔条款、附件和补充条款。

（1）一般性条款。一般性条款包括下述内容：招标程序，招标程序包括合同条件、规范、图纸、工程量表、投标书、投标者须知、评标、授予合同、合同协议、程序流程图、合同各方、监理工程师等；合同文件中的名词定义及解释；工程师及工程师代表和他们各自的职责与权力；合同文件的组成、优先顺序和有关图纸的规定；招投标及履约期间的通知形式与发往地址；有关证书的要求；合同使用语言；合同协议书。

（2）法律条款。法律条款主要涉及合同适用法律；劳务人员及职员的聘用、工资标准、食宿条件和社会保险等方面的法规；合同的争议、仲裁和工程师的裁决；解除履约；保密要求；防止行贿；设备进口及再出口；强制保险；专利权及特许权；合同的转让与工程分包；税收；提前竣工与延误工期；施工用材料的采购地。

（3）商务条款。商务条款指与承包工程的一切财务、财产所有权密切相关的条款，主要包括：承包商的设备、临时工程和材料的归属，重新归属及撤离；设备材料的保管及损坏或损失责任；设备的租用条件；暂定金额；支付条款；预付款的支付与扣回；保函，包括投标保函、预付款保函、履约保函等；合同终止时的工程及材料估价；解除履约时的付款；合同终止时的付款；提前竣工奖金的计算；误期罚款的计算；费用的增减条款；价格调整条款；支付的货币种类及比例；汇率及保值条款。

（4）技术条款。技术条款是针对承包工程的施工质量要求、材料检验及施工监督、检验测量及验收等环节而设立的条款，包括：对承包商的设施要求；施工应遵循的规范；现场作业和施工方法；现场视察；资料的查阅；投标书的完备性；施工制约；工程进度；放线要求；钻孔与勘探开挖；安全、保卫与环境保护；工地的照管；材料或工程设备的运输；保持现场的整洁；材料、设备的质量要求及检验；检查及检验的日期与检验费用的负担；工程覆盖前的检查；工程覆盖后的检查；进度控制；缺陷维修；工程量的计量和测量方法；紧急补救工作。

（5）权利与义务条款。权利与义务条款包括承包商、业主和监理工程师三者的权利和义务。

①承包商的权利和义务。承包商与业主是施工承包合同的主体双方，一般来说，合同中双方的权利和义务基本上是颠倒过来的，即业主的权利既是承包商的义务，承包商的权利也是业主的义务。工程实施过程中承包商最大的权利是生产决策权和收款权；最主要的义务是按时按质按量完成合格工程。

②业主的权利和义务。在工程实施过程中，业主最大权利是工程检查权和财务支付控制权；最主要的义务是按时按量进行工程支付。

③监理工程师的权利和义务。监理工程师虽然不是工程承包合同的当事人，但他受雇于业主，为业主代为管理工程建设，行使业主或 FIDIC 条款赋予他的权力，也相应承担义务。监理工程师可以行使合同规定的或合同中必然隐含的权力；监理工程师作为业主聘用的工程技术负责人，除了必须履行其与业主签订的服务协议书中规定的义务外，还必须履行其作为承包商的工程监理人而尽的职责。

(6)违约惩罚与索赔条款。违约惩罚与索赔条款是 FIDIC 条款中一项重要内容，也是国际承包工程得以圆满实施的有效手段。采用工程承发包制实施工程的效果之所以明显优于其他方法，根本原因就在于按照这种制度，当事人各方责任明确，赏罚分明。

①FIDIC 条款中的违约条款包括两部分，即业主对承包商的惩罚措施和承包商对业主拥有的索赔权。惩罚措施因承包商违约或履约不力，业主可采取以下惩罚措施：没收有关保函或保证金；误期罚款；由业主接管工程并终止对承包商的雇用。

②索赔条款：索赔条款是根据关于承包商享有的因业主履约不力或违约，或因意外因素（包括不可抗力情况）蒙受损失（时间和款项）而向业主要求赔偿或补偿权利的契约性条款。这方面的条款包括：索赔的前提条件或索赔动因；索赔程序、索赔通知、同期记录、索赔的依据、索赔的时效和索赔款项的支付等。

(7)附件和补充条款。附件和补充条款还规定了作为招标文件的文件内容和格式，以及在各种具体合同中可能出现的补充条款。

①附件条款：附件条款包括投标书及其附件、合同协议书。

②补充条款：补充条款包括防止贿赂、保密要求、支出限制、联合承包情况下的各承包人的各自责任及连带责任，关税和税收的特别规定等五个方面内容。

(六)定义及解释原则

1. 定义

(1)施工管理主要参与方包括合同的当事人：业主、承包商；独立的第三方：工程师。各自的作用分别包括：

①业主。首先根据合同需求在合同条款中说明它的要求，并邀请通过资审的承包商参与投标。业主必须向承包商提供工程场地，甚至要提供供水和供电设施。负责落实资金，并根据合同向承包商支付。如遇任何无法解决的合同纠纷，也主要决定是否与承包商谈判解决，还是提交仲裁。

②承包商。按照招标文件的要求承担施工任务。在投标过程中，承包商要认真研究所有的地质土工信息，进行现场考察，检查进场条件以及当地劳动力和材料的供应情况。一旦中标，有责任采取一切需要采取的措施，按照合同规定完成工程的施工任务。

③工程师。在 FIDIC 合同条款下，业主要委托一个独立的咨询工程师，即"工程师"，来完成可行性研究、工程设计及建设监理等工作。在 1999 年新版 FIDIC 合同条款出台前，工程师被认为应该充分运用自己的独立专业判断，在与业主和承包商有关的合同问题上做出公正的决定，但在 1999 年新版 FIDIC 合同条款中，工程师被认为是代表业主行使权力，原来独立行使权被消减。

(2)投标人须知：简单地说，投标人须知就是告诉投标人如何编制投标书，按什么程序投标以及招标人如何开标、评标和授标（即选定中标者）的文件。

（3）合同文件。

①合同文件是一个专用名词，有其特定的内容，是指包括合同条件（第一、二部分，即通用条件、专用条件）、技术规范、图纸、工程量表、投标书及附件、以及补遗书、来往信函、备忘录、会议纪要……一经列入合同文件的都具有法律效力。

②合同协议书：指业主和承包商就某一土木建筑工程的施工明确双方权利和义务而达成的协议。

③技术规范：是业主要求承包商在履行施工合同中应遵守的质量、安全、工艺、操作、程序等规定，技术条款是相对合同条件而言的，合同条件可称为法律条款（商务条款）。技术条款规定合同的范围和技术要求。对承包商提供的材料的产地、质量和工艺标准（设计、加工、制造、安装、验收规范），以及承包商对永久工程的设计负责的程度必须作出明确的规定。技术条款还应当包括在合同期间由承包商提供的样品和进行试验的细节。对承包商在进行工作或施工的顺序、时间安排或方法的选择自由有任何限制时都应当明确规定。同时，还必须给出对承包商使用工程现场的任何限制，例如，为其他承包商提供通道和空间。

④图纸：图纸必须足够详细，以便投标人在阅读了技术条款、工程量清单之后能够准确地确定合同所包括的工作性质和范围。在招标阶段，国外一般很少能够提供整套的完整图纸，承包商也很少在施工过程中不再需要业主提供任何进一步的图纸。国际上大多数合同都需要在承包商中标后随着工程的进行而提供。

⑤有标价的工程量清单：工程量清单列出了为完成合同工程而必需的各分项工程的估算工程量。是与技术规范相对应的非常重要的文件，它详细说明了技术规范中各工程细目的数量，是获得合同中关于工程量信息和有效而精确地编制投标书的依据。前面已经提到，FIDIC 合同条件仅适用于单价计量合同。当然，该清单中也可以列上某些按总价计算的工作或分项工程。如果列入总价工作，则一定要详细地说明其范围和性质。

⑥投标书及投标书附件：投标书是投标人提交的最重要的单项文件，投标书是由投标单位授权的代表签署的对业主和承包商双方均具有约束力的合同的重要部分的投标文件。投标书附件是对合同条件规定的重要要求的具体化文件。其内容有，投标人向招标人表态，承认自己已经认真阅读了招标文件，理解了招标文件的要求。投标人向招标人表明，自己正是根据招标文件的要求提出报价，并承担和履行招标文件要求的义务和责任的。

⑦中标通知书：由业主向中标人发出中标的通知书。

⑧构成合同组成部分的其他任何文件。

（4）有关工期。

①合同工期：合同工期是所签合同内注明的完成全部工程或部分移交工程的时间，加上合同履行过程中因非承包商应负责原因导致变更和索赔事件发生后，经工程师批准顺延工期之和。

②开工日期：一般情况下承包商在收到中标函42天内，工程就要开工。但工程师应在不少于7天前向承包商发出"开工日期"的通知，该通知书上写明的日期就是开工日期。

③施工期：从工程师按合同约定发布的"开工令"中指明的应开工之日起，至工程移交证书注明的竣工日止的日历天数为承包商的施工期。用施工期与合同工期比较，判定承包商的施工是提前竣工，还是延误竣工。

④竣工日期：竣工日期是合同工期的截止时间，承包商应在此时间前完成整个工程和每个分项工程。

⑤实际工期：指合同工期加上合同履行过程中因非承包商因素及非承包商应承担的风险事件发生后经工程师批准可以延长的时间。

⑥缺陷责任期：缺陷责任期即国内施工文本所指的工程保修期，自工程移交证书中写明的竣工日开始，至工程师颁发解除缺陷责任证书为止的日历天数。

⑦合同有效期：自合同签字日起至承包商提交给业主的"结清单"生效日止，施工合同对业主和承包商均具有法律约束力。

（5）有关合同价格及款项。

①合同价格：是指中标通知书中写明的，按照合同规定，为了工程的实施、完成及任何缺陷的修补应付给承包商的金额。

②暂定金额：指包括在工程报价中，但不包括在工程量清单内，由业主（工程师）支配的用于暂定工程、计日工、指定分包工程以及突发事件费用的一笔资金。

③预付款：是业主为了帮助承包商缓解进行施工前期工作时的资金短缺，从未来的工程款中提前支付的一笔款项。开工预付款总额一般为中标合同金额的 5% ~20% 。

④保留金：是业主按照投标书附录中规定的百分比，从承包商应得的期中付款中扣发的保证承包商必须严格履行合同义务的担保措施。一般为中标合同金额的 2.5% ~5.0% 。

（6）有关支付和结算。

①期中支付：指业主按工程进度给付工程进度款项的行为。

②竣工结算：指工程竣工验收后、由工程师对照竣工图进行详细核算审查的过程。

③最终结算：指颁发履约证书后，对承包商完成全部工作价值的详细结算过程。

（7）主导语言与法律。

①通用条件中要求应在专用条件中规定合同的主导语言。

②法律：这里的法律是指在专用条件中约定的适用法律。

（8）有关证书。

①中期支付证书：按月向承包商支付已经完成工程量的支付证书，即根据工程师代表和承包商双方同意已经测量的工程量签发支付证书。业主必须在工程师收到承包商的付款请求后的 56 天内支付承包商。如果支付被延迟，则承包商有权对未支付部分按合同约定的利率计算方式收取利息，若延迟时间超过合同规定的期限，承包商有权提出暂时停工。

②初验证书：承包商按合同规定对已完成的工程或合同规定的部分工程提出申请后的 28 天内，如检验合格，工程师应对申请的整个工程或合同规定的部分工程出具初验证书。

③终验证书：工程师应在缺陷责任期过后 28 天内，在对所有工程进行验收并确认所有缺陷责任证书中所列缺陷得到纠正的基础上，向承包商出具终验证书。对承包商而言，只由工程师出具终验证书后才能被认为工程被业主正式接受。

④最终支付证书：在出具终验证书后，工程师必须在合同规定的期限内向承包商出具最终支付证书。

⑤合同终止时的评估证书：按合同规定，业主决定终止合同，工程师应在终止日对工程进行评估并出具评估证书。

（9）合同的转让与分包。

①合同的转让：指合同的当事人一方将合同的权利和义务转让给第三方，由第三方接受权利和承担义务的法律行为。

②分包：是指经业主和监理工程师的同意，建筑工程总承包单位可以将承包工程的部分

工程发包给具有相应资质条件的分包单位的行为。

（10）指定分包商。指定分包商是指经业主和监理工程师挑选或指定的进行与工程实施、货物采购等工作有关的分包单位。

（11）保险。是一种受法律保护的分散危险、消化损失的经济制度。

（12）计量。FIDIC 土木施工合同为典型的单价合同，实行量价分离的原则。①工程量清单中所罗列的工程数量为预估的工程数量，承包商对此进行报价，并由此计算合同总额，并依此开具相应的保函或保证金。②在合同实施过程中，具体支付由实际所完成的或发生的工程量根据工程量清单中相应单价进行支付。对于工程量的巨大变更，承包商可根据相应条款进行相应的费用索赔和工期延长。为此 FIDIC 合同条款（第 4 版）关于计量部分第 55、56 和57 条提出了再测量的原则。③合同条款规定业主接受承担最初预测工程量变更的风险。例如：土木工程的相当工作量需在地下完成，所以工程量难以准确预测。FIDIC 合同条款对工程计量方法有明确的规定，并根据确定的计量方法列出了相应的工程量清单。例如：在开挖中，公车港式以净开挖量计量的，即不计算工作空间或开挖面以外的工程量；在排水中，如井点排水，一般都包括在开挖单价以内，如果排水时水量超过从现场地质数据图册的合理流量，则可根据合同第 12 条（不利自然条件）进行相应的索赔。土木工程还涉及大量的隐蔽工程，所以承包商在施工过程中必须严格遵守施工程序及设计图纸，施工过程中一旦发生争议可在第一时间提供相应的证据。

2. 解释原则

（1）主导语言原则：一般在应用 FIDIC 条件时，合同文本用两个语言编写时，合同中就必须明确以何种语言作为合同签订的语言即为主导语言。

（2）适用法律原则：以"意思自治"为原则；当合同中没有明文规定适用法律，一般以合同签订地和履行地的法律为适用法律。

（3）要约与承诺原则：要约为订立合同的一方向另一方提出的合同草案或合同条件；承诺方则为完全同意和接受要约方的条件。因此，要约和承诺双方一旦达成协议，合同随即成立，构成了依据法律而存在的合同关系。

（4）整体解释原则：专用合同条件优先于通用合同条件；具体规定优先于笼统规定；书写条文优先于打字条文，打字条文优先于印刷条文；单价优先于总价；技术规范优先于图纸。

（5）反义居先原则：当合同文件中有矛盾和含糊不清时，引起对合同条款的规定和理解有两种不同的解释时，应该以与合同起草一方相反的意图优先解释合同条款，而不是以合同起草一方的意图为准。

（6）定量优先原则：依据 FIDIC 条件，当合同文件中有碰撞、遗漏等矛盾时，以合同文件的优先次序号码为准进行解释。当合同对关于数量的论述理解不同或矛盾时，按此原则，以具体数量规定的论述为主。

（7）诚实信用原则：是指当事人各方在签订和执行合同时，应该诚实，讲究信用，以善意与合作的方式履行合同规定的义务，不得规避法律和合同。

上述原则是国际上公认解释合同的准则。

8.1.7　FIDIC 施工合同条件的应用

（一）FIDIC 条件的应用

（1）FIDIC 条件的特点：①国际性、通用性、权威性；②合理公正、职责分明；③程序严谨、易于操作；④通用条件与专用条件的有机结合。

（2）适用范围：①国际承包工程的施工项目（同等采用）；②国内大型土木工程的施工项目（同等采用）；③国内一般土木工程的施工项目（等效采用）。

（3）应用前提：①通过竞争性招标确定承包商；②委托监理工程师对该工程进行监理；③按单价合同制定招投标文件。

（二）FIDIC 条件在我国的应用

1. 使用 FIDIC 合同条件的优缺点

（1）优点：①有利于采用竞争性公开招标工程项目，优胜劣汰，促进工程施工和管理的科学化和现代化；②有利于实行业主、承包商、工程师的共同管理和建设好土木工程项目、职责分明、权利对等；③有利于工程质量控制、技术规范和标准明确，定性与定量相结合，有章可循；④有利于工程进度和费用控制，采用工程量清单的单价合同，按工程进度付款，从进度上保障合同各方利益的实现；⑤有利于合同各方准确地履行已订立的合同并及时解决合同执行过程中所发生的争议，使工程项目的三大目标达到；⑥有利于培养和造就一支适应国际工程监理，工程承包和项目管理的专业人才队伍；⑦有利于与国际惯例接轨，实行完善严格控制的工程师制度。

（2）缺点：①工程前期准备时间长，有其繁琐的一面；②工程建设成本全由市场价格决定，与现行的概预算相矛盾；③在建设与大修工程项目上和紧急抢险工程中使用困难。

2. 财政部合同条件版本

改革开放后，世行、亚行贷款项目多，且国际上合同文本不尽适用，我国财政部于1989年同世行一起商讨组编了一套结合中国国情的合同条件，书名为《世界银行贷款项目采购招标文件范本》，分上、中、下三册，中英文并行。如世行贷款项目"浙江省杭甬高速公路"、"河南省开洛高速公路"、"广东省深汕高速公路"、"广东省佛开高速公路"等都采用此范本。

3. 中国国家工商行政管理局和建设部的合同范本

1991年3月，我国国家工商行政管理局和建设部联合颁发了《建设工程施工合同》，作为我国国内建设工程合同范本使用，主要用于工业和民用建筑方面。

4. 交通部的公路工程国际招标文件范本

交通部工程管理司委托陕西省交通厅编写的《公路工程国际招标文件范本》，作为公路工程项目国际招标文件的参考文本范本。

（三）FIDIC 条件管理施工项目的基本程序

FIDIC 条件管理施工项目的基本程序如下：

（1）选择建设工程监理，签订监理委托合同；

（2）竞争性招标，确定承包商并签订施工承包合同；

（3）承包商办理履约担保、预付款担保、保险等事项，并得到业主的批准；

（4）业主支付动员预付款和材料预付款；

（5）承包商向工程师提供施工组织设计、施工技术方案、施工进度计划和现金流量估算表；

（6）工程师主持第一次工地会议；

（7）工程师发布开工令，业主移交现场；

（8）承包商根据施工合同文件要求组织施工，工程师根据监理委托合同和施工合同进行日常监理工作；

（9）竣工验收；

（10）承包商申请移交工程；

（11）工程师签发移交证书；

（12）承包商提交竣工报表，工程师签发付款证书；

（13）缺陷责任期；

（14）工程师签发缺陷责任终止证书，业主归还履约担保金和保留金；

（15）承包商提出最终报表；

（16）工程师签发最终支付证书，业主与承包商结清余额。

8.2　工程风险管理

8.2.1　风险与风险管理

1. 风险

（1）风险是对未来事物的不确定性。理解风险，应注意以下几点：①风险与人们的行为相联系；②客观条件的变化是风险的重要成因；③多数情况下，风险是指可能的后果与目标发生的偏离，偏离有多种情况，且重要程度不同；④尽管风险强调损失，但实际中也会产生有利后果。

（2）风险的特性：①客观性；②不确定性；③可测性。

（3）基本要素：

①风险因素。风险因素是指引起或者增加风险事故发生机会或者影响损失严重程度的原因或条件。

②风险事故。风险事故又称为风险事件，是指直接导致财产损失或生命健康受损的不确定性事件。

③损失。在风险管理中，损失是指非故意的、非预期的和非计划的经济价值的减少。

风险因素、风险事故、损失三者的关系可通过风险因果链表示，如图 8－1 所示。

图 8－1　风险基本要素

（4）风险的分类：

①按产生的原因分为：自然风险；社会风险；政治风险；经济风险。

②按风险产生的环境分为：静态风险；动态风险。静态风险和动态风险的区别在于：

a. 损失不同。静态风险对于个体和社会来说，都是纯粹损失。动态风险则不同，动态风险对于一部分人可能是损失，但是，另一部分人却可能因此而获利。

b. 影响范围不同。静态风险通常只影响少数个体，而动态风险的影响则比较广泛，往往还会产生连锁反应。

c. 发生的特点不同。静态风险在一定条件下规律性强，可以预测；而动态风险则缺乏规律性，难以预测。

③按风险的性质分为纯粹风险和投机风险。纯粹风险是指只有损失机会而无获利可能的风险。投机风险是指既有损失机会，又有获利可能的风险，例如投资可能获利，也可能亏本。投机风险与纯粹风险有可能转化。

④按照保险标的分为财产损失风险、人身风险、责任风险和信用风险。

2. 风险管理

(1)风险管理是指面临风险的主体为了减少风险的负面影响、以较低的成本取得最大的安全保障而进行风险识别、估测、评价、控制等的决策与行动过程。

(2)风险管理的基本程序：

①风险识别。风险识别是指对面临的和潜在的风险加以判断、归类和对风险性质进行鉴定的过程，主要包括感知风险和分析风险两方面的内容。

②风险估测。风险估测是在风险识别的基础上通过对大量资料进行分析，利用概率论估计和预测风险事故发生的概率和损失程度。

③风险评价。风险评估是指在风险识别和风险估测的基础上，结合其他因素，对风险事故发生的概率和损失程度进行全面的考虑，评估风险事故发生的可能性及危害程度，并与公认的安全指标相比较以衡量风险程度，最后决定是否采取相应的措施。

④确定风险管理目标。以较低的成本获得较大的安全保障。

⑤选择风险管理方式。根据企业或个人面临的风险、承担风险的能力等因素来进行。

⑥风险管理效果评价。通过对风险管理结果与风险管理目标的比较和分析，对风险管理的科学性、适用性和有效性进行检查和评判，并对风险管理进行必要的修正。

(3)风险管理的主要方式：

①回避风险。回避风险是指主动放弃某项可能引起风险损失的方案。

②预防风险。预防风险是指在风险损失未发生之前有针对性地采取具体有效的措施，消除或减少可能引起损失的各种因素。

③自留风险。自留风险又称保留风险，是指行为主体(企业或个人)自己承担风险损失后果的风险管理方式。

④转移风险。转移风险是指把可能的风险损失通过某种方式全部或部分转移给其他单位的风险管理方式。

⑤集合风险。集合风险是指将具有同类风险的若干个单位集合起来，各单位共同分担少数单位可能遭受的损失，以提高每一个单位应付风险的能力的风险管理方式。

⑥抑制风险。抑制风险是指在事故发生之前充分准备，以便在事故发生时及时抑制事故，使其不再进一步扩大，或者在事故发生后临时采取一定的应急措施抑制事故的进一步扩大。

3. 可保风险

(1)定义：可保风险是指保险人可以承保风险，即符合保险人承保条件的风险。

(2)条件：①损失程度较高；②损失发生的概率较小；③损失具有确定的概率分布；④存在大量具有同质风险的保险标的；⑤损失的发生必须是意外的；⑥损失是可以确定和测量的；⑦损失不能同时发生。

(3)分类：

①按照保险标的分为财产损失保险、人身保险、责任保险、信用保险、保证保险。

②按照保险保障的主体分为团体保险、个人保险。

③按照保险实施的方式分为自愿保险、强制保险。

④按照风险转嫁形式分为原保险、再保险、重复保险、共同保险。

⑤按照承保的风险分为单一风险保险、综合风险保险、一切险。

8.2.2　工程风险与工程风险管理

(一)工程风险

1. 工程风险的定义

工程风险是在工程施工期间和缺陷责任期间发生的、可能给工程带来损失或连带引起其他损失或人员伤亡的任何事件。

2. 工程风险的种类

建设工程一般都具有投资规模大、建设周期长、技术要求复杂、涉及面广等特点。正是由于这些特点，使得建筑业成为一种高风险的行业。工程建设领域的风险主要有以下几方面：

(1)建筑风险。指工程建设中由于人为的或自然的原因而影响建设工程顺利完成的风险，包括设计失误、工艺不善、原材料缺陷、施工人员伤亡、第三者财产的损毁或人身伤亡、自然灾害等。

(2)市场风险。与发达国家和地区的建筑市场相比，我国的建筑市场发展得还很不成熟。不成熟的市场带来的一个突出问题是信用，发包人是否能够保证按期支付工程款，承包人是否能够保证质量、按期完工，对于承包合同双方当事人都是未知的，这是市场所带来的风险。

(3)政治风险。稳定的政治环境，会对工程建设产生有利的影响，反之，将会给市场主体带来顾虑和阻力，加大工程建设的风险。

(4)法律风险。一般涉外工程承发包合同中，都会有"法律变更"或"新法适用"的条款。两个国家关于建筑、外汇管理、税收管理、公司制度等方面的法律、法规和规章的颁布和修订都将直接影响到建筑市场各方的权利义务，从而进一步影响其根本利益。现在，我国的建筑市场主体也愈发关注法律规定对其自身的影响。

(5)自然风险。自然风险的组成因素如图 8-2 所示。

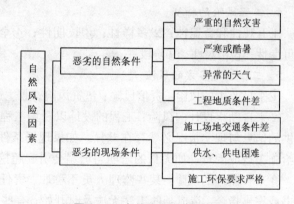

图 8-2　自然风险因素分析图

3. 施工阶段工程风险的分类

在 FIDIC 的"施工合同条件(Conditions of Contract for Construction)"中对于土木工程施工阶段风险种类进行了划分，明确了雇主风险，在合同条款中明确了风险责任及保险。现依据 FIDIC 合同条件，并根据工程实际情况将施工阶段工程风险划分为三大类：

(1)特殊风险。这里所指特殊风险是指非雇主和承包商能够人为控制和避免的风险因素，包括了政治、军事、经济等各方面，依据 FIDIC 合同文件中的划分准则，具体包括：

①战争、敌对行为(不论宣战与否)、入侵、外敌行动；

②叛乱、革命、暴动，或军事政变或篡夺政权，或内战；

③由于任何核燃料或核燃料燃烧后的核废物、放射性毒气爆炸，或任何爆炸性核装置或核成分的其他危险性能所引起的离子辐射或放射性污染；

④以音速或超音速飞行的飞机或其他飞行装置产生的压力波；

⑤暴乱、骚乱或混乱，但对于完全局限在承包商或其分包商雇用人员中间且是由于从事本工程而引起的此类事件除外；

⑥属于政治范畴的国有化、没收外资、拒付债务；

⑦属于经济范畴的通货膨胀、换汇控制、汇率浮动。

（2）业主风险。业主风险主要包括以下三方面：

①由于业主使用或占用合同规定提供给他的以外的任何永久工程的区段或部分而造成的损失或损坏；

②因工程设计不当而造成的损失或损坏，而这类设计又不是由承包商提供或由承包商负责的；

③一个有经验的承包商通常无法合理预测和防范的任何自然力的作用。

（3）一般风险（乙方风险）。一般风险是指通过承包商加强管理就可以避免发生的，具体包括：

①承包商提供的材料、工程的缺陷等造成的工程损失；

②因工程设计不当而造成的损失或损坏，而这类设计是由承包商提供或由承包商负责的；

③一个有经验的承包商能够合理预测和防范的任何自然力的作用；

④一般性分包中，由于分包商的任何原因所造成的工程损失或损坏；

⑤完全局限在承包商或其分包商雇用人员中间且是由于从事本工程而引起的暴乱、骚乱或混乱事件。

4．工程风险的特征

①客观性和普遍性；②多样性；③长期性；④全局性；⑤规律性；⑥偶然性和必然性；⑦可变性；⑧相对性；⑨阶段性。

5．工程参与各方的风险

①来自业主的风险：资信风险；垫资风险；业主违反市场规律；业主缺乏协调能力。

②来自勘察设计的风险：工程的设计以现场工程地质及水文勘察资料为依据。这些资料提供的信息与现实情况必然存在差异。如果现场条件与以此为依据的施工图纸出入太大，就会给施工造成困难。如大量的岩崩与坍塌会引起超挖、超填，进而增加工程量，拖延工期。

③来自监理的风险：某些监理人员不称职，责任心不强，擅离职守，不能及时签署支付证书或发出指令，造成某些工序无法及时开始；有些监理人员水平不高，不懂规范或施工工艺，发出错误指令；还有些监理人员对一些索赔问题迟迟提不出建议或做不了决定；更有些监理人员贪赃枉法、吃拿卡要，让承包商疲于奔命，干扰了承包商的正常工作，所有这些都会造成工程无法按预期计划完成。

④来自承包商的风险：职业责任的风险；承包商和个人行为的风险；管理风险（管理班子配备不合理，合同管理不善，施工准备工作不充分，内部管理制度不完善）；人身风险。

⑤来自分包商的风险：分包工程仍属于总承包工程的一部分，总承包商对分包工程的施工承担义务。总承包商在挑选分包商时处于主导地位，但也存在风险：分包商工序的不合理搭接和配合，个别分包商违约或破产从而使局部工程影响到整个工程；与分包商协调组织工作不顺而

影响全局的风险；分包商较多，容易引起协调困难，相互干扰严重，导致连锁反应，等等。

6. 施工阶段风险分析

在工程施工过程中，自然界的风暴、地震、滑坡，以及施工技术、施工方案不当等都会造成风险损失。从工程要素上，可将施工阶段风险划分为技术风险、现场条件风险、机械设备风险、材料风险、人员风险等五类，具体见图 8-3 至图 8-7 所示。

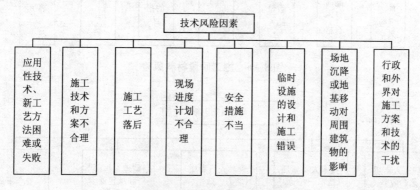

图 8-3　施工阶段技术风险

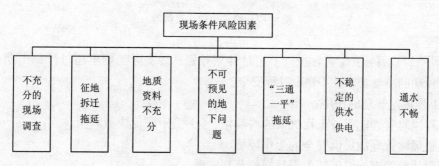

图 8-4　施工阶段现场条件风险

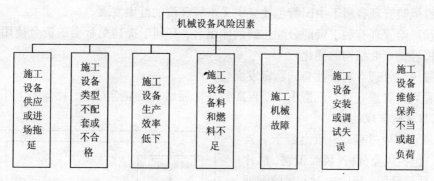

图 8-5　施工阶段机械设备风险

（二）工程风险管理

1. 工程风险管理的定义、目标、作用

（1）定义：工程风险管理是一种系统过程活动，工程风险管理是指管理组织对工程可能遇到的风险进行分析、应对、监控、预警的过程，是以科学的管理方法实现工程最大安全保障的实践活动的总称。

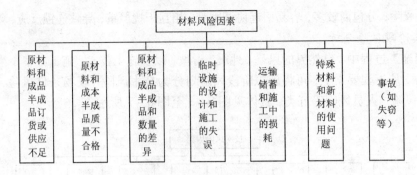

图 8 - 6　施工阶段材料风险

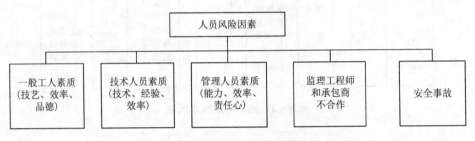

图 8 - 7　施工阶段人员风险

（2）风险管理目标：①实际投资不超过计划投资；②实际工期不超过计划工期；③实际质量满足预期的质量要求；④建设过程安全。

（3）工程风险管理的作用：

①工程风险管理能促进工程决策的科学化、合理化，降低决策风险。

②工程风险管理能提供安全的运作环境。

③工程风险管理能够保证工程目标的顺利实现。

④工程风险管理能促进工程经济效益的提高。

⑤工程风险管理有利于中国特色社会主义市场经济的健康发展。

⑥工程风险管理有利于资源分配达到最佳组合，有利于提高全社会的资金使用效益，从而促进国民经济产业结构的优化。

⑦工程风险管理有利于社会的稳定发展。

⑧工程风险管理有利于创造出一个保障经济发展和人民生活安定的社会经济环境。

2. 工程风险管理过程

工程风险管理过程，一般由若干主要阶段组成，包括风险分析（风险识别、估计与评价）、风险预警、风险应对和风险管理后评价四个阶段，其间相互作用，而且与工程其他管理区域相互影响。这四个阶段周而复始，构成了一个风险管理周期循环的过程。

工程风险管理程序见图 8 - 8。

（1）风险分析：风险分析是工程风险

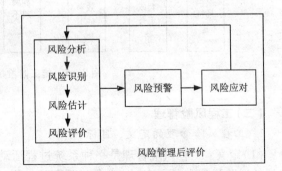

图 8 - 8　工程风险管理程序图

管理的第一个环节，包括风险识别、风险估计和风险评价，被称之为风险分析。

（2）风险预警：工程风险预警是指通过对工程风险分析，借助预警系统，对工程风险预先警示，提前做出报警识别。工程风险预警包括工程风险分析标准、预警信号与识别、中间控制过程、调节传导机制。

（3）风险应对：编制合理的风险应对计划，根据预警信号，在风险规避、转移、缓解、接受等策略中，选择切实可行的应对策略，以预防、较少、遏制或消除工程风险。对不同级别风险采取不同的措施建议，防范与处置风险。

（4）风险管理后评价：在工程建成运营后，通过对工程前期及实施阶段风险管理工作进行综合考察，衡量和分析工程实际风险情况与预计风险情况的差距，确定工程风险分析、预警是否正确，采取的应对措施是否有效避免或缓解了风险损失。

（三）风险识别

1. 风险识别的概念、特点与原则

（1）风险识别是指风险管理人员在收集资料和调查研究之后，运用各种方法对工程尚未发生且客观存在的各种风险进行全面判断、系统归类，及科学鉴定风险性质的过程。

（2）风险识别的特点：①个别性；②主观性；③复杂性；④不确定性。

（3）风险识别的原则：①由粗及细，由细及粗；②严格界定风险内涵并考虑风险因素之间的相关性。对各种风险的内涵要严格加以界定，不要出现重复和交叉现象；③先怀疑，后排除；④排除与确认并重；⑤必要时，可做试验论证。

2. 风险识别步骤

（1）确认不确定性的客观存在；

（2）建立潜在风险一览表；

（3）搜集风险信息；

（4）风险识别的结果：风险识别的结果主要表现为工程风险表、风险识别流程图、风险等级划分、风险预测图、风险预警信号、风险目录摘要等。

①工程风险表。工程风险表又称工程风险清单，可将已识别出的工程风险列入表内，该表的详细程度可表述至工作分解结构（WBS）的最底层。

②风险识别流程图：将工程按照实施步骤或顺序，以若干个模块的形式组成一个流程图，能够较为清晰地表示出风险识别的成果。

③划分风险等级。找出风险因素后，为了在采取控制措施时能分清轻重缓急，故需要给风险因素初步划定等级。通常按事故发生后果的严重程度可分为以下四级：

一级：后果小，可以忽略；可不采取措施。

二级：后果较小，暂时还不会造成人员伤亡和系统损坏；应考虑采取控制措施。

三级：后果严重，会造成人员伤亡和系统损坏；需立即采取控制措施。

四级：灾难性后果；必须立即予以排除。

④绘制风险预测图：根据风险表中列明的各种主要风险来源，推测与其相关的各种可能性，包括盈利和损失、人身伤害、自然灾害、时间和成本、节约或超支等方面。然后，将每一类风险发生的概率与潜在的危害绘制二维结构图，称为风险预测图，风险曲线离坐标原点越远，表明风险越大。

⑤风险预警信号又称风险征兆、风险触发器，表示风险即将发生。例如，在施工中施工机械不能按时进场，可能导致工期拖延，所以施工机械不能按时进场是工程工期风险的征

兆;由于通货膨胀发生,可能会使工程所需资源价格上涨,从而出现突破工程预算的费用风险,价格上涨就是费用风险的征兆。

⑥建立风险目录摘要:通过建立风险目录摘要,将工程可能面临的风险进行汇总,统一全体管理人员对工程风险的认识,有助于形成了全员风险管理的意识。

3. 工程风险识别的过程与方法

(1)风险识别一般过程如图8-9所示。

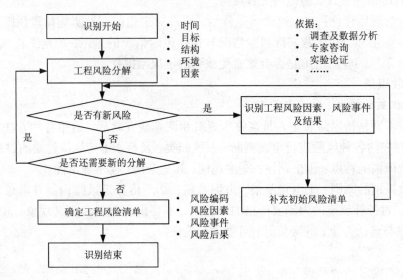

图8-9 风险识别一般过程

(2)风险识别的方法:

①专家调查法。这种方法又有头脑风暴法和德尔菲法两种方式。

②财务报表法。通过分析资产负债表、现金流量表、营业报表及有关补充资料,可以识别企业当前的所有资产、责任及人身损失风险。

③流程图法。将一项特定的生产或经营活动按步骤或阶段顺序以若干个模块形式组成一个流程图系列,在每个模块中都标出各种潜在的风险因素或风险事件,从而给决策者一个清晰的总体印象。由于流程图的篇幅限制,采用这种方法所得到的风险识别结果较粗。

④初始清单法。建立任何企业或工程都可能发生的所有损失一览表。以此为基础,风险管理人员再结合本企业或某项工程所面临的潜在损失对一览表中的损失予以具体化,从而建立特定工程的风险一览表。

⑤经验数据法。经验数据法也称为统计资料法,即根据已建各类建设工程与风险有关的统计资料来识别拟建建设工程的风险。

(四)风险分析与评估

(1)风险分析与评估的概念、优点:

①风险分析是指应用各种风险分析技术,用定性、定量或两者相结合的方式处理不确定性的过程,其目的是评价风险的可能影响。风险分析和评估是风险辨识和管理之间联系的纽带,是决策的基础。

②风险分析具有以下优点:使项目选定在成本估计和进度安排方面更现实、可靠。使决

策人能更好地、更准确地认识风险、风险对项目的影响及风险之间的相互作用。有助于决策人制定更完备的应急计划，有效地选择风险防范措施。有助于决策人选定最合适的委托或承揽方式。能提高决策者的决策水平，加强他们的风险意识，开阔视野，提高风险管理水平。

（2）风险分析与评估的步骤。风险分析包括以下三个必不可少的主要步骤：①采集数据；②完成不确定性模型；③对风险影响进行评价。

（3）风险分析与评估的方法：常见的风险分析方法有 8 种，即调查和专家打分法、层次分析法、模糊数学法、统计和概率法、敏感性分析法、蒙特卡罗模拟、CIM 模型、影响图。其中前两种方法侧重于定性分析，中间三种侧重于定量分析，而后面三种则侧重综合分析。

（五）风险责任划分

1．建立风险分担机制的原则

①强化分担机制的整体性；②加强分担机制的内部相关性；③提高分担机制的应变性；④增加风险预警系统和应急处理系统。

2．工程主体的风险管理目标

工程主体的风险管理目标见表 8 - 1。

表 8 - 1　工程主体的风险管理目标表

风险类型	风 险 因 素	风险主要承担主体
政治风险	政府政策，民众意见，意识形态的变化，宗教，法规，战争，恐怖活动，暴乱	业主，承包商，供应商，设计方，监理
环境风险	环境污染，许可权，民众意见，国内/社团的政策，环境法规或社会习惯	业主，承包商，监理
计划风险	许可要求，政策和习惯，土地使用，社会经济影响，民众意见	业主
市场风险	需求，竞争，经营陈旧化，顾客满意程度	业主，承包商，设计方，监理
经济风险	财政政策，税制，物价上涨，利率，汇率	业主，承包商
融资风险	破产，利润，保险，风险分担	业主，承包商，供应商
自然风险	不可预见的地质条件，气候，地震，火灾或爆炸，考古发现	业主，承包商
项目风险	采购策略，规范标准，组织能力，施工经验，计划和质量控制，施工程序，劳力和资源，交流和文化	业主，承包商
技术风险	设计充分，操作效率，安全性	业主，承包商
人为风险	错误，无能力，疏忽，疲劳，交流能力，文化，缺乏安全，故意破坏，盗窃，欺骗，腐败	业主，承包商，设计方，监理
安全风险	规章，危险物资，冲突，倒塌，洪水，火灾或爆炸	业主，承包商

3．工程风险的分配

风险分配方式对参与方的行为、投资规模以及工程的经济效益都有着至关重要的影响。随着工程建设领域的逐步发展和完善，建筑市场更加规范化、法制化和国际化。在各国工程实施过程中，都广泛地采用了标准合同条件，其中不仅明确划分了合同双方各自承担的责任、权利和义务，还配有一套科学的风险分配机制。目前 FIDIC 标准合同条件，代表了国际建筑市场最新的工程管理模式，满足了国际建筑市场中业主的各种需求。大多数的国际工程直接采用 FIDIC 合同条件对其工程进行管理，避免了自编合同条件缺陷引起的各种风险，较为公平、合理的对工程风险进行分配。目的是保证各方主体利益，避免纠纷，保证工程的成功实施。

FIDIC 合同条件风险责任分配见表 8 - 2。

表 8 - 2　FIDIC 合同条件风险责任分配表

风险类型	业　主	工程师	承包商
1. 工程的重要损失或破坏			
(1)战争等；暴乱、骚乱或混乱	遭受损失①	无责任	无责任
(2)核装置和压力波、危险爆炸	遭受损失②	无责任	无责任
(3)不可预见的自然力	遭受损失	无责任	无责任
(4)运输中的损失和损坏	若预先付款则有潜在损失	无责任	遭受损失③
(5)不合格的工艺和材料	潜在损失	无责任	有责任④
(6)工程师的粗心设计	潜在损失	有责任	无责任
(7)工程师的非疏忽缺陷设计	遭受损失	无责任	无责任
(8)已被业主使用或占用	遭受损失	无责任	无责任
(9)其他原因	潜在损失	无责任	遭受损失
2. 对工程设备的损失或损坏			
(1)战争等；暴乱、骚乱或混乱	造成损失①	无责任	遭受损失
(2)核装置和压力波、危险爆炸	造成损失②	无责任	遭受损失
(3)运输中的损失和损坏	无责任	无责任	遭受损失③
(4)其他原因	无责任	无责任	遭受损失⑤
3. 第三方的损失			
(1)执行合同中无法避免的后果	有责任	无责任	无责任
(2)业主的疏忽	有责任	无责任	无责任
(3)承包商的疏忽	无责任	无责任	有责任
(4)工程师的职业疏忽	无责任	有责任	无责任
(5)工程师的其他疏忽	无责任	有责任	无责任
4. 承包商/分包商方的人身伤害			
(1)承包商的疏忽	无责任	无责任	有责任
(2)业主的疏忽	有责任	无责任	无责任
(3)工程师的职业疏忽	无责任	有责任	无责任
(4)工程师的其他疏忽	无责任	有责任	无责任

注：①可能有政府补偿；②可能对核装置操作者或领有许可证者有追索权；③可能对运输有追索权；④可能对不合格材料供货商有追索权；⑤可能对造成损失或损坏的失职方有追索权。

4. 工程风险损失的分担

风险是时刻存在的，这些风险必须在项目参加者之间进行合理的分配，只有每个参加者都有一定的风险责任，他才有对项目管理和控制的积极性和创造性，只有合理的分配风险才能调动各方面的积极性，才能有项目的高效益。

合理分配风险损失要依照以下几个原则进行：

(1)从工程整体效益的角度出发，最大限度地发挥各方面的积极性。因为项目参加者如果都不承担任何风险，则他也就没有任何责任，当然也就没有控制的积极性，就不可能搞好工作。如采用成本加酬金合同，承包商则没有任何风险责任，承包商也会千方百计地提高成本以争取工程利润，最终将损害工程的整体效益；如果承包商承担全部的风险也是不可行的，为防备风险，承包商必须提高要价，加大预算，而业主也因不承担风险将决策随便，盲目干预，最终同样会损害整体效益。因此只有让各方承担相应的风险责任，通过风险的分配以加强责任心和积极性，达到能更好地计划与控制。

(2)公平合理，责、权、利平衡。一是风险的责任和权力应是平衡的。有承担风险的责任，也要给承担者以控制和处理的权力，但如果已有某些权力，则同样也要承担相应的风险责任；二是风险与机会尽可能对等，对于风险的承担者应该同时享受风险控制获得的收益和机会收益，也只有这样才能使参与者勇于去承担风险；三是承担的可能性和合理性，承担者应该拥有预测、计划、控制的条件和可能性，有迅速采取控制风险措施的时间、信息等条件，只有这样，参与者才能理性地承担风险。

(3)符合工程项目的惯例，符合通常的处理方法。如采用国际惯例 FIDIC 合同条款，就明确地规定了承包商和业主之间的风险分配，比较公平合理。

(六)风险预警

1. 工程风险预警的概念、特点与作用

(1)工程风险预警首先要建立预警指标体系，设定工程预警阀值，当预警监控指标突破阀值时，系统将发出预警信息，并根据预警信息的类型、性质和警报的程度提示相应的预控措施，以工程风险管理者提供必要信息，做出及时正确的决策。

(2)预警的特点：超前性；警示性；即时性；系统性。

(3)预警的作用：警示；控制；自律。

2. 预警管理

(1)预警管理：通过对内外部环境的预测、估计、推断以及对工程实施过程的调控，通过风险预警系统进行风险预警和预控的管理实践活动。

(2)预警管理的主要内容：风险预警目标；风险预警指标；预警信号与识别；中间控制过程；调节传导机制。

3. 风险预警系统

(1)预警的目的是指根据系统外部环境及内部条件的变化，对系统未来的不利事件或风险进行预测和报警，预警目标的实现必须借助预警系统的建立和运行。

(2)工程风险预警系统的建立与运行，贯穿了风险管理的全过程，涵盖了工程风险管理各环节，具有以下功能：①监测功能；②诊断功能；③矫正功能；④免疫功能；⑤警报提示功能。

(3)风险预警系统运行。工程风险预警系统的运行过程如图 8 - 10 所示。

（七）风险的防范应对

风险的防范手段多种多样，但归纳起来不外乎以下两种最基本的手段：一是采用风险控制措施来降低企业的预期损失或使这种损失更具有可测性，从而改变风险。这种手段包括风险回避、损失控制、风险分散及风险转移等。二是采用财务措施处理业经发生的损失，包括购买保险、风险自留和自我保险等。

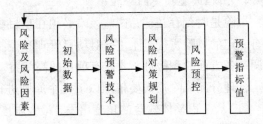

图8-10　工程风险预警系统的运行过程示意图

1. 风险控制措施

（1）风险回避：①拒绝承担风险；②放弃业主承担的风险以避免更大的损失。

（2）损失控制：①预防损失；②减少损失；③损失控制。

（3）分离风险。

（4）风险分散。

（5）风险转移：常用于工程承包中的分包和转包、技术转让或财产出租。合同、技术或财产的所有人通过分包或转包工程、转让技术或合同、出租设备或房屋等手段将应由其自身全部承担的风险部分或全部转移至他人，从而减轻自身的风险压力。

2. 运用财务对策控制风险

（1）风险的财务转移：包括保险的风险财务转移即通过保险转移，和非保险的风险财务转移即通过合同条款（担保银行或保险公司开具保证书或保函）达到转移的目的。

（2）风险自留：风险自留是将风险留给自己承担，不予转移。决定风险自留必须符合以下条件之一：

①自留费用低于保险公司所收取的费用；

②企业的期望损失低于保险人的估计；

③企业有较多的风险单位（意味着单位风险小，且企业有能力准确地预测其损失）；

④企业的最大潜在损失或最大期望损失较小；

⑤短期内企业有承受最大潜在损失或最大期望损失的经济能力；

⑥风险管理目标可以承受年度损失的重大差异；

⑦费用和损失支付分布于很长的时间里，因而导致很大的机会成本；

⑧投资机会很好；

⑨内部服务或非保险人服务优良。

如果实际情况与以上条件相反，无疑应放弃自留风险的决策。

（3）自我保险：自我保险指企业内部建立保险机制或保险机构，通过这种保险机制或由这种保险机构承担企业的各种可能风险。尽管这种办法属于购买保险范畴，但这种保险机制或机构终归隶属于企业内部，即使购买保险的开支有时可能大于自留风险所需开支，但因保险机构与企业的利益一致，各家内部可能有盈有亏，而从总体上依然能取得平衡，好处未落入外人之手。因此，自我保险决策在许多时候也具有相当重要的意义。

（八）承包商风险管理

1. 承包工程的风险

承包工程中存在以下四方面的风险：

（1）工程的技术、经济、法律等方面的风险。现代工程规模大，功能要求高，需要新技术，特殊的工艺，特殊的施工设备，工期紧迫。现场条件复杂，干扰因素多；施工技术难度大，特殊的自然环境，如场地狭小，地质条件复杂，气候条件恶劣；水电供应、建材供应不能保证等。承包商的技术力量、施工力量、装备水平、工程管理水平不足，在投标报价和工程实施过程中会有这样或那样的失误，例如：技术设计、施工方案、施工计划和组织措施存在缺陷和漏洞，计划不周，报价失误。承包商资金供应不足，周转困难。在国际工程中还常常出现对当地法律、语言不熟悉，对技术文件、工程说明和规范理解不正确或出错的现象。

（2）业主资信风险。业主的经济情况变化，如经济状况恶化，濒于倒闭，无力继续实施工程，无力支付工程款，工程被迫中止。业主的信誉差，不诚实，有意拖欠工程款。业主为了达到不支付，或少支付工程款的目的，在工程中苛刻刁难承包商，滥用权力，施行罚款或扣款。业主经常改变主意，如改变设计方案、实施方案，打乱工程施工秩序，但又不愿意给承包商以补偿等。

（3）外界环境的风险。经济环境的变化，如通货膨胀、汇率调整、工资和物价上涨。物价和货币风险在承包工程中经常出现，而且影响非常大。合同所依据的法律的变化，如新的法律颁布，国家调整税率或增加新税种，新的外汇管理政策等。自然环境的变化，如百年未遇的洪水、地震、台风等，以及工程水文、地质条件的不确定性。

（4）合同风险。工程承包合同中一般都有风险条款和一些明显的或隐含着的对承包商不利的条款。它们常造成承包商的损失。

2. 承包商风险管理的任务

（1）在合同签订前对风险作全面分析和预测。主要考虑如下问题：工程实施中可能出现的风险的类型、种类；风险发生的规律，如发生的可能性，发生的时间及分布规律；风险的影响，即风险如果发生，对承包商的施工过程，对工期和成本（费用）有哪些影响；承包商要承担哪些经济的和法律的责任等；各风险之间的内在联系，例如一齐发生或伴随发生的可能。

（2）对风险进行有效的对策和计划。即考虑如果风险发生应采取什么措施予以防止，或降低它的不利影响，为风险作组织、技术、资金等方面的准备。

（3）在合同实施中对可能发生，或已经发生的风险进行有效的控制。采取措施防止或避免风险的发生；有效地转移风险，争取让其他方面承担风险造成的损失；降低风险的不利影响，减少自己的损失；在风险发生的情况下进行有效的决策，对工程施工进行有效的控制，保证工程项目的顺利实施。

3. 承包合同风险的对策

（1）在报价中考虑。提高报价中的不可预见风险费：对风险大的合同，承包商可以提高报价中的风险附加费，为风险作资金准备。风险附加费的数量一般依据风险发生的概率和风险一经发生承包商将要受到的费用损失量确定。所以风险越大，风险附加费应越高。但这受到很大限制。风险附加费太高对合同双方都不利：业主必须支付较高的合同价格；承包商的报价太高，失去竞争力，难以中标。

采取一些报价策略：采用一些报价策略，以降低、避免或转移风险。例如开口升级报价法、多方案报价法等。在报价单中，建议将一些花费大、风险大的分项工程按成本加酬金的方式结算。但由于业主和监理工程师管理水平的提高，招标程序的规范化和招标规定的健全，这些策略的应用余地和作用已经很小，弄得不好承包商会丧失承包工程资格或造成报价失误。

在法律和招标文件允许的条件下，在投标书中使用保留条件、附加或补充说明。

（2）通过谈判，完善合同条文，双方合理分担风险。合同双方都希望签认一个有利的，风险较少的合同。但在工程过程中许多风险是客观存在的，问题是由谁来承担。减少或避免风险，是承包合同谈判的重点。合同双方都希望推卸和转嫁风险，所以在合同谈判中常常几经磋商，有许多讨价还价。

通过合同谈判，完善合同条文，使合同能体现双方责权利关系的平衡和公平合理。这是在实际工作中使用最广泛，也是最有效的对策。

充分考虑合同实施过程中可能发生的各种情况：在合同中予以详细具体地规定，防止意外风险。所以，合同谈判的目标，首先是对合同条文拾遗补缺，使之完整。

使风险型条款合理化，力争对责权利不平衡条款、单方面约束性条款作修改或限定，防止独立承担风险。例如：合同规定，业主和工程师可以随时检查工程质量。同时又应规定，如由此造成已完工程损失，影响工程施工，而承包商的工程和工作又符合合同要求，业主应予以赔偿损失。

合同规定，承包商应按合同工期交付工程，否则，必须支付相应的违约罚款。合同同时应规定，业主应及时交付图纸，交付施工场地、行驶道路，支付已完工程款等，否则工期应予以顺延。

对不符合工程惯例的单方面约束性条款，在谈判中可列举工程惯例，劝说业主取消。

将一些风险较大的合同责任推给业主，以减少风险。当然，常常也相应地减少收益机会。例如，让业主负责提供价格变动大，供应渠道难保证的材料；由业主支付海关税，并完成材料、机械设备的入关手续；让业主承担业主的工程管理人员的现场办公设施、办公用品、交通工具、食宿等方面的费用。

通过合同谈判争取在合同条款中增加对承包商权益的保护性条款。

（3）保险公司投保。工程保险是业主和承包商转移风险的一种重要手段。当出现保险范围内的风险，造成财务损失时，承包商可以向保险公司索赔，以获得一定数额的赔偿。一般在招标文件中，业主都已指定承包商投保的种类，并在工程开工后就承包商的保险作出审查和批准。通常承包工程保险有：工程一切险；施工设备保险；第三方责任险；人身伤亡保险等。承包商应充分了解这些保险所保的风险范围、保险金计算、赔偿方法、程序、赔偿额等详细情况。

（4）采取技术的、经济的和管理的措施。在承包合同的实施过程中，采取技术的、经济的和管理的措施，以提高应变能力和对风险的抵抗能力。例如：对风险大的工程派遣最得力的项目经理、技术人员、合同管理人员等，组成精干的项目管理小组；施工企业对风险大的工程，在技术力量、机械装备、材料供应、资金供应、劳务安排等方面予以特殊对待，全力保证合同实施；对风险大的工程，应作更周密的计划，采取有效的检查、监督和控制手段；风险大的工程应该作为施工企业的各职能部门管理工作的重点，从各个方面予以保证。

（5）在工程过程中加强索赔管理。用索赔和反索赔来弥补或减少损失，这是一个很好的，也是被广泛采用的对策。通过索赔可以提高合同价格，增加工程收益，补偿由风险造成的损失。

许多有经验的承包商在分析招标文件时就考虑其中的漏洞、矛盾和不完善的地方，考虑到可能的索赔，甚至在报价和合同谈判中为将来的索赔留下伏笔。但这本身常常又会有很大的风险。

(6)其他对策：将一些风险大的分项工程分包出去，向分包商转嫁风险；与其他承包商合伙承包，或建立联合体，共同承担风险等。

8.2.3 工程保险

FIDIC 条款第 18 条规定了保险：18.1 有关保险的总体要求；18.2 工程和承包商的设备的保险；18.3 人员伤亡和财产损害的保险；18.4 承包商的人员的保险。

1. 工程保险的概念、标的与特点

(1)工程保险是以建筑和安装工程项目为主要保险标的的保险。即承保工程期间一切意外的物质损失和对第三者应负的人身伤害与财产损失。工程保险均按一切险承保。它包括建筑工程一切险和安装工程一切险。

(2)保险标的。其具体保险标的为：

①工程项目的主体(各种建筑物或被安装的机器设备)；

②工程用的机械设备；

③第三者责任；

④此外，还有一些附带项目，如工地上原有的建筑、其他财产、临时工程设施及场地清理费用等。

(3)工程保险具有如下特点：

①承保风险的复杂性；②投保人的多方性；③承保期限的不确定性；④承保责任的综合性；⑤承保金额的巨大性。

2. 工程保险的功能机制与作用

(1)工程保险的功能机制其实和一般的财产保险一样，都是保险组织通过向投保人收取保险费，建立基金。

(2)建筑行业是一个风险丛生的行业，充分利用保险的风险分担和补偿机制对促进我国建筑市场的健康发展具有重要的作用，具体表现在：

①减少工程风险的不确定性；

②增强投保人承担风险的能力；

③保障工程的财务稳定性；

④增强企业竞争能力；

⑤提高工程参与各方的风险防范和管理能力。

3. 主要险种内容

(1)建筑工程一切险。

(2)安装工程一切险。

(3)第三者责任保险。

(4)人员险。

(5)机械设备险。

注意：在购买建筑工程一切险、安装工程一切险时，不但要对保险责任进行充分的了解，更重要的是对于保险期限的各种具体期限规定要搞清楚。以免在向保险公司索赔时才发现不在保险期限内。

4. 办理保险的注意事项

(1)明确责任、投保险种：工程一切险、人员险、第三方责任险、施工机械设备险等。

（2）选择合适保险公司：能力和信誉。

（3）严格履行保险手续：填调查表、审保险条款、变化及时通知变更等。

（4）被保险人的义务：防止损失的义务、立即告知的义务。

5．工程保险合同

（1）工程保险合同的概念：工程保险合同是指在商业保险中，工程保险关系双方当事人为实现对被保险人的财产、有关利益及第三者责任进行经济保障，明确双方权利、义务关系所签订的一种具有法律效力的协议，它属于保险合同的一种。

（2）工程保险合同除了具有一般经济合同的性质以外，还有自己的特性：①工程保险合同的补偿性、受益性；②工程保险合同的侥幸性；③工程保险合同的诚信性。

（3）工程保险合同的要素：

①保险合同的主体是指与保险合同发生直接、间接关系的人（含法人与自然人），包括当事人、关系人和辅助人。

保险合同的当事人。保险合同的当事人是指直接参与建立保险法律关系、确定合同权利与义务的行为人，即参与订立保险合同的主体，包括投保人或被保险人和保险人。投保人，又称要保人，是向保险人申请订立保险合同，并负责缴付保险费义务的保险合同的一方当事人。保险人，经营保险业务，是保险合同的一方当事人。

保险合同的关系人。保险合同的关系人是指与保险合同有经济利益关系，而不一定参与保险合同订立的人。保险关系人包括被保险人、受益人、保单所有人。被保险人，是指其财产或者人身受保险合同保障，享有保险金请求权的人。受益人，又叫保险金受领人，即保险合同中约定的，在保险事故发生后享有保险赔偿与保险金请求权的人。保单所有人，保单所有人又称为保单持有人，是拥有保单各种权力的人。

保险合同的辅助人。保险合同的辅助人是指协助保险合同的当事人签署保险合同或履行保险合同，并办理有关保险事项的人，包括保险代理人、保险经纪人和保险公估人。由于保险合同的辅助人所担任的角色具有中介性质，因此，又被称为保险的中介人。

②保险合同的客体是保险合同的重要组成要素。按民法规定，客体是指权利和义务所指向的对象。保险合同的客体不是保险标的本身，而是投保人或被保险人对保险标的的保险利益。这主要是因为保险合同保障的不是保险标的本身的安全，而是保险标的受损后投保人或被保险人、受益人的经济利益。

③工程保险合同包括如下内容：工程保险的保险标的，工程保险中的保险标的是工程保险合同中列明的投保对象及第三者责任；工程保险的各方当事人名称及保险地点；保险责任与责任免除；保险价值和保险金额；保险价值是指保险标的在某一特定时期内的实际经济价值。

（4）保险合同的订立、履行与变更：

①保险合同的订立程序包括要约与承诺。

②保险合同的履行与变更。

③保险合同的解释一般应遵循四项原则：文义解释原则，即按合同条款通常的文字含意并结合上下文进行解释；意图解释原则，就是必须尊重双方当事人的真实意图进行解释的原则；批注优于正文，后批优于先批的原则；有利于被保险人和受益人的原则。

④保险合同的争议：包括有关保险标的的争议；有关索赔理赔时效的争议；有关投保人履行义务方面的争议；不同的理解、不同的计算方法的争议；人身保险方面的争议。

⑤保险合同双方发生争议，有三种处理方式：一是友好协商，力争取得一致意见，这是合同纠纷最常见的处理方法。另外两种就是请仲裁机构仲裁和向法院起诉。争议处理方式一般都在保险合同条款中注明。

8.2.4　工程担保

1. 工程担保概述

(1)担保的定义：担保是指合同的双方当事人为了使合同能够得到全面按约履行，根据法律、行政法规的规定，经双方协商一致而采取的一种具有法律效力的保证措施。

(2)工程担保的意义：①提高业主的信息甄别力。②惩戒机制使承包商减少了道德风险及其逆选择行为激励。③促使承包商的信息披露更加公开和真实。

(3)形式：①保证；②抵押；③质押；④留置；⑤定金。

2. 保函

(1)保函的定义：保函是指第三者应当事人一方的要求，以其自身信用，为担保交易项下的某种责任或义务的履行而做出的一种具有一定金额、一定期限、承担其中支付责任或经济赔偿责任的书面付款保证承诺。

(2)保函当事人：

①申请人或委托人：向银行或其他金融机构提出申请、要求出具保函的一方。

②受益人：接受保函，在申请人违约时有权按保函规定条款，向担保人提出索赔的一方。

③担保人：据申请要求开立保函的一方。

(3)保函要素：当事人、担保责任、索赔条件、担保期限、保函金额、担保费率等。

(4)保函的基本内容：

①担保金额；

②担保责任；

③索赔条件；

④有效期和撤销条件。

3. 国际工程承包中经常涉及的保函

(1)投标保函：在以招标方式成交的工程建造和物资采购等项目中，银行应招标方的要求出具的、保证投标人在招标有效期内不撤标、不改标、中标后在规定时间内签订合同或提交履约保函的书面文件。包括以下基本内容：

①担保内容：主要是两个方面，一是在投标有效期内不撤回标书；二是中标后签承包合同。②申请人：投标人(承包商)。③受益人：业主。④担保人：一般是银行。⑤担保金额：一般为投标价的5%。

(2)履约保函：履约保函是指应劳务方和承包方(申请人)的请求，向工程的业主方(受益人)做出的一种履约保证承诺。如果劳务方和承包方日后未能按时、按质、按量完成其所承建的工程，则银行将向业主方支付一笔约占合约金额5%~10%的款项。包括以下基本内容：

①担保内容：按时、按质、按量完成其所承建的工程。②申请人：承包商。③受益人：业主。④担保人：一般是银行。⑤担保金额：一般为合同价的10%。

(3)开工预付款保函：承包商要求业主支付开工预付款时，必须提交开工预付款保函。包括以下基本内容：

①担保内容：主要有两方面，一是承包商拿到开工预付款后按时开工；二是保证在以后的工程进度款中扣回。②申请人：承包商。③受益人：业主。④担保人：一般是银行。⑤担保金额：一般为开工预付款全额。

（4）材料预付款保函：承包商在工程实施过程中，可以向业主申请支付材料预付款，但条件是必须提交材料预付款保函。包括以下基本内容：

①担保内容：主要有两方面，一是承包商拿到材料预付款必须购买合格材料；二是保证在以后的工程进度款中扣回。②申请人：承包商。③受益人：业主。④担保人：一般是银行。⑤担保金额：一般为材料预付款全额。

（5）工程支付保函：工程支付保函和履约保函是对等的，是为了保证业主按合同规定按时、按量地向承包商支付所做出的担保。包括以下基本内容：

①担保内容：业主按时按量向承包商支付。②申请人：业主。③受益人：承包商。④担保人：一般是银行。⑤担保金额：一般为合同价的 10%。

（6）免税工程物资使用保函：对于减免税收的工程，必须向国家税收部门提交免税工程物资使用保函，以保证免税工程物资应用到免税工程中去。包括以下基本内容：

①担保内容：主要有两方面，一是保证免税物资必须用到免税工程中去；二是保证当免税物资没有用到免税工程中去时，应按税收政策补交减免的税款。②申请人：承包商。③受益人：工程所在国（或地区）政府（税收部门）。④担保人：一般是银行。⑤担保金额：一般为减免的税收全额。

（7）临时进出口保函：承包商通过银行向工程所在国海关税收部门开具的担保承包商在工程竣工后，将临时进口物资运出工程所在国或照常纳税后永久留下使用的经济担保书。这种保函的金额一般为应交税款的全部金额，适用于免税工程或施工机具、可临时免税进口工程。包括以下基本内容：

①担保内容：主要是两个方面，一是工程完工运出；二是若不运出，则补交关税。②申请人：承包商。③受益人：工程所在国政府（海关）。④担保人：一般是银行。⑤担保金额：一般为应交税款的全部金额。

（8）工程维修保函：工程维修保函是指应施工方申请，银行向业主保证，工程竣工后如施工方不履行合同约定的维修义务，或工程出现质量问题后，施工单位不能依约维修时，银行将按业主索赔予以赔偿。现在一般以保留金的形式取代。包括以下基本内容：

①担保内容：在缺陷责任期内维修缺陷。②申请人：承包商。③受益人：业主。④担保人：一般是银行。⑤担保金额：一般为合同价格的 5% ~ 10%。

4. 银行办理保函的程序

（1）银行的担保。银行履约担保是一种在特定条件下可支付的银行承诺文件，也是对承包商遵守合同义务用经济形式表现的担保。

（2）银行的担保内容必须是完整、严谨、公正和明确的。一般应包括以下内容：

①担保人，即银行。应写明银行的全名、法定地址等。

②被担保人，指委托人即承包商。应写明承包商的全名和法定地址，并与合同文件中的名称完全一致，还应写明保函是应承包商的请求而开具的，以示为该承包商承担责任。

③受益人，指工程业主。在承包商发生违约行为后，有权凭银行保函向银行索偿其担保金额，作为对业主所受损害的赔偿。

④担保原因。反映被担保人与受益人有何种合同契约关系，例如某年某月某日双方签订

了何种合同及号码，被担保人有履约责任。

⑤担保金额。因银行保函系货币履约保证书性质，应写明担保赔偿的货币名称和最高限额。

⑥有效期限。包括担保的起始日期和失效日期，不能抽象地规定为"工程竣工日"、"直至履约完毕"等。一般履约担保的有效期要一直到工程缺陷责任期终结后 30 天为止。如果工程确实出现竣工期延长，被担保人应当与业主协商，并书面通知银行，将履约保函的有效期适当延长。

⑦担保责任。这是保函中至关紧要的问题，应当写明担保人是在被担保人违约条件下才有保函规定限额内的偿付责任。有许多工程的合同文件中附有业主要求的保函格式，如承包商接受了这种合同条件，而且在议标时并未讨论或提出异议，那么，只能按其格式开出保函。

⑧索偿兑现条件。即受益人凭何种证明文件向银行索偿即可兑现，这也是至关紧要的一个问题。有一种是"无条件索偿即付"保函，这是在索偿兑现前即已完全剥夺了担保人申辩权利的保函；另一种是受益人应提供被担保人违约证据才可索偿兑现的"有条件索赔"保函。

⑨保函开具方式。书面保函应有银行的负责人签署；电传形式一般只适用有密押电传关系的银行之间，最后仍由当地的被业主接受的银行开出书面形式保函。

8.2.5　工程保险与工程担保的区别和联系

1. 区别

工程担保人，可以是银行、保险公司或专业的工程担保公司。这与《保险法》规定的工程保险人只能是保险公司有着根本的不同。除此之外，两者的区别还表现在以下几方面：

(1)风险对象不同：工程担保面对的是"人祸"，即人为的违约责任；工程保险面对的多是"天灾"，即意外事件、自然灾害等。

(2)风险方式不同：工程保险合同是在投保人和保险人之间签订的，风险转移给了保险人；工程担保当事人有三方，即委托人、权利人和担保人。权利人是享受合同保障的人，是受益方。当委托人违约使权利人遭受经济损失时，权利人有权从工程担保人处获得补偿。这就与工程保险区别开来，保险是谁投保谁受益，而保证担保的担保人并不受益，受益的是第三方。最重要的在于，委托人并未将风险最终转移给工程担保人，而是以代理加反担保的方式将风险抵押给工程担保人。也就是说，风险最终承担者仍是委托人自己。

(3)风险责任不同：依据《中华人民共和国担保法》(以下简称《担保法》)的规定，委托人对保证人其向权利人支付的任何赔偿，有返还给保证人的义务；而依据《保险法》的规定，保险人赔付后是不能向投保人追偿的。

(4)风险选择不同：同样作为投保人，工程保险的选择性相对较小，只要投保人愿意，一般都可以被保险。工程担保则不同，它必须通过资信审查评估等手段选择有资格的委托人。因此，在发达国家，能够轻松地拿到保函，是有信誉、有实力的象征。也正因为这样，通过保证担保可以建立一种严格的建设市场准入制度。

2. 联系

必须指出的是，尽管工程担保和工程保险有着根本区别，但在工程实践中，却是常常在一起为工程建设发挥着保驾护航的重要作用。工程担保和保险是国际市场常用的制度。

我国工程担保和工程保险制度还处于探索时期。1998 年建设部建立这个制度作为体制改革的重要内容，同年 7 月，我国首家专业化工程保证担保公司——长安保证担保公司挂牌成立。目前，该公司已与中国人民保险公司、国家开发银行、中国民生银行、华夏银行等多家单位展开合作，并已为国家大剧院、广州白云国际机场、中关村科技园区开发建设以及港口、国家粮库等一批重点工程提供投标、履约、预付款和发包人支付等保证担保产品。

8.3　工程分包管理

8.3.1　工程分包的概念和相关规定

1. 工程分包的概念

工程分包是指从事工程总承包的单位将所承包的建设工程的一部分依法分包给具有相应资质的承包单位，该承包人不退出承包关系，其与第三人就第三人完成的工作成果向发包人承担连带责任的活动。工程分包是承包商按合同规定的程序将部分工程分给其他承包商施工的行为。

2. FIDIC 条款对工程分包的有关规定

FIDIC 条款 1.1.2.8 是关于分包商的定义："分包商"指合同中指明为分包商的所有人员，或为部分工程指定为分包商的人员；及所有上述人员的合法继承人。

FIDIC 条款 4.4 是关于分包商的规定：承包商不得将整个工程分包出去。

8.3.2　工程分包的分类

1. 一般性分包合同

（1）含义：一般性分包合同是指在承包合同执行过程中，承包人由于某种原因，将自己承担的一部分工程，在经监理工程师批准后，分包给另外的承包人施工，承包人和分包人签订工程分包合同。

（2）特征：

①承包人挑选分包人；

②分包合同必须事先征得业主的同意和监理工程师的书面批准；

③承包人不得把整个工程分包出去，自己执行主体合同；

④业主和分包人没有合同关系，承包人签合同并派代表对分包工程负责。

（3）分包合同的签订程序：承包人选分包人——报批（监理）——审核、答复——签分包合同——分包人进入现场。

建筑工程总承包单位可以将承包工程中的部分工程发包给具有相应资质条件的分包单位。但是，除总承包合同中已约定的分包外，必须经建设单位认可。施工总承包的，建筑工程主体结构的施工必须由总承包单位自行完成。

建筑工程总承包单位按照总承包合同的约定对建设单位负责，分包单位按照分包合同的约定对总承包单位负责。总承包单位和分包单位就分包工程对建设单位承担连带责任。

2. 指定分包合同

（1）含义：指定分包商是由业主（或工程师）指定、选定，完成某项特定工作内容并与承包商签订分包合同的特殊分包商。合同条款规定，业主有权将部分工程项目的施工任务或涉及提供材料、设备、服务等工作内容发包给指定分包商实施。

FIDIC 条款第 5 条是关于指定分包商的，5.1 规定了指定分包商的含义：在合同中，"指定分包商"是指一个分包商:合同中指明作为指定分包商的,或工程师依据第 13 款"变更和调整"指示承包商将其作为一名分包商雇用的人员。

(2)特征:

①分包人由业主或监理工程师事先在合同中指定或通过招标产生;

②分包人与承包人签订分包合同,与业主仍无合同关系;

③分包的工作尽限于工程量清单中所列"暂定金额"有关的项目;

④承包商有权反对指定的分包对象:要求换人(重新指定分包商);修改分包合同条款;变更自己承担哪项工程;

⑤指定分包商向承包商负责,承担合同文件中承包商应向业主承担的一切相应责任和义务;

⑥通过承包商向分包商支付,分包商向承包商交管理费,监理工程师对指定分包合同进行监督,必要时直接向分包商支付。

(3)指定分包合同签订程序:①招标指定;②中标者与承包商签合同(在业主、承包商合同后);③乙方不同意可要求换人;④正式签合同后分包商进入现场。

(4)FIDIC 条款关于指定分包的规定。

FIDIC 条款 5.2 是"对指定的反对":承包商没有义务雇用一名他已通知工程师并提交具体证明资料说明其有理由反对的指定分包商。

FIDIC 条款 5.3 是"对指定分包商的支付":承包商应向指定分包商支付工程师证实的依据分包合同应支付的款额。该项款额加上其他费用应按照第 13.5 款"暂定金额"的规定加入合同价格,但第 5.4 款"支付的证据"中说明的情况除外。

FIDIC 条款 5.4 是"支付的证据":在颁发一份包括支付给指定分包商的款额的支付证书之前,工程师可以要求承包商提供合理的证据,证明按以前的支付证书已向指定分包商支付了所有应支付的款额(适当地扣除保留金或其他)。

3．其他分类

(1)专业工程分包,是指施工总承包企业将其所承包工程中的专业工程发包给具有相应资质的其他建筑业企业完成的活动,在具体实践中有业主指定分包和承包人报请业主、监理同意后的专业分包。

(2)劳务作业分包,是指施工总承包企业或者专业承包企业将其承包工程中的劳务作业发包给劳务分包企业完成的活动,往往不需经业主、监理的同意,承包单位可以自行选择。

8.3.3　工程分包合同的主要内容

(一)分包的合法条件

(1)分包必须取得发包人的同意;

(2)分包只能是一次分包,即分包单位不得再将其承包的工程分包出去;

(3)分包必须是分包给具备相应资质条件的单位;

(4)总承包人可以将承包工程中的部分工程发包给具有相应资质条件的分包单位,但不得将主体工程分包出去。

(二)建设工程施工专业分包合同示范文本的主要内容

建设部和国家工商行政管理总局于 2003 年发布了《建设工程施工专业分包合同(示范文本)》(GF - 2003 - 0213)。该文本由《协议书》、《通用条款》、《专用条款》三部分组成。

1.《协议书》

《协议书》内容包括：

(1)分包工程概况，分包工程名称，分包工程地点，分包工程承包范围。

(2)分包合同价款。

(3)工期，开工日期，竣工日期，合同工期总日历天数。

(4)工程质量标准。

(5)组成合同的文件包括：本合同协议书；中标通知书(如有时)；分包人的报价书；除总包合同工程价款之外的总包合同文件；本合同专用条款；本合同通用条款；本合同工程建设标准、图纸及有关技术文件；合同履行过程中，承包人和分包人协商一致的其他书面文件。

(6)本协议书中有关词语含义与本合同第二部分《通用条款》中分别赋予它们的定义相同。

(7)分包人向承包人承诺，按照合同约定的工期和质量标准，完成本协议书第一条约定的工程，并在质量保修期内承担保修责任。

(8)承包人向分包人承诺，按照合同约定的期限和方式，支付本协议书第二条约定的合同价款，及其他应当支付的款项。

(9)分包人向承包人承诺，履行总包合同中与分包工程有关的承包人的所有义务，并与承包人承担履行分包工程合同以及确保分包工程质量的连带责任。

(10)合同的生效。

2.《通用条款》

《通用条款》内容包括：

(1)词语定义及合同文件，包括词语定义，合同文件及解释顺序，语言文字和适用法律、行政法规及工程建设标准，图纸。

(2)双方一般权利和义务，包括承包人的工作和分包人的工作。

(3)工期。

(4)质量与安全，包括质量检查与验收和安全施工。

(5)合同价款与支付，包括合同价款及调整、工程量的确认和合同价款的支付。

(6)工程变更。

(7)竣工验收与结算。

(8)违约、索赔及争议。

(9)保障、保险及担保。

(10)其他，包括材料设备供应、文件、不可抗力、分包合同解除、合同生效与终止、合同价数和补充条款等规定。

3.《专用条款》

《专用条款》内容包括：

(1)词语定义及合同文件。

(2)双方一般权利和义务。

(3)工期。

(4)质量与安全。

(5)合同价款与支付。

(6)工程变更。

（7）竣工验收与结算。

（8）违约、索赔及争议。

（9）保障、保险及担保。

（10）其他。

《专用条款》与《通用条款》是相对应的，《专用条款》具体内容是承包人与分包人协商将工程的具体要求填写在合同文本中，建设工程专业分包合同《专用条款》的解释优于《通用条款》。

8.3.4　对工程分包的审批与管理

（一）分包资质管理

《建筑法》第 29 条和《合同法》第 273 条同时规定，禁止（总）承包人将工程分包给不具备相应资质条件的单位，这是维护建设市场秩序和保证建设工程质量的需要。

（1）专业承包资质。专业承包序列企业资质设 2～3 个等级，60 个资质类别，其中常用类别有：地基与基础、建筑装饰装修、建筑幕墙、钢结构、机电设备安装、电梯安装、消防设施、建筑防水、防腐保温、园林古建筑、爆破与拆除、电信工程、管道工程等。

（2）劳务分包资质。劳务分包序列企业资质设 1～2 个等级，13 个资质类别，其中常用类别有：木工作业、砌筑作业、抹灰作业、油漆作业、钢筋作业、混凝土作业、脚手架作业、模板作业、焊接作业、水暖电安装作业等。如同时发生多类作业可划分为结构劳务作业、装修劳务作业、综合劳务作业。

（二）关于分包的法律禁止性规定

1. 违法分包

根据《建设工程质量管理条例》的规定，违法分包指下列行为：

（1）总承包单位将建设工程分包给不具备相应资质条件的单位，这里包括不具备资质条件和超越自身资质等级承揽业务两类情况。

（2）建设工程总承包合同中未有约定，又未经建设单位认可，承包单位将其承包的部分建设工程交由其他单位完成的。

（3）施工总承包单位将建设工程主体结构的施工分包给其他单位的。

（4）分包单位将其承包的建设工程再分包的。

2. 转包

转包是指承包单位承包建设工程后，不履行合同约定的责任和义务，将其承包的全部建设工程转给他人或者将其承包的全部工程肢解后以分包的名义分别转给他人承包的行为。

分包和转包的不同点在于，分包工程的总承包人参与施工并自行完成建设项目的一部分，而转包工程的总承包人不参与施工。二者的共同点是，分包和转包单位都不直接与建设单位签订承包合同，而直接与总承包人签订承包合同。

3. 挂靠

挂靠是与违法分包和转包密切相关的另一种违法行为，包括：

（1）转让、出借资质证书或者以其他方式允许他人以本企业名义承揽工程的。

（2）项目管理机构的项目经理、技术负责人、项目核算负责人、质量管理人员、安全管理人员等不是本单位人员，与本单位无合法的人事或者劳动合同、工资福利以及社会保险关系的。

（3）建设单位的工程款直接进入项目管理机构财务的。

4. 违法分包的处罚

（1）《中华人民共和国建筑法》第六十七条第一款规定："承包单位将承包的工程转包的，或者违反本法规定进行分包的，责令改正，没收违法所得，并处罚款，可以责令停业整顿，降低资质等级；情节严重的，吊销资质证书。"

（2）《中华人民共和国招标投标法》第五十八条规定："中标人将中标项目转让给他人的，将中标项目肢解后分别转让给他人的，违反本法规定将中标项目的部分主体、关键性工作分包给他人的，或者分包人再次分包的，转让、分包无效，处转让、分包项目金额千分之五以上千分之十以下的罚款；有违法所得的，并处没收违法所得；可以责令停业整顿；情节严重的，由工商行政管理机关吊销营业执照。"

（3）《建设工程质量管理条例》第六十二条规定："违反本条例规定，承包单位将承包的工程转包或者违法分包的，责令改正，没收违法所得，对勘察、设计单位处合同约定的勘察费、设计费25%以上50%以下的罚款；对施工单位处工程合同价款0.5%以上1%以下的罚款；可以责令停业整顿，降低资质等级；情节严重的，吊销资质证书。"

（4）《建筑业企业资质管理规定》第三十七条规定："将承包的工程转包或者违法分包的，责令改正，没收违法所得，处工程合同价款0.5%以上1%以下的罚款；可以责令停业整顿，降低资质等级；情节严重的，吊销资质证书。"

（5）《房屋建筑和市政基础设施工程施工分包管理办法》第十八条规定："违反本办法规定，转包、违法分包或者允许他人以本企业名义承揽工程的，按照《中华人民共和国建筑法》、《中华人民共和国招标投标法》和《建设工程质量管理条例》的规定予以处罚；对于接受转包、违法分包和用他人名义承揽工程的，处1万元以上3万元以下的罚款。"

（三）对工程分包的审批

1. 审批权限

（1）合同金额小于50万元的，由发包方自审，报请单位行政第一负责人批准。

（2）合同金额大于50万元、小于200万元的，属局管项目部组织实施的项目，由项目部审查，项目经理批准。属二级单位管理的项目部组织实施的项目，由项目部自审查通过后，报二级单位有关部门审核，最终由二级单位行政第一负责人批准。

（3）合同金额大或等于200万元的，先按不超过200万元的项目和程序审查通过后，报工程局有关部门审核，最终由分管局领导批准。

2. 审批事项

（1）常规审批事项包括工程分包立项、分包商的选择评价和工程分包合同签订等。只有终审通过，项目部才能正式办理获得批准的事项。

（2）对以下特别事项应进行特别审批：

①受条件和市场情况所限，难以采用市场竞争方式选择分包商而又需进行工程分包的；

②工程分包合同价格与工程承包合同价格相比，难以不倒挂的；

③工程施工确实急需先引入分包商，而后补签工程分包合同的；

④确实需要给予分包商工程预付款的；

⑤人力不可抗力的其他特殊情况。

对特别事项应依其所属的工程分包项目性质按合同总金额的大小分档，按审批权限审查批准后实施。

（3）发包方可对审查事项按审批权限分项送审，批准后分步办理；归并送审的，批准后也要分步办理。不允许"先斩后奏"、或为回避审批程序，采取以大化小的做法将一次分包的项目肢解后多次分包。

（4）凡是采用单价承包的工程分包项目由发包方按计划分包工程量估算合同总金额，当工程分包实际结算金额累计超过估算合同总金额的 15% 及以上时，发包方应按该项工程分包审批权限重新上报审批，并附《分包商业绩评定表》和情况说明，获得批准后应重新签订分包合同或补充协议。

3. 工程分包立项审批

工程分包立项审批由发包方填制工程分包立项申请表，分包商的选择评价和工程分包合同审批由发包方分别填制《选定分包商审批表》和《工程分包合同审批表》，特别事项审批由发包方填制《工程分包特别事项审批表》，各审批事项应附必要的文件资料和说明。

4. 各级审查工作

各级审查工作由同级经营管理部门负责组织工程管理、质量、安全管理及其他有关部门共同进行，每级审查时间一般不应超过 10 个工作日。逐级审查的，在中间审查通过后，应有该级行政第一负责人的签字确认。审查通过后必须将有关资料报送上级经营管理部门备案。

（四）企业应当采取的分包管理措施

（1）建立健全管理机构；

（2）健全各项规章制度、明确可分包工程范围；

（3）严格审核分包方的资格，为分包方建立档案；

（4）加强分包合同签订管理，确保签订规范的分包合同；

（5）签订合同后，要召开履约部门负责人学习、分析分包合同；

（6）要加强对分包工程质量管理，不能以包代管；

（7）加强成本控制，确保企业利益不受损害；

（8）定期分析分包合同的履约情况；

（9）注重履约跟踪和完工总结，为以后工作积累经验。

8.4　工程计量与支付

8.4.1　计量与支付概述

（一）计量与支付的概念

1. 计量的概念

计量是按照《技术规范》所规定的方法对承包商符合要求的已完工程的实际数量所进行的测量、计算、核查和确认的过程。计量是监理工程师的基本职责和基本权力，也是费用监理的基本环节。没有准确和合理的计量，就会破坏工程承包合同中的经济关系，影响承包合同的正常履行。

计量的任务是确定实际工程数量的多少。工程量有预估工程量和实际工程量之分，工程量清单的工程量仅是估算工程量，不能作为承包商应予完成的工程之实际和确切的工程量。这是因为工程量清单中的数量是在制定招标文件时，在图纸和规范的基础上估算出来的，与实际工程量相比存在或多或少的误差甚至计算错误。它只能作为投标报价的基础，而不能作为结算的依据。实际工程量的多少只有通过计量才能揭示和确定。按实际完成的工程量付款可以减少工程量的估计误差给双方带来的风险，增强造价结算结果的公平性，这正是单价合同的优点之一。

计量必须以净值为准。无论通常和当地的习惯如何（除非合同中另有规定），计量必须以净值为准。

计量必须准确、真实、合法和及时。准确指计量结果是正确地按照规定的计量方法和工程量计算原则而得出的，方法正确、结果准确无误，使已完工程的实际数量得到了正确的确定，没有漏计和错计。真实指被计量的工程内容真实可靠，没有虚假的部分，即被计量的工程中没有质量不符合要求的，也没有重复计量，隐蔽工程的数量没有弄虚作假，工程量中没有虚报成分。合法指计量是按规定的程序合法地进行的。因为计量结果是支付的直接基础和依据，直接关系到业主和承包商双方的经济利益。监理组织机构会制定严格的计量管理程序和指定专人按分级管理的原则进行分工负责，明确谁负责现场计量、谁复核、谁审查、谁审定等各项工作。只有通过了程序严格审查产生的计量结果才是合法的。及时指计量必须按合同规定的时间进行，不得无故推延。

2. 支付的概念

支付是指按合同规定对承包商的应付款项进行确认并办理付款手续的过程。支付是业主与承包商之间的一种货币收支活动，既是施工合同中经济关系全面实现的一个主要环节，也是监理工程师控制工程的根本手段和制约合同双方（业主与承包商）的有力杠杆。合理的支付是工程顺利进行的前提和条件。

在施工活动中，同时存在着资金运动和物质运动，只有当两种运动取得平衡时，施工活动才能顺利进行。随着工程的进展，资金通过支付而逐步由业主向承包商转移，即承包商先将所需的材料采购到工地，再组织劳动力和施工机械对这些分散的材料按设计图纸和《技术规范》进行加工，最后形成业主所需要的特定的结构物。支付就是保证两种运动达到平衡的基本环节。如果支付发生问题，就会直接导致施工发生困难，直至施工合同无法履行。因此，只有通过合理而及时的支付，才能公平地实现业主与承包商之间的交易，确保双方的经济利益。

支付签认权是监理工程师三大权力（质量否决权、计量确认权和支付签认权）之一，是监理工程师控制工程的最后一个环节，是对承包商施工行为的最终评价，是监理工作的关键和核心。支付必须以合同为依据，计量为基础，质量为前提。只有符合合同规定的费用才能签认。对合同中规定不明确的，要依据合同精神，实事求是地去确认，如索赔金额、变更的估价等。支付金额的多少，必须以准确的计量为基础，对质量不合格的工程量一律不能支付，并且还要承包商自费返工使其达到合格要求。

支付也同计量一样，必须做到准确、真实、合法和及时。

（二）计量与支付的原则

计量与支付不仅直接涉及业主与承包商的经济利益，而且是监理工程师的重要权力和监理手段，在计量支付中遵守有关基本原则，是搞好监理工作的有效保障。

1. 合同原则

无论是计量，还是支付，在合同文件中都有明确规定，监理工程师在进行计量和支付时，必须全面理解合同条件、技术规范、设计图纸和工程量清单等合同文件的各组成部分。如技术规范的每一章每一节都有计量支付的规定，详细说明了各工程细目的内容及要求，对哪些内容不单独计量和支付，其价值如何分摊，都具体作了规定。工程量清单中的单价是承包商按招标文件的要求和合同条件的规定填报的，是支付的单价依据。因此监理工程师必须严格遵守合同中的有关规定来进行计量与支付，使每一项工程的计量和支付都符合合同要求。

2. 公正性原则

监理工程师在计量与支付两个环节中拥有广泛的权力，承包商与业主的货币收支是否合理，取决于监理工程师签认的工程量和工程费用是否准确和真实。只有监理工程师保持公正的立场和恪守公正的原则，才能使他在计量与支付工作中正确地使用权力，准确地计量，实事求是地处理好业主与承包商之间的有关纠纷，合理地确定工程费用。如果监理工程师不公正，他就无法正确地作出判断。特别是当施工过程中发生工程变更、工程索赔和各种特殊风险时，就更要求监理工程师公正而独立地作出判断和估价。因此，监理工程师在计量与支付中，必须认真负责，以实事求是的精神和客观公正的态度作好每一项工作，确保业主与承包商之间的交易公平。唯有公正，才能分清业主和承包商各自的权利和责任，才能准确地协调好双方之间的利益关系，才能保证计量与支付准确、真实和合法。

3. 时效性原则

计量与支付都具有严格的时间要求，时效性极强。计量不及时，会影响承包商的施工进度；支付不及时，直接产生合同纠纷。因此，监理工程师一定要按时进行计量和支付。

4. 程序性原则

为了保证计量与支付准确、真实和合法，合同条款和各项目的监理组织都规定了严格的程序。这些程序规定了各项工程细目和各项工程费用进行计量与支付的条件、办法以及计算、复核、审批的环节，是从合同上、组织上和技术上对计量与支付加以严格管理，以确保准确和公正。如计量必须以质量合格为前提，支付必须以计量为基础等。因此，计量与支付必须遵守程序，通过按程序办事来提高数据的准确性、真实性和合法性，以保证计量与支付准确、合理。

（三）计量与支付的作用

计量与支付一方面是施工合同中的关键内容，是经济利益关系的集中体现，在施工活动中有着极为重要的作用；另一方面也是监理工作的关键和核心，为确保监理工程师的核心地位提供手段。

（1）调节合同中的经济利益关系，促使合同的全面履行。计量与支付是施工合同的重要内容，是合同中各类经济关系的全面反映，同时，还揭示了施工活动的经济本质。通过计量与支付这两个经济杠杆，调节合同双方利益，制约承包商严格遵守合同，准确地按设计图纸和技术规范进行施工；促使业主履行其义务，及时向承包商支付，确保施工活动中资金运动与物质运动平衡地进行，使施工合同得到全面的履行。

（2）确保监理工程师的核心地位。独立的第三方监理工程师，由他对工程的质量、进度和费用进行全面控制。通过计量与支付来确保监理工程师的核心地位，对工程施工进行全面而有效的控制，对业主和承包商的合同行为进行有效地调控。计量与支付为监理工程师开展监理工作提供最基本的手段。

总之，计量与支付工作是控制工程造价的核心环节，是进行质量控制的主要手段，是进度控制的基础，是保证业主和承包商合法权益的重要途径。

（四）计量与支付的基本程序

1. 计量程序

工程计量由承包商向监理工程师提出并附有必要的中间交工验收资料或质量合格证明。

监理工程师对工程的任何部分进行计量时，应按照合同规定，事先通知承包商或承包商的代表，承包商或承包商的代表应立即委派合格人员前往协助监理工程师进行计量工作，还应提供必要的人员、设备和交通工具。计量工作可以由监理工程师和承包商双方委派合格人员在现场进行，也可以采用记录和图纸在室内按计量规则进行计算，其结果都必须经监理工程师和承包商双方同意，签字认可。

如果承包商在收到监理工程师的计量通知后，不参加或未派人参加计量工作，根据合同规定，由监理工程师派出人员单方面进行的工程计量，经监理工程师批准的应认为是正确的工程计量，可以用作支付的依据，承包商不可以对此种计量提出异议。

2．计量、支付的分工

在一个驻地监理机构中，一般配有项目工程师（如道路工程师，材料工程师，结构工程师，测量工程师，合同工程师，计量支付工程师等）。

计量工程师专门负责计量与支付，为了控制本合同段的工程费用，他不仅应认真尽职地搞好计量支付，承担起本合同段的计量与支付职责；而且应将不同细目的计量支付控制目标明确，在工程费用预算和本段工程费用分析的基础上，找出计量支付的重点，并责任到人，将本段支付额较好地控制在合同价款的范围内。他应该同驻地的所有监理人员一道，互相协作，共同搞好工作。

3．计量、支付的管理

除了职责分工明确，目标具体落实外，监理工程师还应加强对计量、支付的管理工作。计量、支付工作既重要，又需要大量资料和表格，工作很繁琐，因此，监理工程师必须建立起行之有效的管理办法，建立计量与支付档案，不断改进管理工作。

对于整个项目来说，计量、支付职责必须落实到人，专人分管，并加强对整个项目的计量与支付管理。

计量支付是一项综合性极强的工作，必须在质量管理的基础上进行综合管理，涉及内容多，处理复杂，并且承包商在申请时要申报大量的报表和资料。另外，支付工作的计算和资料管理工作都很繁重。应推行表格和报表的标准化管理，尽力争取用计算机来处理报表，以提高计量支付工作的准确性和工作效率，使监理工程师从资料整理工作中解脱出来，更好地搞好计量支付工作。

4．支付的基本步骤

支付工程费用一般采用三个步骤：

（1）承包商提出要求。支付工程费用一般由承包商先通过监理工程师向业主提出付款申请，承包商在付款申请时要出具一系列的有效报表，以说明申请金额的准确性。其主要工作就是填好月报或月结账单。

承包商的月报表应说明他在这个月应收取的金额。一般包括：已完成的永久性工程的价值；承包商的设备、临时工程、计日工等款额；材料和待安装工程装置的发票价值的分期付款，价格调整的款项（含物价与法规变更），按合同规定他有权获得的其他任何金额（如索赔和延期付款利息）。并且月报表应按照监理工程师指定的格式填写。以上各种款项，还应有一系列的附表以说明其价值。

（2）监理工程师审核与签认。其审查应满足公平性、及时性、准确性的要求。就其公平性而言，一方面应通过审查剔除承包商付款申请中不符合合同规定的付款要求，并扣除承包商的违约金或其他损害赔偿，保护业主的合法权益不受损害；另一方面，对承包商付款申请中符合合同规定的付款要求应及时予以确认并办理付款签证以保护承包商的合法权益。就准确性而言，在审查过程中，应注意承包商的付款申请中原始凭据是否齐全，是否有合同依据。如承包商申请的工程款中其完成的工程量是否有相应的计量证书；申请的计日工付款申请是否有监理工程师的计日工指示及确认资料；材料预付款申请是否符合合同规定，是否有监理工程师对到场材料的数量确认及相应的发票；变更工程的付款申请中是否有监理工程师的变更令及相应的完成工程量计量证书；其单价是否与工程量清单的单价相符等。另外，在审查过程中，还应复核计算过程的准确性；为保证支付结果的准确性，应坚持分级审批的监理制度，防止监理工程师滥用权力损害公平原则的现象发生。监理工程师在完成审查工作后及时签发付款证书。

监理工程师对承包商的月报表进行全面审核和计算，在逐项审核和计算的基础上签认应支付的工程费用。一般以支付证书的方式确认工程费用的数额。

（3）业主付款。业主收到监理签认的支付证书后，按合同规定的时间支付费用给承包商。

8.4.2　工程计量

（一）计量组织的三种类型

工程计量一般有三种组织类型，即监理单独计量，承包商单独计量和监理与承包商联合计量。这三种计量各有特点，但无论如何，计量必须符合合同的要求，其结果必须由监理工程师确认。

1. 监理独立计量

监理独立计量时，可以由监理工程师完全控制被计量的部位，质量不合格的工程肯定不会被计量，也很少出现多计的情况，能够确保记录结果的准确性。但监理的工作量较大，且容易引起承包商的异议而延误计量工作时间。

2. 承包商独立计量

承包商独立计量这种方式可以减轻监理的工作，让监理工程师有时间进行计量分析和计量管理，但由于承包商是自行计量，往往会出现多计和冒计的问题，有时计量细节和计量方法甚至算术计算也有差错，并且一些质量不合格的工程也可能被计量。因此，在这种情况下，监理工程师一定要认真细致地审查计量结果，并定期派人对承包商的测量工作进行检查，最好派有经验的计量人员经常检验及控制承包商的计量工作，即当由承包商独立计量时，监理工程师一定要对计量结果的准确性和测量方法及计算规则进行严格审查。

3. 联合计量

联合计量这种方式有利于消除双方的疑虑，当场解决分歧，减少争议，又能较好地保证计量结果的公正性和准确性，简化程序，节约时间。因此公路工程合同中，较多地采用联合计量，即承包商和监理工程师共同进行计量工作。

（二）计量管理

1. 落实计量职责

为使计量的责任分明，监理机构中一般设有专门负责计量的工作班子，并在每个驻地办事机构中设一名专门的计量工程师。驻地计量工程师主要负责的是各细目的工程计量。

2. 作好计量记录

计量记录与档案是计量管理中的一个重要内容，对于大型的复杂项目，要进行多次计量，形成一系列的计量资料，只有在完善计量记录的基础上加强对计量的档案管理，才能使项目的计量工作顺利完成。

3. 计量分析

为了搞好计量的管理工作，除落实职责和加强记录与档案的管理外，还应加强计量分析，一方面及时发现计量工作中的问题，另一方面及时掌握工程进度，为进度监理和费用支付提供基础。

（三）计量依据

计量的依据一般有质量合格证书，工程量清单前言，合同条件中的"计量支付"条款，技术规范中有关计量支付的内容（或独立的计量支付说明）和设计图纸及各种测量数据。也就是说，计量时必须以这些资料为依据。

（四）计量的内容、时间、方式与方法

1. 计量内容

理论上，所有工程事项均应加以计量，以便获得完整的记录；实际上，只是对所有需要支付的细目加以计量，这是计量工作范围的最低要求。这些细目由技术规范中每一节"计量与支付"条款及工程量清单的"前言"明确规定了计量方法与付款内容，除了对已完成的工程细目进行计量和记录外，监理工程师最好对那些涉及付款的工程细目在施工中发生的一切问题进行详尽的记录，以便发生索赔时有据可查。

2. 计量时间

根据合同规定监理工程师应及时对已经完成且质量合格的工程细目进行计量，并且对一切进行中的工程，均须每月粗略计量一次，到该部分工程完工后，再根据规范的条款进行精细的计量。每月进行计量以便掌握工程进度情况及核定月进度款（即期中支付证书），为此，监理工程师一般须填制"中间计量单"。

对于隐蔽工程，则须在工程覆盖之前进行计量。否则，在覆盖后再进行计量将使工作更复杂和更困难。

3. 计量单位与计量精度

所有计量均采用中华人民共和国法定计量单位。

计量单位分两类，一类是物理计量单位，一类是自然计量单位。物理计量单位以公制计量，自然单位通常采用十进位自然数计算。

4. 计量方式

计量方式一般有如下三种：

（1）实地测量与实地勘查。如土方工程，一般对横断面宽度，挖方的边长等需实地测量和勘查，又如场地清理也需按野外实地测得的数据，根据计算规则进行计算。

（2）室内按图纸计算。对于钢筋混凝土结构物以及多数永久工程，一般可按图纸计算工程量。

（3）根据现场记录。如计日工必须按现场记录来计算，又如灌注桩抽芯应按取芯时的钻探记录，又如打桩工程的施工记录等，还有100章的大部分内容为现场检查和记录。

一般地，工程量的计算由承包商负责，工程量审核由监理工程师负责。通常，一个工程项目的计量往往是三种方式综合运用。不论采用何种方式，其结果都须经监理工程师和承包商双方同意，共同签字，有争议时，协商解决，协商解决不了仍由监理工程师决定。

5. 计量规则和计量方法

计量规则和计量方法主要在技术规范的有关内容和工程量清单的前言中明确给予规定。

在进行计量时必须遵守其要求，并且，在不同的合同中，这些计量规则和计量方法会有差别（即使对同一工程内容）。因此，计量时必须严格按本合同计量细则的规定进行计量，不能按习惯计量方法，也不能按别的计量细则。

例如，在《公路工程标准施工招标文件》的计量细则中规定，填筑路堤的土石方数量，应以承包人的施工测量和补充测量经监理人校核批准的横断面地面线为基础，以监理人批准的横断面图为依据，由承包人按不同来源（包括利用土方、石方和借方等）分别计算，经监理人校核认可的工程数量作为计量的工程数量。

应该注意的是：监理工程师除了对工程量清单的各个细目进行计量外，还应对所有有关支付的其他事务进行计量。如计日工使用的具体数量，各种工程意外事件以及工程变更后的工程量等，均应加以计量，以便进行支付。这些内容主要采取记录计量方式。

8.4.3　工程支付

（一）支付种类

支付可以分为很多种，不同种类的支付有不同的规定和不同的程序及支付办法。

1. 按时间分类

按时间分类，支付可分为预先支付（即预付），期中支付和交工结算、最终结清四种。

（1）预付。预付款有两种：开工预付和材料预付款，是由业主提供给承包商的无息款项，按一定条件支付并扣回。

（2）期中支付。就是我们所熟悉的进度款，按月支付，即按本月完成的工程价值及其他有关款项进行综合支付，由监理工程师开出期中支付证书来实施。

（3）交工结算。即在项目完工或基本完工，监理工程师签发交工证书后办理的支付工作。

（4）最终结清。即在缺陷责任期结束后，监理工程师签发缺陷责任证书后，办理的最后一次支付工作。

2. 按支付的内容分类

按支付内容来分，支付可分为工程量清单内的付款和工程量清单外的付款，即基本支付和附加支付。工程量清单内的支付就是按合同条件和技术规范，监理工程师通过计量，确认已完工程量，然后按已确认的工程数量与报价单中的单价，估算和支付工程量清单中各项工程费用，简称为清单支付。工程量清单之外的支付就是监理工程师按合同条件的规定，根据工程实际情况和现场证实资料，确认清单以外的各项工程费用，如索赔费用、工程变更费用、价格调整等，简称附加支付。

清单支付在支付款额中占比重最大，也是主要支付，并且合同中规定比较明确；而附加支付占的比重较小，但却是支付中最难办的事；因为合同中没法作出准确估计和详细规定，只是在合同条件中作了原则性规定，它们的发生要取决于各方面的情况，一方面是工程施工过程中本身遇到的客观意外和工程管理中遇到的问题，另一方面则涉及社会因素如法规变更，物价涨落和地方干扰等，因此，附加支付是否合理和准确，取决于监理工程师对合同条件的正确理解以及是否及时地掌握了现场实际情况。

3. 按工程内容分类

按工程内容来分，支付有土方工程支付、路基工程支付、路面工程支付、桥涵工程支付等。

4. 按合同执行情况分类

根据合同执行是否顺利，支付分为正常支付和合同终止的支付两类。正常支付，就是业方与承包商双方共同遵守合同，使合同规定内容顺利完成。合同终止的支付是指合同无法继续执行，可能是承包商违约，受到业主驱逐，还可能是由于特殊风险使合同中止，这几种情况的合同终止均应由监理工程师进行支付计算。

(二)支付的一般规定

1. 支付时间

按合同规定的时间支付，监理人在收到承包人进度付款申请单以及相应的支持性证明文件后的 14 天内完成核查，发包人应在监理人收到进度付款申请单后的 28 天内，将进度应付款支付给承包人。

(1)监理人收到承包人提交的最终结清申请单后的 14 天内，提出发包人应支付给承包人的价款送发包人审核并抄送承包人。发包人应在收到后 14 天内审核完毕，由监理人向承包人出具经发包人签认的最终结清证书。监理人未在约定时间内核查，又未提出具体意见的，视为承包人提交的最终结清申请已经监理人核查同意；发包人未在约定时间内审核又未提出具体意见的，监理人提出应支付给承包人的价款视为已经发包人同意。

(2)发包人应在监理人出具最终结清证书后的 14 天内，将应支付款支付给承包人。发包人不按期支付的，将逾期付款违约金支付给承包人。

(3)承包人对发包人签认的最终结清证书有异议的，按合同约定办理。

(4)最终结清付款涉及政府投资资金的，按合同约定办理。

2. 支付的最低限额

公路招标项目在合同专用条件中规定每月支付的最低限额。国际上一般按月平均支付额的 0.3~0.5 计算，我国可按 0.2~0.3 计，以利承包人资金周转。若没有达到，则暂缓支付，有利于监理工程师进行进度控制。

3. 支付范围

所有到期并符合合同要求的工作内容均应计价支付。

4. 支付方法

根据各种工程费用的特点和支付要求分项、分类计算，汇总后扣减承包商对业主的支付。

清单中的内容，应按各工程细目的支付项目分项计算；各类附加支付则应分类计算，汇总各分项和各类金额。承包商对业主的支付主要是三种：开工预付款，材料预付款、保留金。它们均应按规定比例扣减。

5. 支付货币

工程费用中人民币与外汇的比例应按补充资料表所定的百分比确定。需要说明，补充资料表对工程费用支付有较大的参考价值，它不仅规定了外汇需求量，而且还有支付计划表，价格调整指数表等，这些资料直接关系到费用支付。因此，监理工程师进行费用支付时，应参照补充资料表中的有关内容。

6. 支付依据

支付依据必须准确可靠，进行工程费用支付时，需要大量的凭证和依据，这些依据直接确定了支付费用的数额。监理工程师在支付时，必须取得和分析这些数据，并对其可靠性进行评价判断。所支付的工程费用必须能够被这些凭证确切地说明，这些依据或凭证一方面必须在数量上准确，另一方面必须在程序上完备。数量上准确是不言而喻的，计量证书中的工程量必须按计量的要求和程序确认，价格调整采用的价格指数必须准确等。程序上的完备包括监理工作的管理程序和财务制度及合同方面所规定的程序，即通过这些程序确保凭证的合法性。

（三）清单中的支付项目

（1）开办项目的支付。开办项目的计量支付规定在技术规范中有明确说明，在办理支付时，应先落实开办项目的完成情况，然后按技术规范中的规定办理支付。

（2）合同永久工程的支付。合同永久工程的工程量应按技术规范中的计量方法进行计量，并有监理工程师签认的计量证书，其单价按工程量清单中的相应单价来确定支付金额。

（四）预付款

1. 预付款的主要内容

预付款包括开工预付款和材料、设备预付款。

（1）开工预付款的金额在项目专用条款数据表中约定（开工预付款是一项由业主提供给承包商用于开办费用的无息贷款。国际上一般规定范围是 0% ~20%。国内开工预付款金额一般应为 10% 签约合同价）。在承包人签订了合同协议书并提交了开工预付款保函后，监理人应在当期进度付款证书中向承包人支付开工预付款的 70% 的价款；在承包人承诺的主要设备进场后，再支付预付款 30%。

承包人不得将该预付款用于与本工程无关的支出，监理人有权监督承包人对该项费用的使用，如经查实承包人滥用开工预付款，发包人有权立即通过向银行发出通知收回开工预付款保函的方式，将该款收回。

（2）材料、设备预付款按项目专用合同条款数据表中所列主要材料、设备单据费用（进口的材料、设备为到岸价，国内采购的为出厂价或销售价，地方材料为堆场价）的百分比支付。其预付条件为：

①材料、设备符合规范要求并经监理人认可；

②承包人已出具材料、设备费用凭证或支付单据；

③材料、设备已在现场交货，且存储良好，监理人认为材料、设备的存储方法符合要求。

则监理人应将此项金额作为材料、设备预付款计入下一次的进度付款证书中。在预计竣工前 3 个月，将不再支付材料、设备预付款。

2. 预付款保函

除项目专用合同条款另有约定外，承包人应在收到开工预付款前向发包人提交开工预付款保函，开工预付款保函的担保金额应与开工预付款金额相同。出具保函的银行须与第 7.3 款的要求相同，所需费用由承包人承担。银行保函的正本由发包人保存，该保函在发包人将开工预付款全部扣回之前一直有效，担保金额可根据开工预付款扣回的金额相应递减。

3. 预付款的扣回与还清

（1）开工预付款在进度付款证书的累计金额未达到签约合同价的 30% 之前不予扣回，在达到签约合同价 30% 之后，开始按工程进度以固定比例（即每完成签约合同价的 1%，扣回开工预付款的 2%）分期从各月的进度付款证书中扣回，全部金额在进度付款证书的累计金额达到签约合同价的 80% 时扣完。

（2）当材料、设备已用于或安装在永久工程之中时，材料、设备预付款应从进度付款证书中扣回，扣回期不超过 3 个月。已经支付材料、设备预付款的材料、设备的所有权应属于发包人。

(五) 工程进度付款

如果该付款周期应结算的价款经扣留和扣回后的款额少于项目专用合同条款数据表中列明的进度付款证书的最低金额，则该付款周期监理人可不核证支付，上述款额将按付款周期结转，直至累计应支付的款额达到项目专用合同条款数据表中列明的进度付款证书的最低金额为止。

发包人不按期支付的，按项目专用条款数据表中约定的利率向承包人支付逾期付款违约金。违约金计算基数为发包人的全部未付款额，时间从应付而未付该款额之日算起(不计复利)。

(六) 质量保证金

监理人应从第一个付款周期开始，在发包人的进度付款中，按项目专用合同条款数据表规定的百分比扣留质量保证金，直至扣留的质量保证金总额达到项目专用合同条款数据表规定的限额为止。质量保证金的计算额度不包括预付款的支付以及扣回的金额。

(七) 交工结算

承包人向监理人提交交工付款申请单(包括相关证明材料)的份数在项目专用合同条款数据表中约定，期限为交工验收证书签发后 42 天内。

(八) 最终结清

承包人向监理人提交最终结清申请单(包括相关证明材料)的份数在项目专用合同条款数据表中约定，期限为缺陷责任期终止证书签发后 28 天内。

最终结清申请单中的总金额应认为是代表了根据合同规定应付给承包人的全部款项的最后结算。

(九) 其他支付

1. 索赔费用

赔偿费用的支付额应按监理工程师签发的索赔审批书来确认或按监理工程师暂时确定的赔偿额来支付。

2. 计日工费用

计日工的数量应有监理工程师的指示及确认，计日工的单价按工程量清单中计日工的单价来办理。

3. 变更工程费用

变更工程应有监理工程师签发的书面变更令。变更工程的单价按本书第九章介绍的变更工程单价确定原则来处理。完成的变更工程数量应有监理工程师签认的变更工程计量证书。

4. 价格调整费用

价格调整费用的确定方法详见本书第九章有关内容。监理工程师应严格按合同规定的价格调整方法来确定价格调整款额。

5. 拖期违约损失赔偿金(违约罚金)

拖期违约损失赔偿金是因承包商原因，使得工程不能按期完工时，承包商应向业主支付的赔偿金，原则上其赔偿标准应与业主的损失相当。一般规定，每逾期一天，赔合同价的 0.01% ~ 0.05%，同时也规定，赔偿总额不超过合同价的 10%。这些规定在投标书附件中都应明确。

如果承包人未能按规定的工期完成合同工程，则必须向业主支付按投标书附录中写明的金额，作为拖期损失偿金。时间自预定的交工日期起到合同工程交工证书中写明的交工日期或已批准的延长工期止，按天计算。拖期损失偿金应不超过投标书附录中写明的限额。业主可以从应付或到期应付给承包人的任何款项中扣除此偿金，但不排除其他扣款方法。扣除拖期损失偿金，并不解除合同规定的承包人对完成本工程的义务和责任。

6. 提前竣工奖金

提前竣工奖金是与工期延误赔偿金相对应的一个支付项目，如何奖，应在专用条款中明确。

发包人要求承包人提前竣工，或承包人提出提前竣工的建议能够给发包人带来效益的，应由监理人与承包人共同协商采取加快工程进度的措施和修订合同进度计划。发包人应承担承包人由此增加的费用，并向承包人支付专用合同条款约定的相应奖金。

7. 逾期付款违约金

逾期付款违约金是对业主的一种约束，业主有准时付款给承包商的责任和义务。业主必须在规定时间内支付承包商所完成工程的款额，否则应向承包商支付利息，世界银行推荐的日利率为 0.033% ~0.04%。

(十)费用支付项目及计算程序

费用支付项目及计算程序详见表 8-3。

表 8-3　费用支付项目及计算程序表

序号	项目	计算方法
1	清单各章项目	截至本月底完成累计金额
2	工程变更	算逐月累计额
3	计日工作	算逐月累计额
4	工程索赔	算逐月累计额
5	截至本月底已完成的工程总价值	(1) + (2) + (3) + (4) = (5)
6	开工预付款	加已拨付数额
7	回收开工预付款	①已扣还数额；②剩余数额
8	材料预付款	算逐月累计额
9	回收材料预付款	①已扣还数额；②剩余数额
10	本期支付总值	(5) + (7②) + (9②) = (10)
11	保留金	(5) × 10% = (11)
12	违约罚金	算延误罚金数额 = $H \times D \times$ 相应百分比
13	截止本期总支付	(10) - (11) - (12) = (13)
14	上期支付证书第 13 项	
15	本期净支付总额	(13) - (14) = (15)
	其中：___% 人民币___% 外汇。汇率：按合同汇率	
16	加：迟付款利息	算本期发生额
17	加：本期价格调整	人民币：___　　外汇：___
18	本期实际支付额	人民币：___　　外汇：___

表中 H 为合同价，D 为逾期天数。

(十一) 支付证书

支付证书是业主向承包商付款的唯一凭据，支付证书分两种：一种是在工程实施过程中大量使用的期中支付证书，每月一次，一种则是只使用一次的最终结清证书。虽然开工预付款也需监理工程师开支付证书，但它很简单，按其支付条件开出即可。

1. 期中支付证书

按合同规定在本月应该支付给承包商的全部款项，应由监理工程师开具期中支付证书，承包商才会获得业主的进度付款。同时，期中支付证书是一种对规定时间内承包商所完成工作的价值估算，如前一期支付证书中有错，下一期可对上一期的错误予以纠正。期中支付证书由支付月报和工程进度图表组成。

开具期中支付证书时，需要作大量的工作，要填报一系列的表格，并且有一定的时间限制，因此，监理工程师必须熟悉计量与支付业务，掌握前面所述的内容，按规定和要求对每一笔支付费用进行严格把关。期中支付证书的第一步是由承包商提交月结算账单(月报表)，月结账单的格式由监理工程师设计或指定，以便于统一管理。其次是监理工程师结合自己掌握的情况，根据合同规定对承包商的月结账单进行全面审查，最后开出期中支付证书。

2. 竣工付款申请单

(1)工程接收证书颁发后，承包人应按专用合同条款约定的份数和期限向监理人提交竣工付款申请单，并提供相关证明材料。除专用合同条款另有约定外，竣工付款申请单应包括下列内容：竣工结算合同总价、发包人已支付承包人的工程价款、应扣留的质量保证金、应支付的竣工付款金额。

(2)监理人对竣工付款申请单有异议的，有权要求承包人进行修正和提供补充资料。经监理人和承包人协商后，由承包人向监理人提交修正后的竣工付款申请单。

3. 竣工付款证书及支付时间

(1)监理人在收到承包人提交的竣工付款申请单后的14天内完成核查，提出发包人到期应支付给承包人的价款送发包人审核并抄送承包人。发包人应在收到后14天内审核完毕，由监理人向承包人出具经发包人签认的竣工付款证书。监理人未在约定时间内核查，又未提出具体意见的，视为承包人提交的竣工付款申请单已经监理人核查同意；发包人未在约定时间内审核又未提出具体意见的，监理人提出发包人到期应支付给承包人的价款视为已经发包人同意。

(2)发包人应在监理人出具竣工付款证书后的14天内，将应支付款支付给承包人。发包人不按期支付的，按合同约定，将逾期付款违约金支付给承包人。

(3)承包人对发包人签认的竣工付款证书有异议的，发包人可出具竣工付款申请单中承包人已同意部分的临时付款证书。存在争议的部分，按合同约定办理。

(4)竣工付款涉及政府投资资金的，按合同约定办理。

4. 最终结清

(1)最终结清申请单。

①缺陷责任期终止证书签发后，承包人可按专用合同条款约定的份数和期限向监理人提交最终结清申请单，并提供相关证明材料。

②发包人对最终结清申请单内容有异议的，有权要求承包人进行修正和提供补充资料，由承包人向监理人提交修正后的最终结清申请单。

(2)最终结清证书和支付时间。

①监理人收到承包人提交的最终结清申请单后的 14 天内，提出发包人应支付给承包人的价款送发包人审核并抄送承包人。发包人应在收到后 14 天内审核完毕，由监理人向承包人出具经发包人签认的最终结清证书。监理人未在约定时间内核查，又未提出具体意见的，视为承包人提交的最终结清申请已经监理人核查同意；发包人未在约定时间内审核又未提出具体意见的，监理人提出应支付给承包人的价款视为已经发包人同意。

②发包人应在监理人出具最终结清证书后的 14 天内，将应支付款支付给承包人。发包人不按期支付的，按合同约定，将逾期付款违约金支付给承包人。

③承包人对发包人签认的最终结清证书有异议的，按合同约定办理。

④最终结清付款涉及政府投资资金的，按合同约定办理。

8.4.4　计量支付表格

(一)表格及表格管理的重要作用

由于表格具有直观性，又具有能够简单明了地表明各种工作内容及有利于检查和复核等特点。因此，监理工程师在实际工作中要使用大量的表格，并且通过对表格的科学设计和精心管理，使监理工作进一步标准化和规范化。通过对各种表格的管理而把握整个监理工作。在实际运用上，几乎所有重要的监理工作都采用了相应的表格，并且以表格来体现各项工作的内容和特点。

对于计量支付工作来说更需大量使用表格，以使计量、支付工作标准化和规范化。因此，监理工作中要设计一系列与计量支付有关的表格，并通过这些表格的有效管理来完成计量支付工作，在每一个具体项目的管理中都要将计量支付工作的表格化及其管理，当做一件极为重要的工作来考虑。

(二)计量支付工作常用表格的类别

计量支付工作中的表格有许多种，并且内容广泛，各项目、各合同均应结合自身的特点设计各种表格。

1. 承包商用表

承包商的计量与支付报表应由监理工程师指定，并且，这些报表是计量与支付最基本的表格，在整个支付流程中称之为丙表，应按要求和规定填写，并及时申报监理工程师审核。同时，这些报表也是监理工程师编报支付证书的直接基础。承包商用表一般包括：

(1)计量支付申请表(丙 - 01 表)；

(2)进度完成情况汇总表(丙 - 02 表)；

(3)进度完成情况明细表(丙 - 03 表)；

(4)中间计量单(丙 - 04 表)；

(5)计日工支付申报表(丙 - 05 表)；

(6)材料到达现场报表(丙 - 06 表)；

(7)材料供应情况报表(丙 - 07 表)；

(8)材料预付款申报表(丙 - 08 表)；

(9)承包商的人员设备报表(丙 - 09 表)；

(10)外汇价格调整表(丙 - 10 表)；

(11)人民币价格调整表(丙 - 11 表)；

(12)价格调汇总表(丙 - 12 表)；

（13）索赔申请书（丙 – 13 表）；

（14）工程变更一览表（丙 – 14 表）。

这些报表都必须由承包商细致地填写，监理工程师收到这些报表后应认真地审查，在审查的基础上开出计量支付证书。

2．监理工程师用表

监理工程师用表在整个流程中称为乙表，由监理工程师填制，是计量支付工作中的主要表格，它来源于承包商用表，即乙表来源于丙表，一般包括：

（1）计量支付证书（乙 –01 表）；

（2）工程计划进度与实际完成情况表（乙 –02 表）；

（3）工程投资支付月报（乙 –03 表）；

（4）工程质量监理月报（乙 –04、05 表）。

这些报表既是业主计量支付报表的直接基础，又是业主进行计量支付的主要依据和凭证，更是监理工程师支付管理工作的集中表现；同时，这些表格的填制也是监理工程师计量支付工作的重要内容。因此，监理工程师应认真填制，并对自己签认的表格负责。

3．业主用表

业主同样必须自己编制有关计量支付的表格，以全面了解和掌握计量支付情况，并通过对计量支付的了解和控制，达到了解和控制整个工程进展情况的目的。业主所编制的计量支付表格在整个计量支付流程中称为甲表。甲表直接来源于乙表。

如果是世界银行贷款项目，则业主还应向世界银行提交支付报表。

因此，整个计量支付过程由三方面编制计量支付报表，它们组成一个完整的计量支付流程，并通过这一系列表格反映支付情况和对支付进行全面控制。这三类表格紧密相连，有着密切关系，甲表来源于乙表，而乙表来源于丙表。它们实质上是对同一工作内容从不同的角度反映其价值，同时，也体现了各自由于所处地位不同而在计算上存在的差异。

第 9 章 工程变更与索赔

9.1 工程变更

9.1.1 工程变更的范畴

（一）工程变更的概念与法律特征

工程变更是合同变更的一种特殊形式。它通常指合同文件中"设计图纸"或"技术规范"的改变。

工程变更是造价管理的重点和难点，工程变更与一般的合同变更相比有自己的法律特征。主要如下：

（1）工程变更具有强制性。按照合同法的规定，工程变更（合同变更）应建立在合同双方（业主与承包商）协商一致的基础上，没有业主或承包商的事先同意是不能进行工程变更的。但在我国公路工程标准施工招标文件的规定中，工程变更并不是以业主和承包商的协商一致为前提。只要工程变更在客观上需要发生，监理工程师就可以（在业主批准后）提出，而承包商在接到监理工程师的变更指示后必须执行。只有变更工程的造价问题承包商才可以在执行变更工程的过程中向监理工程师提出并在监理工程师的组织下按合同文件中规定的造价确定原则协商解决。

（2）工程变更令是工程变更有效成立的前提。合同法规定，合同双方达成的变更协议是执行合同变更的依据，没有变更协议的合同变更是一种无效变更或擅自变更合同的行为（应承担违约责任）。而在公路工程标准施工招标文件规定的工程变更中有所不同，其特点是监理工程师下达的工程变更令是工程变更有效成立的依据，而没有监理工程师变更令的变更是一种无效变更或擅自变更的行为，监理工程师（或造价工程师）有权不予签证。

（二）工程变更的基本类型

1. 需要工程变更的情形

根据《公路工程标准施工招标文件》（2009 年版）合同条款（如无特别说明，本章所提到的条款均指此合同条款）的第 15 条的第一款规定，除专用合同条款另有约定外，在履行合同中发生以下情形之一，应按照本条规定进行变更：

（1）取消合同中任何一项工作，但被取消的工作不能转由发包人或其他人实施；

（2）改变合同中任何一项工作的质量或其他特性；

（3）改变合同工程的基线、标高、位置或尺寸；

（4）改变合同中任何一项工作的施工时间或改变已批准的施工工艺或顺序；

（5）为完成工程需要追加的额外工作。

2. 工程变更的基本类型

工程变更按其引发的原因不同又可分为如下几种类型：

（1）因设计不合理而引起的工程变更；

（2）业主想扩大工程规模、提高设计标准或加快施工进度而出现的工程变更；

（3）为满足地方政府的要求而不得不进行的工程变更；

（4）为优化设计方案而出现的工程变更；

（5）因雇主风险或监理工程师责任等原因而引起的工程变更；

（6）因承包商的施工质量事故而引起的工程变更。

其中，承包商的施工质量事故引起的工程变更属于承包商的责任范围，承包商应承担由此而增加的全部费用。

（三）工程变更的产生原因

在工程项目的实施过程中，经常会碰到来自业主对项目要求的修改、设计单位由于业主要求的变化或现场施工环境、施工技术的要求而产生的设计变更等。由于这些方面变更，经常出现工程量变化、施工进度变化、业主与承包商在执行合同中的争执等问题。这些问题的产生，一方面是由于主观原因，如勘察设计工作深度不足，以致在施工过程中发现许多招标文件中没有考虑或估算不准确的工程量，因而不得不改变施工项目或增减工程量；另一方面是由于客观原因，如发生不可预见的事故，自然或社会原因引起的停工和工期拖延等，致使工程变更不可避免。

（四）注意事项

（1）工程变更的范畴不能随意扩大或改变。工程变更主要涉及的是设计图纸或技术规范文件的变更。因此，超出这一范围，就不应该视为工程变更，而只能作为其他形式的合同变更去处理，即不能按合同条款第15条的规定去处理。

（2）工程变更到底有哪些类型应以合同文件中的规定为准，不能随意扩大或缩小。

（3）工程变更通常伴随工程数量的改变，但工程数量的改变并不意味着一定有工程变更的发生。例如，施工过程中，经常出现实际工程量与工程量清单中的估算工程量不一致的现象，如果设计图纸不发生修改，则这种现象完全是由于估算误差造成的，这时的工程量增减并不属于工程变更的范畴。

（4）承包商在执行工程变更前，必须以监理工程师的书面变更令为依据，即使紧急情况下执行监理工程师口头指令的工程变更，也应在执行过程中要求监理工程师尽快予以书面确认，否则这样的变更行为是无效行为，即使对业主有利，也不一定能得到补偿。工程变更的提出可能是监理工程师、承包商，但不管属于何种情况，最后须归口由监理工程师组织实施。

（5）尽管工程变更类型很多，但变更工程一般应是原合同中已有的同类型工程。例如，当合同中本已存在桥梁工程时，则将高路堤改成高架桥的工程变更是可以考虑的，反之，是要限制甚至是不允许的。这是因为：

第一，这种变更会使得质量控制难度加大，甚至会出现重大质量问题。因为当原合同中无桥梁工程项目时，意味着招标或资格预审时，并未对承包商的桥梁工程施工业绩和施工能力进行审查，承包商不一定能胜任桥梁工程的施工。

第二，这种变更会引发大量施工索赔。因为，在这种变更下意味着承包商要重新更换已进场的人员和施工机械设备，甚至要为此添置新的施工机械设备。承包商的施工队伍调遣费、施工机械使用费为此增加，资源使用效率降低，索赔因而不可避免。

第三，这种变更会增大工程结算和投资控制的难度。因为，在这种情况下，工程量清单中不可能有相应的计价项目和计价依据，变更工程的单价被迫要重新协商，原有的招标成果无法有效地发挥作用。

（五）变更权

在履行合同过程中，经发包人同意，监理人可按第 15 条合同款约定的变更程序向承包人作出变更指示，承包人应遵照执行。没有监理人的变更指示，承包人不得擅自变更。

（六）变更指示

（1）变更指示只能由监理人发出。

（2）变更指示应说明变更的目的、范围、变更内容以及变更的工程量及其进度和技术要求，并附有关图纸和文件。承包人收到变更指示后，应按变更指示进行变更工作。

9.1.2　工程变更程序

（一）变更的提出

（1）在合同履行过程中，可能发生合同约定变更情形的，监理人可向承包人发出变更意向书。变更意向书应说明变更的具体内容和发包人对变更的时间要求，并附必要的图纸和相关资料。变更意向书应要求承包人提交包括拟实施变更工作的计划、措施和竣工时间等内容的实施方案。发包人同意承包人根据变更意向书要求提交的变更实施方案的，由监理人按合同约定发出变更指示。

（2）在合同履行过程中，发生合同约定变更情形的，监理人应按照合同约定向承包人发出变更指示。

（3）承包人收到监理人按合同约定发出的图纸和文件，经检查认为其中存在合同约定变更情形的，可向监理人提出书面变更建议。变更建议应阐明要求变更的依据，并附必要的图纸和说明。监理人收到承包人书面建议后，应与发包人共同研究，确认存在变更的，应在收到承包人书面建议后的 14 天内作出变更指示。经研究后不同意变更的，应由监理人书面答复承包人。

（4）若承包人收到监理人的变更意向书后认为难以实施此项变更，应立即通知监理人，说明原因并附详细依据。监理人与承包人和发包人协商后确定撤销、改变或不改变原变更意向书。

（二）承包人的合理化建议

（1）在履行合同过程中，承包人对发包人提供的图纸、技术要求以及其他方面提出的合理化建议，均应以书面形式提交监理人。合理化建议书的内容应包括建议工作的详细说明、进度计划和效益以及与其他工作的协调等，并附必要的设计文件。监理人应与发包人协商是否采纳建议。建议被采纳并构成变更的，应按合同约定向承包人发出变更指示。

（2）承包人提出的合理化建议降低了合同价格、缩短了工期或者提高了工程经济效益的，发包人可按国家有关规定在专用合同条款中约定给予奖励。

（三）工程变更的审批

1. 工程变更的审批原则

（1）提高经济效益原则。工程变更无论处于何种类型、何种原因，但最终的目的是提高建设项目的投资效益，即国民经济效益和财务效益。如果不能满足上述要求，则这样的工程变更是没有任何意义的，也是不能成立的。所以，在评价工程变更的合理性时，要进行详细的可行性研究和经济评估，全面地考虑工程变更所带来的影响，在此基础上做出工程变更的审批决策。工程变更后，可能会有利于加快工程进度，或节省工程成本，或保证工程质量，或更好地兼顾当地利益，但应考虑到它反过来带来的施工索赔或其他影响。因此，应从效益的高度进行综合分析和决策，避免顾此失彼的现象发生。

（2）保证工程质量原则。不管何种形式的工程变更，都是以保证工程质量为前提条件的，保证工程质量也是保证经济效益的重要基础。以牺牲工程质量为代价的工程变更，实践中是不可取的，后患无穷。

（3）照顾当地利益原则。照顾当地经济利益，最大限度地发挥公路建设项目的社会效益，是公路建设项目的客观要求。公路建设项目是一种为全社会服务的公共设施，其社会公益性使得公路建设项目的效益首先表现为一种国经济效益和社会效益。所以，优化设计方案，最大限度地发挥公路建设项目的社会服务功能，照顾当地经济利益，是处理工程变更的基本原则之一。

（4）控制工程造价原则。工程变更通常会带来工程造价的变化，且以工程造价的增长情况居多，这一方面会增加业主筹措资金的压力，另一方面还会影响社会资金的供求平衡。所以在审批工程变更的过程中，应将工程造价的控制放在重要地位，力保工程造价不超过设计概算。当超过设计概算甚至投资估算的重大设计变更不可避免地需要发生，业主应会同监理工程师、造价工程师一道进行详细的可行性研究和工程变更的评估工作，之后报国家计划主管机关批准后方能实施工程变更。所以在处理工程变更的过程中，要力求通过工程变更降低工程造价，而对要增加工程造价的工程变更，须认真地进行可行性研究和技术经济论证与评估，确保工程变更的经济效果。

2．工程变更的审批程序

工程变更通常实行分级审批的管理制度。各省对工程变更的审批程序会有所不同。

（1）一般工程变更的审批程序。所谓一般工程变更，通常指一些小型的监理工程师有权直接批准的工程变更工作。其审批程序大致如下：

①工程变更的提出人向驻地监理工程师提出工程变更的申请，包括变更的原因、工程变更对造价的影响等分析，必要时附上有关的变更设计资料；

②驻地监理工程师对变更申请的可行性进行评估并写出初步的审查意见；

③总监理工程师对驻地监理工程师审查的变更申请进行进一步的审定并签署审批意见；

④总监理工程师签署工程变更令；

⑤承包单位组织变更工程的施工（包括可能的设计工作）；

⑥监理工程师和承包商协商确定变更工程的造价及办理有关的结算工作。

（2）重要工程变更的审批程序。重要工程变更通常指对工程造价影响较大需要业主批准的工程变更工作。其审批程序是，监理工程师在下达工程变更令之前，一是要报业主批准，二是要同承包商协商确定变更工程的价格不超过业主批准的范围（如果超过业主批准的总额，监理工程师应在下达工程变更令之前请求业主作进一步的批准或授权）。

（3）重大工程变更的审批程序。重大工程变更通常指一些对工程造价的影响很大，可能超出设计概算甚至投资估算的工程变更。对这些工程变更工作，业主在审批工程变更之前应事先取得国家计划主管部门的批准。

9.1.3　变更工程的造价管理

工程变更的法律后果是合同造价的变化及由此而引发的索赔。加强变更工程的造价管理对于规范工程变更行为，有效控制工程造价，提高建设项目的投资效益有着十分重要的意义。在进行变更工程的造价管理过程中，应本着合理定价和有效控制的基本原则来进行变更工程的造价管理。所谓合理定价，即应严格按合同条款的造价确定原则来确定变更工程造价；所谓有效控制，即应严格控制工程变更带来的造价变化范围，以使工程总造价不超过初步设计概算，特别是要以投资估算为原则。

（一）变更估价

（1）除专用合同条款对期限另有约定外，承包人应在收到变更指示或变更意向书后的 14 天内，向监理人提交变更报价书，报价内容应根据合同约定的估价原则，详细开列变更工作的价格组成及其依据，并附必要的施工方法说明和有关图纸。

（2）变更工作影响工期的，承包人应提出调整工期的具体细节。监理人认为有必要时，可要求承包人提交要求提前或延长工期的施工进度计划及相应施工措施等详细资料。

（3）除专用合同条款对期限另有约定外，监理人收到承包人变更报价书后的 14 天内，根据合同约定的估价原则，按照合同约定的商定或确定变更价格。

（二）变更工程的单价确定原则

根据公路工程标准施工招标文件的有关规定，变更工程应根据其完成的数量及相应的单价来办理结算。其中，变更工程的单价原则有两点：其一是约定优先原则，其二是公平合理原则。

除专用合同条款另有约定外，因变更引起的价格调整按照如下约定处理：

（1）已标价工程量清单中有适用于变更工作的子目的，采用该子目的单价。

（2）已标价工程量清单中无适用于变更工作的子目，但有类似子目的，可在合理范围内参照类似子目的单价，由监理人按合同约定的商定或确定变更工作的单价。

（3）已标价工程量清单中无适用或类似子目的单价，可按照成本加利润的原则，由监理人按合同约定的商定或确定变更工作的单价。

（4）发包人认为有必要时，由监理人通知承包人以计日工方式实施变更的零星工作。其价款按列入已标价工程量清单中的计日工计价子目及其单价进行计算。

采用计日工计价的任何一项变更工作，应从暂列金额中支付，承包人应在该项变更的实施过程中，每天提交以下报表和有关凭证报送监理人审批：

①工作名称、内容和数量；

②投入该工作所有人员的姓名、工种、级别和耗用工时；

③投入该工作的材料类别和数量；

④投入该工作的施工设备型号、台数和耗用台时；

⑤监理人要求提交的其他资料和凭证。

计日工由承包人汇总后，按照合同的约定列入进度付款申请单，由监理人复核并经发包人同意后列入进度付款。

（三）新单价的确定方法

对于变更工程单价确定原则中新单价的确定工作，在实践中有以下方法：

1. 以合同单价为基础定价

例 9-1 设某合同中沥青路面原设计为厚 4 cm，其单价为 40 元/m²。现进行设计变更为厚 5 cm。则按上述原则可求出变更后路面的单价为：

$$5/4 \times 40 = 50(元/m^2)$$

该方法的特点是简单且有合同依据。但如果原单价偏低，则得出的新单价也会偏低，反之，原单价偏高，则得出的新单价也会偏高。所以其确定的单价只有在原单价是合理情况下才会相对合理，当原单价不合理（有不平衡报价）时，该方法对增加的工程量部分的定价是不合理的。

2. 以概预算方法为基础定价

仍以上例说明之。

先确定沥青路面的施工方案和施工方法，进行资源价格的预算，之后按《公路工程预算定额》及相应的编制办法，确定其预算单价。该方法的优点是有法律依据，产生的价格相对合理，能真实地反映完成变更工程的成本和利润。其缺点是不同的施工方案，施工方法会有不同的单价，另外该方法无法反映竞争的作用以及原有招标成果的作用，特别是当承包商有不平衡报价时，该方法会加剧总造价的不合理性。例如，假定本项变更发生后沥青路面(5 cm)的预算单价为55 元/m^2，即比前述方法确定的单价(50 元/m^2)高出 5 元/m^2，它表明原合同中沥青路面(4 cm)的单价40 元/m^2偏低。其偏低的原因可能是承包商的报价普遍较低(即合同总价偏低)，也有可能是承包商在该单价上采用了不平衡报价法(即合同总价不低，但某个子目单价偏低)。对于前一种情况，采用预算单价后会使投标竞争所产生的积极成果不能有效地发挥作用，使合同的结算价回复到预算价。对于后一种情况则不仅不能使投标竞争所产生的积极成果发挥作用，反而提高了合同的结算价格，使合同的总结算价超过预算总价。下面以示例说明。

例9-2 设某项目有挖方、填方以及路面三项工程，其工程量和标底价格如表9-1所示。当承包商采用平衡报价或不平衡报价时，其报价结果有所不同(承包商采用不平衡报价是基于路基工程开工早，适当报高有利于资金周转及提前受益)。现假定路面在施工中由4 cm 变更为5 cm，则采用不同的定价方法时会有不同的结算结果。从表9-1 中可以看出，如果未采用不平衡报价，则采用第一种方法定价时其结算总价为2470 万元。该价格的不合理之处在于，对增加的路面(1 cm)工程量同样要求承包商向业主让利(10%)，而承包商在投标及签约时并未作此承诺。而采用第二种方法结算时，其结算总价为2600 万元。该价格的不合理之处在于，由于采用路面的预算单价作结算价，使得承包商在投标及签约时作出的让利10%的承诺没有真实执行(承包商的路面报价是50 元/m^2，预算单价为55 元/m^2，故让利10%)。

表9-1 变更工程造价分析

工程子目	单位	数量(万)	标底 单价(元)	标底 金额(万元)	平衡报价 单价(元)	平衡报价 金额(万元)	不平衡报价 单价(元)	不平衡报价 金额(万元)	备 注
挖方	m^2	100	8.5	850	8.0	800	9.5	950	投标时价格
填方	m^2	100	5.5	550	5.0	500	6.0	600	投标时价格
路面(4 cm)	m^2	26	40.0	1040	36.0	936	32.0	832	投标时价格
合计				2440		2236		2382	投标时价格
变更路面(5 cm)	m^2	26	50.0	1300	45.0	1170	40.0	1040	以合同单价为基础定价
一合计				2700		2470		2590	以合同单价为基础定价
变更路面(5 cm)	m^2	26	50.0	1300	50.0	1300	50.0	1300	以概预算方法为基础定价
合计				2700		2600		2850	以概预算方法为基础定价
变更路面(5 cm)	m^2	26	50.0	1300	46.0	1196	42.0	1092	以加权定价法定价
合计				2700		2496		2642	以加权定价法定价

如果合同单价是一种不平衡报价,则采用第一种方法结算时其结算总价为 2590 万元。其不合理之处在于,对增加的路面(1 cm)工程量同样要求承包商以低于标底 20% 的水平结算,而承包商在投标时并未作此承诺。当采用第二种方法结算时,其结算总价为 2850 万元,结算总价已大大高于预算(标底)总价(2700 万元)。其不合理之处在于原合同路面(4 cm)的降价和不平衡报价因素使得路面单价偏低的现象被新确定的路面单价完全消除,而挖方和填方报价偏高的现象仍在继续执行。

　　3. 加权定价法

以上两种方法均存在不足。合理的定价方法是在考虑路面(5 cm)的单价时,在保持原有报价不受实质影响的前提下,对新增工程部分按概预算方法定价以此加权确定路面的单价。就上例而言,其合理的单价应为:

$$32 + 50/5 = 42(\text{元}/\text{m}^2)$$

上述三种方法中第二种方法适用于新增工程量的定价,而第三种方法适用于原有合同工程作设计修改(尺寸修改)时的定价。在造价管理实践中遇到的问题会比上述示例要复杂得多,但不管如何复杂,价格公平是单价变更的基本原则。

9.2　价格调整

工程施工过程中,物价的变化具有很强的不确定性和不可预见性,施工成本会因物价的变化而变化,物价上涨时,施工成本会上升,反之会下降。为此,合同条款第 16 条规定对物价变化所引起的施工成本变化应单独处理,即进行价格调整。价格调整可以避免双方的风险损失,同时由于承包商在报价中不用考虑物价上涨因素,因而有利于降低投标报价及降低工程造价。

价格调整的一般方法有价格指数法和造价信息调整价格法,两种方法相比,如果能够得到合适的价格指数,应该尽量采用前者,因为这样较有利于管理。

9.2.1　价格指数法

合同第十六条的第一款规定,除专用合同条款另有约定外,因物价波动引起的价格调整按照本款约定处理。合同条款相关规定:

(一)采用价格指数调整价格差额的价格调整公式

因人工、材料和设备等价格波动影响合同价格时,根据投标函附录中的价格指数和权重表约定的数据,按以下公式计算差额并调整合同价格:

$$\Delta P = P_0 \times (A + \sum B_n F_{tn} / F_{on} - 1)$$

$$B_n = W_n / \sum W_n \times (1 - A)$$

$$F_{tn} / F_{on} = \text{现价价格} / \text{基价价格}$$

$$A + \sum B_n = 1$$

式中:ΔP 为需调整的价格差额;W_n 为第 n 种资源的总金额,如沥青材料、钢筋等;$\sum W_n$ 为所有需进行价格调整的资源的总金额;P_0 为合同约定的付款证书中承包人应得到的已完成工程量的金额,此项金额应不包括价格调整、不计质量保证金的扣留和支付、预付款的支付和扣回,第15条约定的变更及其他金额已按现行价格计价的,也不计在内;A 为定值权重(即不调部分的权重）；B_1，B_2，B_3，$\cdots$，B_n 为各可调因子的变值权重（即可调部分的权重），即为各可调因子在投标函投标总报价中所占的比例；F_{t1}，F_{t2}，F_{t3}，$\cdots$，F_{tn} 为各可调因子的现行价格指数，指第 17.3.3 项、第 17.5.2 项和第 17.6.2 项约定的付款证书相关周期最后一天的前 42 天的各可调因子的价格指数；F_{o1}，F_{o2}，F_{o3}，$\cdots$，F_{on} 为各可调因子的基本价格指数，指基准日期的各可调因子的价格指数。

以上价格调整公式中的各可调因子、定值和变值权重，以及基本价格指数及其来源在投标函附录价格指数和权重表中约定。价格指数应首先采用有关部门提供的价格指数，缺乏上述价格指数时，可采用有关部门提供的价格代替。

（二）暂时确定调整差额

在计算调整差额时得不到现行价格指数的，可暂用上一次价格指数计算，并在以后的付款中再按实际价格指数进行调整。

（三）权重的调整

按合同第 15.1 款约定的变更导致原定合同中的权重不合理时，由监理人与承包人和发包人协商后进行调整。

（四）承包人工期延误后的价格调整

由于承包人原因未在约定的工期内竣工的，则对原约定竣工日期后继续施工的工程，在使用第 16.1.1.1 目价格调整公式时，应采用原约定竣工日期与实际竣工日期的两个价格指数中较低的一个作为现行价格指数。

9.2.2　价格调整的程序与计算步骤

根据国际惯例，在建设项目已完工程费用的结算中，一般是采用"价格指数法"进行价格调整。事实上，绝大多数情况是甲乙双方在签订的合同中就规定了明确的调价公式。

价格调整的计算工作比较复杂，首先，确定计算物价指数的品种，为了平衡物价风险，必须选择对工程投资、工程成本以下较大且投入数量较多的主要材料作为代表。一般地说，品种不宜太多，参与调价的因素取 5~10 种为宜，如设备、水泥、钢材、木材和工资等，这样便于计算。

其次，确定物价指数即基价指数和现价指数。

再次，确定每个品种的权重系数和固定系数，各品种的权重系数要根据该品种价格占总造价的比例而定。各品种系数之和加上固定系数应该等于 1。

综上所述，监理工程师应按下述步骤进行价格调整：

（1）分析施工中必需的投入，并决定选用一个公式，还是选用几个公式。

（2）估计各项投入占工程总成本的相对比重。

（3）选择能代表主要投入的物价指数。

（4）确定合同价中固定系数和不同投入因素的物价指数的变化范围。

（5）按公式规定的应用范围和用法计算调整金额。

9.2.3　造价信息调整价格法

（一）合同条款 16.1.2 规定了采用造价信息调整价格差额

施工期内，因人工、材料、设备和机械台班价格波动影响合同价格时，人工、机械使用费按照国家或省、自治区、直辖市建设行政管理部门、行业建设管理部门或其授权的工程造价管理机构发布的人工成本信息、机械台班单价或机械使用费系数进行调整;需要进行价格调整的材料,其单价和采购数应由监理人复核,监理人确认需调整的材料单价及数量,作为调整工程合同价格差额的依据。

(二)造价信息调整价格法在采用时应解决好的几个问题

造价信息调整价格法在采用时应解决好如下几个问题:

(1)对哪些资源的价格进行调整。为简化工作,通常只对占合同价格比例较大的几种资源(如人工费、几种主要材料费等)进行调整,以简化价格调整工作。为保持合同的可操作性,在专用条款中应详细列明拟调整价格的资源名称。

(2)资源消耗量的确定。可以根据实际需要的到场材料和其他资源的数量来确定,但监理工程师将为到场材料数量的确定特别是合理使用量的确定等管理工作花费很大的精力,实践中也难于管理。所以我国可以根据概预算中人工、主要材料、机械台班数量汇总表中的数据来确定。

(3)基本价格的确定。根据各地定额站颁发的同期价格信息来确定。

(4)现行价格的确定。根据各地定额站颁发的现行价格信息来确定。

总之,实践中要解决好以上四个问题,都有一定的难度。基本价格法看上去直观、简单,但操作起来却很困难,即可操作性差。

9.2.4 法律变化引起的价格调整

在基准日后,因法律变化导致承包人在合同履行中所需要的工程费用发生除合同第16.1款约定以外的增减时,监理人应根据法律、国家或省、自治区、直辖市有关部门的规定,按合同第3.5款商定或确定需调整的合同价款。

9.3 工程索赔

9.3.1 索赔的含义及其特征

合同条款并不希望承包人在其投标报价中将不可预见到的风险因素和大笔应急费用全部包括进去,而是主张如果确实发生了此类事件,则应由业主赔偿或支付这类费用,这就构成了索赔的理论基础。

所谓"索赔",顾名思义有索取赔偿之意,是指当事人一方在合同实施过程中,根据合同及法律规定,对并非由于自己的过错,而是属于对方的风险责任或过错所造成的实际损失,凭有关证据在合同及法律规定期限内,向对方提出请求给予补偿的过程。广义的索赔包括承包人向业主的索赔及业主向承包人的索赔。

在合同执行过程中,如果当事人一方认为另一方没能履行或不完全履行合同既定的义务或妨碍了自己履行合同义务,或是发生了合同中规定由另一方承担的风险事件,结果造成经济损失,则受损方通常可提出索赔要求。显然,索赔对另一方不具任何惩罚性质,它是一个问题的两个方面,是签订合同的双方各自应该享有的合法权利,实际上是业主与承包人之间在分担工程风险方面的责任再分配。这是一种经济行为,也是一项管理业务,对业主和承包人而言,这种经济行为是双向的,只是索赔的出发点和对象各不相同罢了,并不是"主动"与"被动"的关系,只是主动提出索赔的一方往往是承包人,故国内同行经常使用"索赔"与"反索赔"的说法以示区别。

从合同条款的规定中可以看出索赔具有以下几个本质特征：

(1)索赔是要求给予赔偿的权利主张；

(2)索赔的依据是合同文件及适用法律的规定；

(3)承包人自己没有过错；

(4)导致损失发生的责任应由业主(包括其代理人或监理工程师)承担；

(5)与合同标准相比较已经发生实际损失(包括工期和经济损失)；

(6)必须有切实的证据；

(7)索赔请求应当在规定期限内提出。

9.3.2　索赔的有关规定

(一)索赔通知

2009 年版《公路工程标准施工招标文件》合同条款第 23.1 款规定：承包人应在知道或应当知道索赔事件发生后 28 天内，向监理人递交索赔意向通知书，并说明发生索赔事件的事由。承包人应在发出索赔意向通知书后 28 天内，向监理人正式递交索赔通知书。

(二)当时记录

合同条款第 23.1 款规定：索赔通知书应详细说明索赔理由以及要求追加的付款金额和(或)延长的工期，并附必要的记录和证明材料；索赔事件具有连续影响的，承包人应按合理时间间隔继续递交延续索赔通知，说明连续影响的实际情况和记录，列出累计的追加付款金额和(或)工期延长天数；在索赔事件影响结束后的 28 天内，承包人应向监理人递交最终索赔通知书，说明最终要求索赔的追加付款金额和延长的工期，并附必要的记录和证明材料。

这就要求：所指事件发生时，承包人应保存当时的记录，作为申请索赔的凭证。监理人在接到第 23.1 款所述的索赔意向书时，无须认可是否系业主责任，先应审查这些当时记录，并可指示承包人进一步做好当时记录。承包人应允许监理工程师审查其保存的全部记录，当监理工程师要求时，应向监理人提交记录的复制件。

(三)索赔的处理程序

合同条款第 23.2 款规定：

(1)监理人收到承包人提交的索赔通知书后，应及时审查索赔通知书的内容、查验承包人的记录和证明材料，必要时监理人可要求承包人提交全部原始记录副本；

(2)监理人应按第合同条款第 3.5 款商定或确定追加的付款和(或)延长的工期，并在收到上述索赔通知书或有关索赔的进一步证明材料后的 42 天内，将索赔处理结果答复承包人；

(3)承包人接受索赔处理结果的，发包人应在作出索赔处理结果答复后 28 天内完成赔付，承包人不接受索赔处理结果的，按合同条款第 24 条的约定办理。

(四)承包人提出索赔的期限

合同条款第 23.3 款规定：

(1)承包人按第 17.5 款的约定接受了竣工付款证书后，应被认为已无权再提出在合同工程接收证书颁发前所发生的任何索赔；

(2)承包人按第 17.6 款的约定提交的最终结清申请单中，只限于提出工程接收证书颁发后发生的索赔。提出索赔的期限自接受最终结清证书时终止。

(五)发包人的索赔

合同条款第 23.4 款规定：

(1)发生索赔事件后，监理人应及时书面通知承包人，详细说明发包人有权得到的索赔金额和(或)延长缺陷责任期的细节和依据。发包人提出索赔的期限和要求与第 23.3 款的约定相同，延长缺陷责任期的通知应在缺陷责任期届满前发出；

(2)监理人按第 3.5 款商定或确定发包人从承包人处得到赔付的金额和(或)缺陷责任期的延长期。承包人应付给发包人的金额可从拟支付给承包人的合同价款中扣除，或由承包人以其他方式支付给发包人。

9.3.3　索赔的类型

合同条款中承包人可用于索赔的条款很多，这些索赔按引发的原因不同大致可分为四大类型。

1. 业主过错引起的索赔

第一类是业主过错引起的索赔，具体可分为以下几种情况：

(1)由于业主原因造成的临时停工和施工中断，特别是根据业主的不合理指令造成了工效的大幅度降低，从而导致费用支出增加，承包商可以提出索赔。

(2)由于业主不正当地终止工程，承包商有权要求补偿损失。

(3)业主违约。这里指的是业主未能在规定时间内支付工程款；或业主及其代理人未能按合同规定为承包商提供施工的必要条件，如未能按规定及时向承包商提供施工场地，未能及时接通电源；由业主提供的材料等延误或不符合合同标准、业主提供的工程图纸不及时等。

(4)业主发布加速施工指令，要求承包商投入更多的人力、物力和财力来加速工程施工。这里可能导致工程成本的增加，承包商可以进行索赔。

2. 监理过错或责任引起的索赔

第二类是监理过错或责任引起的索赔，具体可分为以下两种情况：

(1)由于监理工程师原因造成的临时停工和施工中断，特别是根据监理工程师的不合理指令造成了工效的大幅度降低，从而导致费用支出增加，承包商可以提出索赔。

(2)监理工程师的某些指令。监理工程师受到业主委托来进行工程建设的监督管理，在实际工程进展过程中，会发布一些必要或口头的现场指令，这些指令通常需要承包商进行一些额外的工作，如额外的实验研究以服务于施工；对部分合格工程进行破坏性检查。此时承包商按这些指令进行的额外工作，有权向业主提出索赔请求。

3. 合同变更和合同存在矛盾或缺陷引起的索赔

第三类是合同变更和合同存在矛盾或缺陷引起的索赔，可分为以下两种情况：

(1)合同变更引起的索赔，这里变更指的是超出合同规定的合理变动范围内的变更，此时承包商往往会增加施工设备，或增加施工人数；反之，若工程项目被取消或工程量大减，又势必会引起承包商原有人工和机械设备的窝工和闲置，造成资源浪费。上述情况，承包商都有权利向业主提出索赔权请求。

(2)合同存在矛盾、缺陷或条文模糊之处。合同矛盾和缺陷，是指合同文件规定不严谨，合同中有遗漏或错误，这些矛盾常反映为设计与施工规定相矛盾，技术规范和设计图纸不符合或相矛盾，以及一些商务和法律条款规定有缺陷等。此种情况下，承包商应及时将这些矛盾和缺陷反映给监理工程师，由监理工程师作出解释。若承包商按照监理工程师的解释指令执行后，造成的施工工期延长或工程成本增长，则承包商可提出索赔请求。

4. 不可预见因素引起的索赔

第四类是不可预见因素引起的索赔，一般可分为以下几种情况：

(1)不可抗力。一般来说，不可抗力发生所造成的损失，是业主所要承担的风险，包括：地震、海啸、异常的气候、非承包人责任造成的爆炸、火灾、毒气泄漏、核辐射，以及战争、动乱、空中飞行物坠落等。

(2)地质条件变化引起的索赔。在工程施工过程中，承包商如果遇到了现场气候条件以外的外界障碍或条件，这些障碍和条件是一个有经验的承包商无法预见的。此时导致的费用损失加大或工期延误，承包商可以提出索赔。

(3)工程中人为障碍引起的索赔。在施工过程中，如果承包商遇到了地下构筑物或文物，只要图纸上并未说明的，而且与工程师共同确定的处理方案导致了工程费用的增加，承包商有权提出索赔。

当施工索赔超出合同规定的情况时，承包人可依据合同法的规定来索赔。如业主的其他过错或监理过错造成承包人的损失时，承包人可以依据合同法的违约责任规定来索赔；又如在施工过程中业主要求赶工(缩短工期)而造成费用增加时，承包人可依据合同变更的法律规定来索赔。

9.3.4　处理索赔的一般原则与要求

(一)要有合同依据

监理工程师处理双方所提出的索赔必须以合同或法律为依据。但有时合同文件本身也会引起索赔，由于合同文件的内容相当广泛，包括合同协议书、图纸、合同条款、工程量清单以及许许多多的来往函件和修改变更通知，以致自相矛盾，或者可作不同解释，导致合同纠纷。根据合同条款第1.4款规定，组成合同的各项文件应互相解释，互为说明，在出现含糊或互不一致的情况下，监理工程师应该向承包人发出有关指令，以便对此作出解释和调整。除非合同另有规定，组成合同的几个文件的优先支配地位应遵循第1.4款的规定。

组成合同的各个文件应该认为是一个整体，彼此相互解释，相互补充，如出现相互矛盾的情况，以下述文件次序在先者为准。

除专用条款另有约定外，组成合同的多个文件的优先支配地位的次序如下：

(1)合同协议书；

(2)中标通知书；

(3)投标函及投标函附录；

(4)专用合同条款；

(5)通用合同条款；

(6)技术规范和要求；

(7)图纸；

(8)已标价工程量清单；

(9)其他合同文件。

(二)要有损害事实

要有损害事实即合同中规定业主承担的风险责任的确给承包人造成了实际损害，使承包人增加了额外费用或发生了不应有的损失。所以承包人的索赔要以实际损害为前提，以损害事实为依据，如果没有损害事实，则不能给予补偿。

（三）应在规定期限内提出索赔

承包人应在规定的期限内提出索赔。承包人应在知道或应当知道索赔事件发生后 28 天内，向监理人递交索赔意向通知书，承包人未在前述 28 天内发出索赔意向通知书的，丧失要求追加付款和（或）延长工期的权利；承包人应在发出索赔意向通知书后 28 天内，向监理人正式递交索赔通知书；索赔事件具有连续影响的，承包人应按合理时间间隔继续递交延续索赔通知；在索赔事件影响结束后的 28 天内，承包人应向监理人递交最终索赔通知书。

承包人按第 17.5 款的约定接受了竣工付款证书后，应被认为已无权再提出在合同工程接收证书颁发前所发生的任何索赔；承包人按第 17.6 款的约定提交的最终结清申请单中，只限于提出工程接收证书颁发后发生的索赔。提出索赔的期限自接受最终结清证书时终止。

（四）索赔的审批应公平合理

索赔的审批应公平合理，即确认的索赔金额应真实地反映承包人的实际损害，符合法律和合同规定的公平原则。

在处理索赔事件中，作为监理工程师，他受雇于业主，是业主聘请的专业人才，他必须既懂经济又懂技术，掌握着工程建设的第一手资料，并在合同实施过程中实施监督管理。监理工程师好比业主和承包商之间的一座桥梁，占有重要地位。在处理索赔问题时，监理工程师还应注意下列事项，以保证客观公正处理索赔和避免不必要的索赔。

（1）监理工程师必须注意资料的积累。监理工程师应积累一切可能涉及索赔论证的资料，同施工企业、建设单位研究的技术问题、进度问题和其他重大问题的会议应做好文字记录，并争取会议参加者签字，作为正式文档资料。同时应建立严密的监理日志，承包人对监理工程师指令的执行情况、抽查试验记录、工序验收记录、计量记录、日进度记录及每天发生的可能影响到合同协议的事件的具体情况等，同时还应建立业务往来的文件编号档案等业务记录制度，做到处理索赔时有充分的事实依据。

（2）及时、合理地处理索赔。索赔发生后，监理工程师应及时对索赔进行处理。及时处理索赔可以促进业主、承包人之间的信任与合作，促进合同的正常履行；及时处理索赔能提高索赔处理结果的准确性，避免时过境迁而无法确定赔偿带来的不利影响。此外，及时处理索赔还可以简化竣工结算、避免结算工作的复杂性。

（3）加强主动监理，减少工程索赔。在我国，监理与承包人是为完成同一工程而进行的不同分工，必须提倡主动监理，要在工程的实施过程中，将预料到的可能发生的问题告诉承包企业，避免由于工程返工所造成的工程成本上升。另外，应对可能引起的索赔进行预测，尽量采取一些措施，进行补救，避免索赔的发生。

（4）监理工程师要认清在工程建设过程中的地位，并正确使用权力和承担责任。监理工程师作为业主的代理人进行工程项目管理，在行使权力的时候必须要预见到该行为可能导致的后果，承担相应的后果，需要有良好的职业道德，并对业主负责。如监理工程师在工作中的问题、失误、不完备的地方，给承包商造成了损失，这些往往是承包商索赔的机会。监理工程师在处理索赔事件时，必须公正、按照法律（合同）精神行事，从实际出发实事求是；按与业主和承包商协商一致的原则行事，向双方施加影响，减少差距，加深相互理解，使得双方妥协、接近，合理地处理索赔事件；由于现行的监理制度的缺陷，使得监理工程师经济责任小，缺乏对他的约束机制，所以监理工程师的工作在很大程度上需要有高度的职业自豪感和责任感,需要诚实、信用和良好职业道德来支撑。

9.3.5　索赔审批程序

　　图 9-1 是索赔审批的程序框图,在审批过程中,应贯彻分级审批的原则。通常由驻地监理查证索赔原因、核实索赔数量,高级驻地监理确定索赔价格和金额,总监进行索赔的审批和控制。监理工程师在审查和处理索赔时,通常需要遵循如下准则:一是依据合同条件中的条款和实事求是对待索赔事件;二是各项记录、报表、文件、会议纪要等文档资料要准确齐全;三是要核算数据正确无误。

　　监理工程师通过分析索赔理由、索赔事件过程、索赔值计算,以评价索赔要求的合理性的合法性。若分析得出索赔理由或证据不足时,可以要求承包人作出解释,或进一步补充证据,或是要求承包人修改索赔要求,工程师做出索赔处理意见,并提交给业主。根据工程师的处理意见,业主审查、批准承包人的索赔报告。业主也可能反驳、否定或部分否定承包人的索赔要求。承包人常常需要作进一步的解释和补充证据,工程师也要就处理意见作出说明,三方就索赔事件的解决进行磋商,达成一致。若承包人和业主就索赔问题的处理无法达成一致,有一方或双方都不满工程师的处理意见,产生了争执,此时需要按照合同规定的程序解决争执。

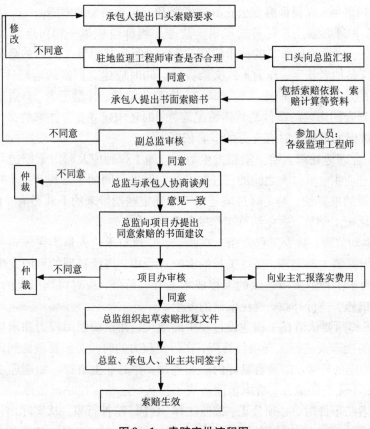

图 9-1　索赔审批流程图

9.3.6 索赔证据与索赔文件

(一)索赔证据

任何索赔事件的确立,其前提条件是必须有正当的索赔理由。对正当索赔理由的说明必须有证据,因为索赔的进行主要靠证据说话。没有证据或证据不足,索赔是难以成功的。

1. 索赔证据的要求

索赔证据的基本要求包括:真实性、全面性、关联性、及时性和法律证明效力。索赔的证据要完全反映工程实际情况,实事求是,基本资料和数据要经得住推敲,并且能够相互说明,相互关联,不能互相矛盾。证据的取得和证据的提出要及时全面,准确无误,所提出的证据要能说明事件的全过程,有关的记录、协议、纪要必须是当事人双方签署的,工程中的重大事件、特殊情况的记录、测试必须由监理工程师签字认可。

①真实性。索赔证据必须是在合同实施过程中确实存在和发生的,必须完全反映实际情况,能经得住推敲。

②全面性。所提供的证据应能说明事件的全过程。索赔报告中涉及的索赔理由、事件过程、影响、索赔值等都应有相应证据,不能零乱和支离破碎。

③关联性。索赔的证据应能够互相说明,相互具有关联性,不能互相矛盾。

④及时性。索赔证据的取得及提出应及时。

⑤具有法律证明效力。一般要求证据必须是书面文件,有关记录、协议、纪要必须是双方签署的;工程中重大事件、特殊情况的记录、统计必须由监理工程师签证认可。

2. 索赔证据的种类

对承包人来说,保持完整、详细的工程记录,保存好与工程有关的全部文件资料是非常重要的,在提出索赔的时候,承包人必须要有足够的资料证明自己的索赔要求是合理合法的。工程记录是解决索赔的依据,是编写索赔文件的基础,还是提交仲裁听证和裁决的证据。工程记录是所有与工程项目相关的各种记录的综合,它包括基础资料和加工资料两类:

(1)基础资料。基础资料是指关于工程项目的原始记录,主要包括以下内容:

①施工日志。承包人应指定项目部中的一名管理人员(项目副经理)在现场记录施工过程中所发生的各种情况,包括人员配置、设备配置及使用、材料采购、施工进度、工程质量、工程关键工序施工、工程停止点等检查、试验、不利现场条件及工程中停电、停水、道路开通和封闭的记录与证明等。

②气象资料。承包人必须保持如实、完整、详细的天气情况记录,包括气温、阴晴、湿度、降雨量、风力、暴风雪、冰雹等,对于恶劣天气的记录要请工程师签证。

③工程图纸。所有工程图纸,包括施工图纸、竣工图纸以及相应的图纸修改等,都必须认真检查和保存。

④工程报告。如工程材料报验单、测量放线报验单、进场设备报验单、工程报验单、单位工程竣工报告等都是工程情况的有力证明。

⑤工程核算资料。包括人工、材料、机械设备使用台账、工程成本分析资料、会计账表、财务报告、现金流量、工资指数、物价指数、各种原始单据(工资单、材料设备采购单、向第三方付款单据)等,都是计算索赔金额的基础资料。

⑥工程照片及声像资料。工程照片具有清楚、直观的特点,是特定时间、特定部位施工状况的无可辩驳的图表证明,索赔中常用的有:表示工程进度的照片、隐蔽工程覆盖前的照

片、业主责任造成返工或工程损坏的照片等。

⑦建筑材料和设备采购、订货运输使用记录等。

⑧市场行情记录。

⑨国家法律、法令、政策文件等。

⑩政治经济资料：重大新闻报道记录如罢工、动乱、地震以及其他重大灾害等；重要经济政策文件，如税收决定、海关规定、外币汇率变化、工资调整等；政府官员和工程主管部门领导视察工地时的讲话记录。

（2）加工资料。加工资料是经过人为加工整理的资料，主要包括以下内容：

①来往信件、签证及更改通知等。如业主的变更令、各种认可信、通知、对承包人问题的答复信等。承包人对业主和工程师的口头指令和对工程问题的处理意见要及时索取书面证据，信封也要留存，它可以证明收发信件的准确日期，所有信件都应按时间先后编号存档。

②各种会议纪要。会议纪要是关于参加会议各方对工程进展、质量、变更令发布、不利现场条件及采取某些措施等的意见的准确资料来源，会议纪要须经双方签署后才具有法律效力。

③工程进度计划。其中劳动力、施工机械设备、现场设施的安排计划和实际情况，材料的采购订货、运输、使用计划和实施情况是工程变更的证据。

④招标文件及其参考资料、现场调查备忘录、编标资料和合同文本、附件。它们能成为承包商对比的基础，对证明承包人投标报价及索赔值计算是否合理有着非常重要的作用。

完整、详细的工程记录是提出索赔时的重要证据之一，在施工过程中承包人要注意搜集、整理过程记录。

（二）索赔文件

索赔文件是承包人向业主索赔的正式书面材料，也是业主审议承包人索赔请求的主要依据。索赔文件通常包括以下三个部分：

（1）索赔信。索赔信是一封承包人致业主或其代表的简短的信函，应包括以下内容：①说明索赔事件；②列举索赔理由；③提出索赔金额与工期；④附件说明。

整个索赔信是提纲性的材料，它把其他材料贯通起来。

（2）索赔报告。索赔报告是索赔文件的正文，其结构一般包含三个主要部分。首先是报告的标题，应言简意赅地概括索赔的核心内容；其次是事实与理由，这部分应叙述客观事实，合理引用合同规定，建立事实与损失之间的因果关系，说明索赔的合理合法性；最后是损失计算与要求赔偿金额与工期，这部分只需列举各项明细数字及汇总数据即可。索赔报告通常由如下几个部分组成：

①题目。简要说明针对什么问题提出索赔。

②索赔事件陈述。叙述事件起因、经过以及事件过程中双方的活动，时间的结果，重点叙述我方按照合同所采取的行为，对方不符合合同的行为。

③理由。总结上述事件，同时引用合同条文或合同变更和补充协议条文，证明对方行为违反合同或对方的要求超出合同范围，造成了该项事件，有责任对此造成的损失作出赔偿。

④影响。简要说明事件对承包人施工过程的影响，而这些影响与上述事件有直接的因果关系。重点围绕由于上述事件原因造成的成本增加和工期延长。

⑤结论。对上述事件的索赔问题做出最后的总结，提出具体的索赔请求，包括工期索赔和费用索赔。

需要特别注意的是索赔报告的表述方式对索赔的解决有重大影响。一般应注意如下几个方面：

①索赔事件要真实、证据确凿。索赔针对的事件必须实事求是，有确凿的证据，令对方无可推卸和辩驳。对事件叙述要清楚明确，避免使用"可能"、"也许"等估计、猜测性语言，造成索赔说服力不强。

②计算索赔值要合理、准确。要将计算的依据、方法、结果详细地说明列出，这样易于对方接受，减少争议和纠纷。

③责任分析要清楚。一般索赔所针对的事件都是由于非承包人责任引起的，因此，在索赔报告中必须明确对方负全部责任，而不可用含糊的语言，这样会丧失自己在索赔中的有利地位，使索赔失败。

④在索赔报告中，要强调事件的不可预见性和突发性，说明承包人对它不可能有准备，也无法预防，并且承包人为了避免和减轻该事件的影响和损失已尽了最大的努力，采取了能够采取的措施，从而使索赔理由更加充分，更易于对方接受。

⑤明确阐述由于干扰事件的影响，使承包人的工程施工受到严重干扰，并为此增加了支出，拖延了工期，表明干扰事件与索赔有直接的因果关系。

⑥索赔报告书写用语应尽量婉转，避免使用强硬、不客气的语言，否则会给索赔带来不利的影响。

(3)附件。索赔文件中附件主要是索赔报告中所列举事实、理由、影响等的证明文件和证据；详细计算书，这是为了证实索赔金额的真实性而设置的，为了简明可以大量运用图表。

9.3.7　索赔费用的组成

表 9 - 2 是常见的几种索赔情况的费用构成。

表 9 - 2　工程索赔的费用项目构成分析

索赔事件	可能的费用损失项目	有关说明
工程中断	(1)停工费； (2)机械停置费； (3)材料积压损失费； (4)管理费损失； (5)其他支出费	见表后说明
期延后的索赔	(1)工期延长后物价上涨使原工程成本增加； (2)各种开办费用的增加； (3)其他索赔	(1)物价上涨引起的成本增加价格调整的有关规定去处理； (2)开办费具有包干的性质，但延期后承包人会认为开办费包不住，如会增加临时设施维护费、保险费等各项费用
工程变更	(1)工程量增加所引起的索赔； (2)附加工程所引起的索赔； (3)工程性质、质量、类型改变引起的索赔	变更工程的计价问题按工程变更的有关规定来处理，工程变更引起工程中断及延期后的费用索赔按前述规定进行

索赔事件	可能的费用损失项目	有关说明
业主指令工程加速	(1)人工费增加； (2)材料费增加； (3)现场施工机械费用增加； (4)现场管理费用增加； (5)总部管理费用增加； (6)利息增加	(1)因抢工不合理投入大量劳动力致使工效降低造成损失； (2)因抢工不经济地使用材料,材料运费等增加； (3)增加大量机械,不合理地使用机械、停班多、费用增加； (4)临时增加人员,临时宿舍旅馆费增加,加班费、差旅费、生活补贴、管理人员增加； (5)因抢工临时增加贷款进货进料,增加流动资金、银行贷款利息增加

(一)停工费

停工及窝工费的计算方法：

(1)合同中规定了计算方法的,原则上按合同中规定的计算方法计算；

(2)合同中未规定计算方法的,可以参考：

①计日工单价；

②人工费预算单价；

③当前的人工工资水平。

在此基础上确定停工及窝工费的工日单价并根据实际的停工及窝工时间进行计算。其中停工、窝工时间中应根据工程的不同性质扣除雨水天气所占用的时间。

(二)材料积压损失费

(1)合同中已支付材料预付款的,原则上不考虑材料积压损失费；

(2)合同中未支付材料预付款的,可根据材料费价格及积压材料的费用总额计算其利息；

(3)对于使用时间有要求的材料,当材料积压时间太长时,应根据实际情况考虑材料超过使用期限后报废的损失。

(三)机械停置费损失

(1)合同中规定了计算方法的,原则上按合同中规定的计算方法计算；

(2)合同中未规定计算方法的,可协商解决；

(3)施工单位的租赁机械,可在出具租赁合同后,根据租赁价格扣除燃料费后确定其停置费。

(四)管理费

(1)可根据实际情况由业主、承包人、监理工程师协商确定(主要考虑现场管理费)。

(2)按辅助资料表中的单价分析表中的管理费比例,测算管理费占合同总价的比例之后确定合同总价中的管理费总额；再根据项目合同工期测算承包人每天的现场管理费总额；最后根据增工、停工或窝工时间确定索赔事件期间所发生的管理费总额。

(五)延长工期后的费用

(1)工程保险费追加,可根据保险单或调查所得的保险费率来确定保险费用(当合同规定由承包人办理工程保险时)；

(2)延长期间的临时租地费,可根据租地合同或其他票据参考确定(当合同规定临时租地费由业主承担时)；

（3）临时工程的维护费，可根据临时工程的性质及实际情况由业主、承包人、监理工程师协商确定。

（六）延期付款利息

根据投标函附录中规定的逾期付款违约金的利率进行计算。

（七）赶工费

为抢工期而增加的周转性材料增加费、工效和机械效率降低费、职工的加班费、不经济地使用材料等赶工费，由业主、承包人、监理工程师根据赶工的工程性质和当时当地的实际情况协商确定。

（八）利润

对于不同性质的索赔，取得利润索赔的成功率是不同的。一般来说，由于工程范围的变更和施工条件变化引起的索赔，承包人是可以列入利润的；由于业主的原因终止或放弃合同，承包人也有权获得已完成工程款外，还应得到原定比例的利润。而对于工程延误的索赔，由于利润通常是包括在每项实施的工程内容的价格之内的，而延误工期并未影响、削减某些项目的实施，导致利润减少，所以，一般监理工程师很难同意在延误费用索赔中加进利润损失。

索赔利润款额的计算通常是与原报价单中的利润百分率保持一致。即在索赔款直接费的基础上，乘以原报价单中的利润率，即为该项索赔款中的利润额。

（九）其他费用

其他费用根据实际情况由业主、承包人及监理工程师协商确定。

9.3.8　索赔费用的计算方法

（一）分项法

分项法是按每个索赔事件所引起的损失费用项目分别分析计算索赔值的一种方法。这一方法是在明确责任的前提下，将需索赔的费用分项列出，并提供相应的工程记录、收据、发票等证据资料。这样可以在较短时间内给以分析、核实，确定索赔费用顺利解决索赔事宜。在实际工作中，绝大多数工程的索赔都采用分项法计算。

分项法计算通常分为以下三步。

（1）分析每个或每类索赔事件所影响的费用项目，不得有遗漏。这些费用项目通常应与合同报价中的费用项目一致。

（2）计算每个费用项目受索赔事件影响后的数值，通过与合同价中的费用值进行比较即可得到该项费用的索赔额。

（3）将各费用项目的索赔值汇总，得到总费用索赔值。分项法中索赔费用主要包括该项工程施工过程中所发生的额外人工费、材料费、施工机械使用费、相应的管理费以及应得的间接费、利润等。由于分项法所依据的是实际发生的成本记录或单据，所以施工过程中，对第一手资料的收集整理就显得非常重要。

（二）总费用法

总费用法，又称总成本法，就是当发生多次索赔事件后，重新计算出该工程的实际总费用，再从这个实际总费用中减去投标报价时的估算总费用，计算出索赔余额，具体公式为：

$$索赔金额 = 实际总费用 - 投标报价时估算总费用$$

采用总费用法进行索赔时应注意以下几点：

（1）采用这个方法往往是由于施工过程中受到严重干扰，造成多个索赔事件混杂在一起，导致难以准确地进行分项记录和收集资料、证据，也不容易分项计算出具体的损失费用，只得采用总费用法进行索赔。

（2）承包人报价必须合理，不能是采取低价中标策略后过低的标价。

（3）该方法要求必须出具足够的证据，证明其全部费用的合理性，否则其索赔款额将不容易被接受。

（4）由于实际发生的总费用中可能包括了因承包人的原因（如施工组织不善、浪费材料等）而增加的费用，同时承包人投标报价估算的总费用由于急于中标而过低，因此，总费用法只有在难以按分项法计算索赔费用时才能使用。

（三）修正总费用法

修正总费用法是对总费用法的改进，即在总费用计算的原则上，去掉一些不合理的因素，使其更合理。修正的内容如下：

（1）将计算索赔款的时段局限于受到外界影响的时间，而不是整个施工期。

（2）只计算受影响时段内的某项工作所受影响的损失，而不是计算该时段内所有施工工作所受的损失。

（3）与该工作无关的费用不列入总费用中。

（4）对投标报价费用重新进行核算：按受影响时段内该项工作的实际单价进行核算，乘以实际完成的该项工作的工作量，得出调整后的报价费用。

按修正后的总费用计算索赔金额的计算公式为：

索赔金额＝某项工作调整后的实际总费用－该项工作的报价费用

修正的总费用法与总费用法相比，有了实质性的改进，已相当准确地反映出实际增加的费用。

9.3.9　工程延期及其计算方法

（一）工程延期的概念

工程延期是指由于非承包人自身原因造成的，经监理工程师书面批准的合理竣工期限的延长。它不包括由于承包人的违约或者承包人未能履行他应尽的义务或责任而引起的工程延误。

工程延期在性质上仍属于索赔的范畴。与费用索赔相比，除了索赔对象不同外，索赔的合同依据也不完全相同。

（二）工程延期的性质及类型

工期延误直接涉及业主和承包人的切身利益。一方面工期延误将会使一个工程项目不能在预定的时间内交付使用，使运营效益减少，直接影响到投资效益的发挥。另一方面业主要增加工程项目的管理费用，特别是要承担投入资金的利息，工期拖得越长，这种负担就越重。同样对于承包人来说，如果工程拖延长久，不仅要受到处罚，造成经济损失，而且由于力量受到牵制，无法承接新的业务。因此，当工期延误发生后，监理工程师要分析产生影响计划进度实施的原因，根据合同规定，正确判定延误的性质，以作出相应的处理。

当工期延误是由于非承包人原因所造成时，则属于可原谅延误。在承包人按合同规定提交延期申请后，监理工程师应在调查、分析、核实延误的原因和影响，确定满足合同条件后，作出延期决定。当延误是承包人自身原因造成时，则属于不可原谅延误，监理工程师应对承包人作出反索赔。

　　延期会打乱项目的整体进度计划和业主的经营计划，给业主造成经济损失，因此，业主不愿意合同延期。而合同的延期是承包人的正当权益，承包人可通过合理延期来避免工期延误后为赶工而增加的施工成本(当延误的工期得不到延期时就只得赶工)。总之，延期是合同管理中极重要的事件，监理工程师必须始终予以关注和监督，熟练掌握延期的处理原则，并尽早采取措施避免或减少工期延误。

　　监理工程师应牢记以下几点：

　　(1)批准延期可能造成业主增加支出；

　　(2)批准延期可能会给承包人要求费用索赔带来借口；

　　(3)拒绝承包人申请延期的合理要求，亦可导致承包人要求费用索赔。

　　根据合同条款，延期的主要类型如下：

　　(1)额外或附加工作造成工程或某区段工程必须延期完成；

　　(2)本合同条件中提到的任何误期原因；

　　(3)异常恶劣的气候条件造成工程延误；

　　(4)由业主造成的任何延误、干扰或阻碍；

　　(5)除去承包人不履行合同或违约或由他负责的以外，其他可能产生的特殊情况。

　　上述任何一种情况发生，使承包人有理由延期完成工程或其任何区段或部分时，则监理工程师应在与业主和承包人适当协商后作出公平的延期决定。

(三)工程延期的处理方法

1．处理工程延期的一般规定

　　(1)监理工程师必须在确认下述条件满足后，受理工程延期：

　　①由于非承包人的责任，工程不能按原定工期完工。

　　②延期情况发生后，承包人在合同规定的期限内向监理工程师提交工程延期意向。

　　③承包人承诺继续按合同规定向监理工程师提交有关延期的详细资料，并根据监理工程师需求随时提供有关证明。

　　④延期事件终止后，承包人在合同规定的期限内，向监理工程师提交正式的延期申请报告。

　　(2)非承包人责任引起的可原谅延误，根据合同条款判定。合同条款中涉及的延期事件，监理工程师可以根据条款的详细说明，找出判断延期的依据。

　　(3)特殊情况如业主和承包人所不能控制的罢工及其他经济风险引起的延误可以延期。例如，由于政府政策的改变，影响了本工程有关劳务、材料或设备的采购与运输，因而造成工程延误。

　　(4)异常恶劣的天气造成工程延误可以给予延期。而异常恶劣的天气与恶劣天气如何区分，则可在合同专用条件中说明，也可由监理工程师掌握。

　　(5)业主或业主代表原因引起的延误可以批准延期。例如某公路工程，业主与银行所签订的贷款合同中规定：银行在收到借款人(业主)与承包人正式共同签署的书面合同以后，才允许借款人从贷款中提取款项。由于合同成立之后，整理和编印供双方正式签署的合同文件于工程开工后才完成，在这期间，业主没有资金来源，无法按合同规定向承包人支付款项，由此造成的承包人的施工延误可以得到工期补偿。

　　(6)监理工程师原因引起的延误也可以延期。如施工过程中监理工程师超出合同规定而进行的额外检测且检测结果合格时可以延期；监理工程师对隐蔽工程进行质量复查且结果合格时亦可延期。

（7）但因可预见的条件或在承包人控制之内的情况，或由于承包人自己的问题与过错而引起的不可原谅延误，承包人没有资格获准延长工期。承包人必须无条件地按合同规定的时间实施和完成施工任务，否则构成违约。例如：由于承包人缺乏足够的财务能力；与承包人有直接关系的第三方造成的问题；分包人的行为；承包人对现场条件的错误判断；不适当的施工组织管理；没有适当的施工设备和劳力等引起延误的情况。

2. 共同延误的处理

共同延误是指两项或两项以上的单独延误同时发生的情况。

（1）同一项工作上发生的共同延误：在同一项工作上同时发生两项或两项以上的延误的情况可能有以下几种基本组合，监理工程师应认真分析，区别处理。

①可补偿延误与不可原谅延误同时存在。监理工程师应注意，在这种情况下，不能批准承包人延期和经济补偿的要求，因为即便没有可补偿延误，不可原谅延误也已经造成工程延误。

②不可补偿延误与不可原谅延误同时存在。在这种情况下，监理工程师不能批准延长工期，因为即使没有不可补偿延误，不可原谅延误也已经导致工程延误。

③不可补偿延误与可补偿延误同时存在。此时，监理工程师可以批准承包人延期的要求，但不能给予经济补偿，因为即使没有可补偿延误，不可补偿延误也已经造成工程施工延误。

④两项可补偿延误同时存在。此时，监理工程师只能批准一项工期延长或经济补偿。

（2）不同的工作上发生的共同延误：这是指在不同的工作上同时发生了两项或两项以上的延误，从而产生了对整个工程综合影响而言的共同延误。这种情况是比较复杂的，由于各项工作在工程总进度表中所处的地位和重要性不同，同等时间的相应延误对工程进度所产生的影响也就不同。工程师在处理这种共同延误时，应认真具体地分析单项延误分别对工程总进度所造成的影响，然后将这些影响进行比较，对相互重叠部分按前述在同一项工作上发生的共同延误处理。对剩余部分进一步分析延误引起的原因和影响，从而断定是否给予延长工期和经济补偿。

关于业主延误与承包人延误同时存在的共同延误，对其经济损失的处理，一般应用一定的方法分解延误，根据双方过错的大小及所造成影响的大小来按比例分担。若该延误无法分解开，也应按一定的比例在双方当事人之间分担责任，允许承包人得到相当的经济补偿。随着高级网络计划技术的应用，共同延误的可分解性已经大大提高。

共同延误的最终结果，可能是承包人可以获得工期延长和经济补偿，也可能是承包人要向业主支付延误赔偿金。如果承包人想从业主那里获得工期延长及经济补偿，则承包人必须划分和证明双方分别应负的责任；如果业主想从承包人那里得到延误赔偿金，则业主也必须划分和证明双方的责任。

（四）工程延期的申请与审批程序

1. 承包人提交延期申请书

根据合同条款的规定，承包人在首次出现需延期情况后的28天之内，除非承包人向监理工程师提出申请延期，并向业主递交申请延期副本，否则监理工程师不予考虑。

承包人在非自己原因引起工程延误时，应在该事件发生之后，立即写一份申请延长合同

工期的意向书,定性地先报与监理工程师,并报业主备案;随后详细列出自己认为有权要求
延期的具体情况、证据、记录和网络计划图等,以供监理工程师审批。若延期事件是连续发
生的,则承包人应以不超过 28 天的时间间隔向监理工程师申报延期意向并提供有关资料,并
在延期事件终止后 28 天内,报正式的延期申请书和最后的详细资料。承包人申请与监理工
程师审批的程序,如图 9 - 2 所示。

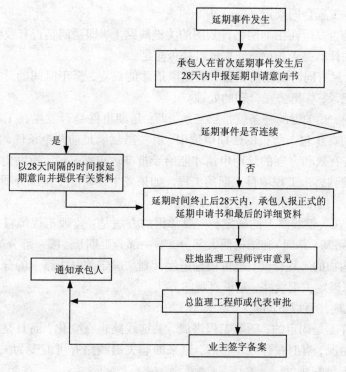

图 9 - 2　工程延期的申请与审批程序图

2. 监理工程师审批延期的程序

监理工程师在收到承包人的延期申请和详细补充情况及证据后,应在合理时间内进行审
查、核实与详细计算。不应无故拖延时间,以免出现承包人声称为工程进度被迫加班,而要
求支付加班费用(或赶工费用)的情况。

在延期审批过程中,驻地监理工程师的原始记录如《监理日志》、《天气记录》等,是很关
键的证明材料。当延误发生时,驻地监理工程师对承包人延误的事实、时间、人力、机械设
备的闲置以及能否重新调整计划等,均应有详细的记录。否则,将会给承包人延期申请的审
批带来困难。

在合同条款中,对监理工程师作出延期决定的时间并没有明确规定。但在实际工作中,
监理工程师必须在合理的时间内作出决定,否则承包人会以延期迟迟未获批准而被迫加快工
程进度为由,提出费用索赔。为了避免这种情况发生,又使监理工程师有比较充裕的时间评
审延期时间,对于某些较为复杂或持续时间较长的延期申请,监理工程师可以根据初步评
审,给予一个暂定的延期,然后再进行详细的研究评审,书面给予批准的有效延期时间。合
同条件规定,暂时批准的延期时间不能长于最后书面批准的延期时间。

严格地讲,在承包人未提出最后一个延期申请时,监理工程师批准的延期时间均是暂定

的延期时间。最终延期时间应是承包人的最后一个延期申请批准后的累计时间，但并不是每一项延期时间都累加，如果后面批准的延期内包含有前一个批准延期的内容，则前一项延期的时间不能予以累计。

（五）工程延期审批的依据

（1）承包人延期申请能够成立并获得监理工程师批准的依据如下：

①工程延期事件是否属实，强调实事求是；

②是否符合本工程合同规定；

③延期事件是否发生在工期网络计划图的关键线路上，即延期是否有效合理；

④延期天数的计算是否正确，证据资料是否充足。

上述四条中，只有同时满足前三条，延期申请才能成立，至于时间的计算，监理工程师可以根据自己的记录，作出公正合理的处理。

上述前三条中，最关键的一条就是第三条，即：延期事件是否发生在工期网络计划图的关键线路上。因为在承包人所报的延期申请中，有些虽然满足前两个条件，但并不一定是有效和合理的，只有有效和合理的延期申请才能给予批准。也就是说，所发生的延误工程部分项目必须是会影响到整个工程项目工期的工程。如果发生延误的工程部分项目并不影响整个工程完工期，那么，批准延期就是没有必要的。

（2）项目是否在关键线路上的确定，一般常用的方法是：监理工程师根据最新批准的进度计划，分道路（路基、路面）和结构两大部分，哪一部分工期长，哪一部分就在关键线路上。对于只有独立结构物的工程合同，也可根据进度计划来确定关键线路上的分部工程项目。另外，利用网络图来确定关键线路，是最直观的方法。

（3）延期审批应注意以下问题：

①关键线路并不是固定的，随着工程进展，关键线路也在变化，而且是动态变化。随着工程进展的实际情况，有时在计划调整后，原来的非关键线路有可能变为关键线路，驻地监理工程师要随时记录并注意。

②关键线路的确定，必须是依据最新批准的工程进度计划。

（六）延期天数的计算方法

在处理延期事件时，工程师审查、核实、计算工期延长的天数，是很重要的。国际工程承包实践中，对延期天数的计算有下面几种方法。

（1）工期分析法：即依据合同工期的网络进度计划图，考察承包人按监理工程师的指示，完成各种原因增加的工程量所需用的工时，以及工序改变的影响，算出损失进度以确定延期的天数。

（2）实测法：承包人按监理工程师的书面工程变更指令，完成变更工程所用的实际工时。

（3）类推法：按照合同文件中规定的同类工作进度计算工期延长。

（4）工时分析法：某一工种的分项工程项目延误事件发生后，按实际施工的程序统计出所用的工时总量，然后按延误期间承担该分项工程工种的全部人员投入施工来计算要延长的工期。

（5）造价比较法：若施工中出现了很多大小不等的工期索赔事由，较难准确地单独计算且又麻烦时，可经双方协商，采用造价比较法确定工期补偿天数。

（6）折合法：当计算出某一分部分项工程的工期延长后，还要把局部工期转变成整体工期。这可以用局部工程的工作量占整个工程工作量的比重来折算。

(七)加强工程进度控制，尽量避免和减少工期延误

根据我国公路工程项目实践过程中的经验和教训，要防止或减少工程延期发生，就必须做到以下几点：

(1)不管是监理工程师还是业主和承包人，都必须熟悉和掌握合同条款和技术规范，严格遵守、执行合同；

(2)作为业主应多协调、少干扰，必须尽量避免由于行政命令的干扰引起的工期延误；

(3)应尽量避免由于图纸延迟发出、征地拆迁延误、工程暂停和不按程序办理工程变更等引起的延期；

(4)监理工程师必须掌握第一手原始资料，认真做好《监理日志》等原始记录，以了解工地现场的实际情况；

(5)监理工程师必须对承包人的进度计划安排给予充分的重视，并积极协助和督促业主解决影响施工进度的外部条件，减少或避免因业主原因造成的延期。

9.3.10　索赔的防范

当索赔意向已经由承包人提出时，监理工程师的工作就会显得被动一些，不合理的索赔虽然可以驳回，但合理的索赔应当予以批准，因此，重要的是尽量防止索赔事件的发生。监理工程师及所属监理人员都应尽力完成合同规定的义务和责任，同时也要帮助业主按合同条款办事。为了尽可能防止索赔的产生，监理工程师应遵循以下原则：

(1)监理工程师和驻地监理工程师应尽早开始对监理工作进行准备，最好在工程招标之前进行。监理工程师及监理人员应尽早熟悉合同文件、工地环境、地质水文资料、施工进度计划、施工机械设备和人员、施工方法等各方面详细情况。

(2)监理工程师应作详尽的监理规划和工作计划，在每一工作环节上，都应与承包人尽早地进行分析预测和控制工作。

(3)监理人员应严格根据合同条款实施监理，绝不能因自己的失职和错误而给承包人带来索赔的机会和理由。

(4)监理人员应时常注意提醒和督促业主按合同办事。

(5)建立健全的工作制度和监理程序，并严格执行。

(6)做好记录，包括各种指示、函件、决定、会议、试验、法规等记录，这是判断索赔合理性的重要依据。

(7)指定专人负责索赔事务，并建立技术人员、管理人员、财务人员之间联络的制度。

(8)尽早提供帮助和协助，或迅速采取防范和补救措施，是承包人减少乃至避免损失，以争取承包人不提出索赔。通过变更来调整承包人的工作是最常用的措施。

(9)当承包人提出索赔时，监理工程师应尽快采取行动，将损失降至最少。

当然，大多数索赔是难以防范的。从设计、招标到设备材料供货，从地质勘探到气候状况，存在着许多不确定、可变或不可控制的因素，这些因素中反映了工程建设的复杂性。索赔在合同条款中就是用来分担风险因素的条款，因此应作为正常经济和法律现象来加以对待和研究。

第 10 章　典型案例

　　【案例 1】　某高速公路沥青路面工程采用国内公开招标方式组织该项目施工招标，在资格预审公告中表明选择不多于 7 名的潜在投标人参加投标。资格预审文件中规定资格审查分为"初步审查"和"详细审查"两步，其中初步审查中给出了详细的评审因素和评审标准，但详细审查中未规定具体的评审因素和标准，仅注明"在对企业实力、技术装备、人员状况、项目经理的业绩和现场考察的基础上进行综合评议，确定投标人名"。

　　该项目有 10 个潜在投标人购买了资格预审文件，并在资格预审申请截止时间前递交了资格预审申请文件。招标人依照相关规定组建了资格审查委员会，对递交的 10 份资格预审申请文件进行了初步审查，结论均为"合格"。在详细审查过程中，资格审查委员会没有依据资格预审文件对通过初步审查的申请人逐一进行评审和比较，而采取了去掉 3 个评审最差的申请人的方法。其中 1 个申请人为区县级施工企业，有评委认为其实力差；还有 1 个申请人据说爱打官司，合同履约信誉差，审查委员会一致同意将这两个申请人判为不通过资格审查。

　　审查委员会对剩下的 8 个申请人找不出理由确定哪个申请人不能通过资格审查，一致同意采用抓阄的方式确定最后 1 个不通过资格审查的申请人，从而确定了剩下的 7 个申请人为投标人，并据此完成了审查报告。

　　问题：

　　(1)招标人在上述资格预审过程中存在哪些不正确的地方？为什么？

　　(2)审查委员会在上述审查过程中存在哪些不正确的做法？为什么？

　　分析：

　　依据《工程建设项目施工招标投标办法》(30 号令)第十八条的规定，招标人应当在资格预审文件中载明资格预审的条件、标准和方法。本案中，资格预审文件采用的"在对企业实力、技术装备、人员状况、项目经理的业绩和现场考察的基础上进行综合评议，确定投标人名单"方法和标准，实际上仅有审查因素，没有审查的标准和方法，其资格预审文件的制订违反了上述法规的规定，同时也不符合《中华人民共和国标准施工招标资格预审文件》(2007 年版)的精神。资格审查时，审查委员会应依据资格预审文件中确定的资格审查标准和方法，对招标人受理的资格预审申请文件进行审查，资格预审文件中没有规定的方法和标准不得采用。同时也不得以不合理的条件限制、排斥潜在投标人，不得对潜在投标人实行歧视待遇。

　　参考答案：

　　问题(1)：

　　本案中，招标人编制的资格预审文件中，采用"在对企业实力、技术装备、人员状况、项目经理的业绩和现场考察的基础上进行综合评议，确定投标人名单"的做法，实际上没有载明资格审查标准和方法，违反了《工程建设项目施工招标投标办法》第十八条对资格预审文件的编制要求。

　　问题(2)：

　　本案中，资格审查委员会存在以下三方面不正确的做法：

　　①审查的依据不符合法规规定。本案在详细审查过程中，审查委员会没有依据资格预审文

件中确定的资格审查标准和方法,对资格预审申请文件进行审查,如审查委员会没有对申请人技术装备、人员状况、项目经理的业绩和现场情况等审查因素进行审查。又如在没有证据的情况下,采信了某个申请人"爱打官司,合同履约信誉差"的说法等;同时审查过程不完整,如审查委员会仅对末位申请人进行了审查,而没有对其他7位投标人的企业实力、技术装备、人员状况、项目经理的业绩和现场考察进行审查就直接确定其为通过资格审查申请人的做法等。

②对申请人实行了歧视性待遇,如认为区县级施工企业实力差的做法。

③以不合理条件排斥限制潜在投标人,如采用"抓阄的方式确定最后1个不通过资格审查的申请人"的做法等。

【案例2】　某投标单位通过资格预审后,对招标文件进行了仔细分析,发现业主所提出的工期要求过于苛刻,且合同条款中规定每拖延1天工期罚合同价的1‰。若要保证实现该工期要求,必须采取特殊措施,从而大大增加成本;还发现原设计结构方案采用框架剪力墙体系过于保守。因此,该投标单位在投标文件中说明业主的工期要求难以实现,因而按自己认为的合理工期(比业主要求的工期增加6个月)编制施工进度计划并据此报价;还建议将框架剪力墙体系改为框架体系,并对这两种结构体系进行了技术经济分析和比较,证明框架体系不仅能保证工程结构的可靠性和安全性、增加使用面积、提高空间利用的灵活性,而且可降低造价约3%。

该投标单位将技术标和商务标分别封装,在封口处加盖本单位公章和项目经理签字后,在投标截止日期前一天上午将投标文件报送业主。次日(即投标截止日当天)下午,在规定的开标时间前1小时,该投标单位又递交了一份补充材料,其中声明将原报价降低4%。但是,招标单位的有关工作人员认为,根据国际上"一标一投"的惯例,一个投标单位不得递交两份投标文件,因而拒收投标单位的补充材料。

开标会由市招投标办的工作人员主持,市公证处有关人员到会,各投标单位代表均到场。开标前,市公证处人员对各投标单位的资质进行审查,并对所有投标文件进行审查,确认所有投标文件均有效后,正式开标。主持人宣读投标单位名称、投标价格、投标工期和有关投标文件的重要说明。

问题:

(1)该投标单位运用了哪几种报价技巧?其运用是否得当?请逐一加以说明。

(2)从所介绍的背景资料来看,在该项目招标程序中存在哪些问题?请分别简单说明。

分析:

本案例主要考核投标单位报价技巧的运用,涉及多方案报价法、增加建议方案法和突然降价法,还涉及招标程序中的一些问题。

多方案报价和增加建议方案法都是针对业主的,是投标单位发挥自己技术优势、取得业主信任和好感的有效方法。运用这两种报价技巧的前提均是必须对原招标文件中的有关内容和规定报价,否则,即被认为对招标文件未作出"实质性响应",而被视为废标。突然降价法是针对竞争对手的,其运用的关键在于突然性,且需保证降价幅度在自己的承受能力范围之内。

本案例关于招标程序的问题仅涉及资格审查的时间、投标文件的有效性和合法性、开标会的主持、公证处人员在开标时的作用。这些问题都应按照《中华人民共和国招投标法》和有关法规的规定回答。

参考答案:

问题(1):

该投标单位运用了三种报价技巧,即多方案报价法、增加建议方案法和突然降价法。其中,多方案报价法运用不当，因为运用该报价技巧时，必须对原方案（本案例指业主的工期要求）报价，而该投标单位在投标时仅说明了该工期要求难以实现，却并未报出相应的投标价。

增加建议方案法运用得当，通过对两个结构体系的技术经济分析和比较（这意味着对两个方案均报了价），论证了建议方案（框架体系）的技术可行性和经济合理性，对业主有很强的说服力。

突然降价法也运用得当，原投标文件的递交时间比规定的投标截止时间仅提前一天多，这既是符合常理的，又为竞争对手调整、确定最终报价留有一定的时间，起到了迷惑竞争对手的作用。若提前时间太多，会引起竞争对手的怀疑，而在开标前 1 h 突然递交补充文件，这时竞争对手已不可能再调整报价了。

问题(2)：

该项目招标程序中存在以下问题：

（1）招标单位的有关工作人员不应拒收投标单位的补充文件，因为投标单位在投标截止时间之前所递交的任何正式书面文件都是有效文件，都是投标文件的有效组成部分，也就是说，补充文件与原投标文件共同构成一份投标文件，而不是两份相互独立的投标文件。

（2）根据《中华人民共和国招标投标法》，应由招标人（招标单位）主持开会，并宣读投标单位名称、投标价格等内容，而不应由市招投标办工作人员主持和宣读。

（3）资格审查应在投标之前进行（背景资料说明了投标单位已通过资格预审），公证处人员无权对投标单位资格进行审查，其到场的作用在于确认开标的公正性和合法性（包括投标文件的合法性）。

公证处人员确认所有投标文件均为有效标书是错误的，因为该投标单位的投标仅有单位公章和项目经理的签字，而无法定代表人或其代理人的印鉴，应作为废标处理。即使该投标单位的法定代表人赋予该项目经理有合同签字权，且有正式的委托书，该投标文件仍应作为废标处理。

【案例3】 假定工程承包采用投标方式，某承包人有 6 个 A 类工程和 3 个 B 类工程共 9 个工程可供选择。这些工程要求同时开工，而承包人人力有限，不宜同时都投标。承包人估计：A 类工程每个可获利润 7 000 元；B 类工程每个可获利润 5 000 元，承包人当前拥有 4 种技工，可利用的瓦工工时为 35 000 个，普通工工时 50 000 个，木工工时 25 000 个，钢筋工工时 25 000 个，承包人对于修建 A 类工程及 B 类工程所耗用的工时估计如表 10 - 1 所示。问承包人应向哪些工程进行投标才能争取更大的利润？

表 10 - 1 修建 A 类工程及 B 类工程所耗工时估计表

工种	一个 A 类工程	一个 B 类工程
瓦工需用工时	6 600	4 800
普通工需用工时	7 500	5 600
木工需用工时	4 000	4 000
钢筋工需用工时	3 000	3 000

解： 建立数学模型。

第一步：确立变量。设 x_1、x_2 分别为所承包的 A 类工程和 B 类工程的数目。设 E 为承包获得的总利润。

第二步：确立目标函数。此问题的目标是使利润最大，利润 E 的最大值为：

$$E_{max} = 7\,000x_1 + 5\,000x_2$$

第三步：找约束条件。考虑到所承包的工程所需的瓦工、普通工、木工和钢筋工时数不能超过能提供的瓦工、普通工、木工和钢筋工总工时数，可写出四个不等式方程：

$$\begin{cases} 瓦工\ 6\,600x_1 + 4\,800x_2 \leqslant 35\,000 \\ 普工\ 7\,500x_1 + 5\,600x_2 \leqslant 50\,000 \\ 木工\ 4\,000x_1 + 4\,000x_2 \leqslant 25\,000 \\ 钢筋工\ 3\,000x_1 + 3\,000x_2 \leqslant 25\,000 \end{cases}$$

第四步：考虑 A 类工程和 B 类工程的数目且其值只能为正整数，则有：

$$x_1 = 0,\ 1,\ 2,\ 3,\ 4,\ 5\ 或\ 6$$
$$x_2 = 0,\ 1,\ 2\ 或\ 3$$

第五步：整理以上各步，得线性规划模型

$$约束条件 \begin{cases} 目标函数：E_{max} = 7\,000x_1 + 5\,000x_2 \\ 瓦工\ 6\,600x_1 + 4\,800x_2 \leqslant 35\,000 \\ 普工\ 7\,500x_1 + 5\,600x_2 \leqslant 50\,000 \\ 木工\ 4\,000x_1 + 4\,000x_2 \leqslant 25\,000 \\ 钢筋工\ 3\,000x_1 + 3\,000x_2 \leqslant 25\,000 \\ x_1 = 0,\ 1,\ 2,\ 3,\ 4,\ 5\ 或\ 6 \\ x_2 = 0,\ 1,\ 2\ 或\ 3 \end{cases}$$

解该线性规划，就可求得 $x_1 = x_2 = 3$ 为最优解，此时最大预期利润为 $E_{max} = 7\,000 \times 3 + 5\,000 \times 3 = 36\,000$ 元。

求解线性规划有多种方法，现在各种求解方法都已有标准的电算程序可用，欲对其有更多了解，可参考其他有关著作。

【案例 4】　某承包人在工程承包市场上有 3 项工程可参与投标，但由于能力所限，只能参加一项工程的投标，对任何一项工程，企业都可以投以"高标"，也可以投以"低标"。"高标"的中标率为 0.3，"低标"的中标率为 0.6。若投标失败，其相应的损失：工程 A 为 1 000元，工程 B 为 600 元，工程 C 为 400 元。各项工程预期利润的概率，根据以往的情况估计如表 10 - 2 所示。

问题：

承包人在投标竞争中为了谋求最大的利润，应确定对哪项工程投哪种标？

表 10 - 2　各项工程预期利润的概率表

工程项目	标型	利润估计	概率	利润值（元）	标型	利润估计	概率	利润值（元）
工程 A	高标	乐观利润	0.3	12 000	低标	乐观利润	0.2	8 000
		期望利润	0.5	8 000		期望利润	0.5	4 000
		悲观利润	0.2	4 000		悲观利润	0.3	- 1 000
工程 B	高标	乐观利润	0.1	8 000	低标	乐观利润	0.2	6 000
		期望利润	0.6	4 000		期望利润	0.6	2 000
		悲观利润	0.3	1 000		悲观利润	0.2	0

工程项目	标型	利润估计	概率	利润值(元)	标型	利润估计	概率	利润值(元)
工程 C	高标	乐观利润	0.4	10 000	低标	乐观利润	0.3	8 000
		期望利润	0.3	6 000		期望利润	0.4	4 000
		悲观利润	0.3	2 000		悲观利润	0.3	2 000

解：这是一个两级决策问题，即确定对哪项工程投标，投哪种标。采用决策树法决策，其步骤如下：

1. 绘制决策树

在第一级决策点Ⅰ，包括三种行动方案：投工程 A、投工程 B 和投工程 C，由此引出三个决策分枝。第二级决策有三个决策点(分别用ⅡA、ⅡB、ⅡC 表示)，每一决策点又有投高标与投低标两种行动方案，故决策分枝数为 3 × 2 = 6。相应于 6 个决策分枝，有 6 个方案结点(分别用①、②、③、④、⑤、⑥表示)，每一结点又有中标和失标两种状态，故又引出 6 × 2 = 12 条概率分枝。在中标状态，利润的获取又有优、一般、赔三种情况，故方案末梢的数目为 6 × 3 + 6 = 24。决策树的构成如图 10 – 1 所示。

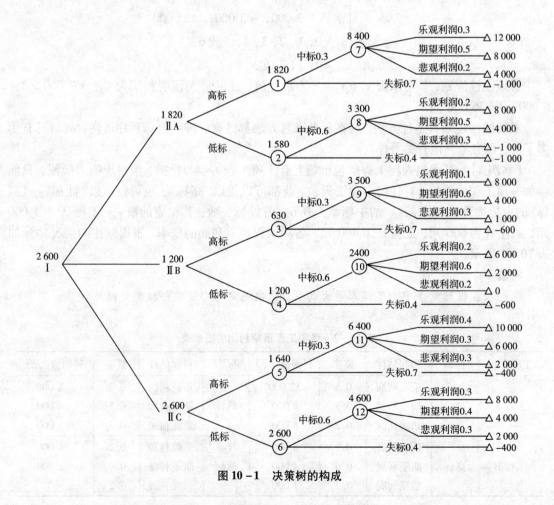

图 10 – 1　决策树的构成

2. 决策步骤

(1)按决策树从后向前逆推计算的方法，首先计算方案结点 7 ~ 12 的可能预期利润值 $E_p = \sum P_i \cdot E_i$，并将其标于方案结点上方。计算过程及结果如表 10 – 3 所示。

继续向前逆推计算结点 1 ~ 6 的可能预期利润值。

(2)在决策结点ⅡA，比较高标与低标两种情况的期望收益值，可知高标情况下的可能利润值较高，故保留此分枝，将决策结果(1 820)标于ⅡA 结点上方。在结点ⅡB、ⅡC 得到的结果同结点ⅡA 恰好相反(见图 10 – 1)。

(3)继续选优至第一个决策点Ⅰ，分别比较三个方案的可能预期利润值，可以确定应投 C 工程。沿投 C 工程分枝从左向右推找，便可确定以低标投工程 C 为最优策略，可能预期利润为 2 000 元。

表 10 – 3　方案结点 1 – 12 的计算过程及结果

结点号	计算式($\sum P_i \cdot E_i$)	可能预期利润 E_p(元)
7	$0.3 \times 12\,000 + 0.5 \times 8\,000 + 0.2 \times 4000$	8 400
8	$0.2 \times 8\,000 + 0.5 \times 4\,000 + 0.3 \times (-1\,000)$	3 300
9	$0.1 \times 8\,000 + 0.6 \times 4\,000 + 0.3 \times 1\,000$	3 500
10	$0.2 \times 6\,000 + 0.6 \times 2\,000 + 0.2 \times 0$	2 400
11	$0.4 \times 10\,000 + 0.3 \times 6\,000 + 0.3 \times 2\,000$	6 400
12	$0.3 \times 8\,000 + 0.4 \times 4\,000 + 0.3 \times 2\,000$	4 600
1	$0.3 \times 8\,400 + 0.7 \times (-1\,000)$	1 820
2	$0.6 \times 3\,300 + 0.4 \times (-1\,000)$	1 580
3	$0.3 \times 3\,500 + 0.7 \times (-600)$	630
4	$0.6 \times 2\,400 + 0.4 \times (-600)$	1 200
5	$0.3 \times 6\,400 + 0.7 \times (-400)$	1 640
6	$0.6 \times 4\,600 + 0.4 \times (-400)$	2 600

【案例 5】　某大型建筑工程，施工图设计已完成，现拟进行施工招标。招标背景如下：

(1)采用公开招标方式招标；

(2)采用以标底衡量报价得分的综合评分法评标，标底 5 000 万元。在评分中，设置以下几项指标及分值：报价 50 分、业绩与信誉 15 分、施工管理能力 10 分、施工组织设计 15 分、其他 10 分。

同时又规定：若报价超过标底 0 ~ 1%(包括 1%)加 4 分；超过 1% ~ 2%(包括 2%)加 2 分；超过 2% ~ 4%(包括 4%)扣 4 分；若报价低于标底 0 ~ 1%(包括 1%)加 5 分；超过 1% ~ 2%(包括 2%)加 6 分；超过 2% ~ 5%(包括 5%)加 4 分；分数的加值与扣值是在报价基础分(50 分)的基础上进行的。

综合得分最高的单位为中标单位。

(3)有4家单位投标,其报价如下:A单位5 150万元;B单位5 100万元;C单位4 900万元;D单位4 800万元。

(4)评标中各单位的各项指标得分见表10-4。

表10-4 各投标单位各项指标得分表

分值 项目 专家	业绩信誉				施工管理能力				施工组织设计				其他			
	A	B	C	D	A	B	C	D	A	B	C	D	A	B	C	D
1	90	85	95	85	85	80	85	85	95	85	80	85	80	85	95	80
2	90	90	90	80	85	80	80	85	95	80	80	85	80	85	90	85
3	85	80	90	85	90	85	85	80	95	90	85	85	85	80	85	80
4	85	80	90	85	95	90	80	90	95	90	90	85	85	80	80	80
5	85	85	90	90	95	85	80	90	95	90	90	90	90	80	85	80

问题:

(1)根据上述资料试确定中标单位。

(2)若签订合同,合同价为多少,为什么?

分析计算:

(1)计算各单位得分,确定中标单位。

①A单位综合得分:

报价:$(5\,150-5\,000)/5\,000\times100\% =3\%$,所以得分为$50-4=46$(分);

业绩信誉:$(90+90+85+85+85)/5\times15/100=13.05$(分);

施工管理能力:$(85+85+90+95+95)/5\times10/100=9$(分);

施工组织设计:$(95+95+95+95+95)/5\times15/100=14.25$(分);

其他:$(80+80+85+85+90)/5\times10/100=8.4$(分);

综合得分:$46+13.05+9+14.25+8.4=90.7$(分)。

②B单位综合得分:

报价:$(5\,100-5\,000)/5\,000\times100\% =2\%$,报价得分为$50+2=52$(分);

业绩信誉:$(85+90+80+80+85)/5\times15/100=12.6$(分);

施工管理能力:$(80+80+85+90+85)/5\times10/100=8.4$(分);

施工组织设计:$(85+80+90+90+90)/5\times15/100=13.05$(分);

其他:$(85+85+80+85+80)/5\times10/100=8.3$(分);

综合得分:$52+12.6+8.4+13.05+8.3=94.35$(分)。

③C单位综合得分:

报价:$(4\,900-5\,000)/5\,000\times100\% =-2\%$,报价得分为$50+6=56$(分);

业绩信誉:$(95+90+90+90+90)/5\times15/100=13.65$(分);

施工管理能力:$(85+80+85+80+80)/5\times10/100=8.2$(分);

施工组织设计:$(80+80+85+90+90)/5\times15/100=12.75$(分);

其他:$(95+90+85+80+85)/5\times10/100=8.7$(分);

综合得分:$56+13.65+8.2+12.75+8.7=99.3$(分)。

④D 单位综合得分：

报价：$(4\,800-5\,000)/5\,000\times100\%=-4\%$，报价得分为 $50+4=54$（分）；

业绩信誉：$(85+80+85+80+90)/5\times15/100=12.6$（分）；

施工管理能力：$(85+85+80+90+90)/5\times10/100=8.6$（分）；

施工组织设计：$(85+85+85+85+90)/5\times15/100=12.6$（分）；

其他：$(80+85+80+80+80)/5\times10/100=8.1$（分）；

综合得分：$54+12.6+8.6+12.6+8.1=95.9$（分）。

由以上计算可知，C 的得分为 99.3 分，最高，故 C 为中标单位。

（2）合同价为 4 900 万元。按招标投标法规定，招标人在确定中标人时不能就投标报价等质内容与投标人谈判，C 单位的投标价为中标价，故合同价为 4 900 万元。

【案例 6】　某地区因连遭暴风雨袭击而发生严重的洪水灾害，致使一条正在施工的公路发生如下损失：

①部分路基被洪水冲毁，估计损失为 500 万元；

②一座临时水泥仓库被暴雨淋湿，估计损失为 30 万元；

③部分临时设施被毁，其损失为 70 万元；

④工棚倒塌，致使现场的部分施工机械受损，其损失为 30 万元；

⑤施工过程中因原排水系统被破坏，洪水无法正常宣泄，致使公路沿线的农田被淹，估计其损失为 100 万元；

⑥临时房屋倒塌造成承包人人员伤亡，其损失为 20 万元；

⑦工程被迫停工 15 天，停工窝工和机械闲置，其损失为 50 万元。

问题：

试分析风险责任及赔偿责任。

解析：

根据合同条款，上述各项损失应按表 10-5 处理。即雇主应承担被毁工程、水泥材料及临时设施的修复损失、停工窝工和停机损失共计 650 万元；而施工机械受损、承包人人员伤亡、农田受淹 150 万元应由承包人承担。

由于办理了建筑工程一切险，因此雇主遭受的损失部分可由保险公司赔偿。经调查，该项工程造价需 6 000 万元，而投保金额为 5 000 万元，按保险公司规定，当保险金额低于工程完成时的总价值时，其赔偿只能按保金与总价值的比例支付，即保险公司的赔偿费为：

$$(500+30+70)\times5\,000/6\,000=500（万元）$$

雇主办理建筑工程一切险应交纳的保险费为：

$$5\,000\times4‰=20（万元）$$

所以，雇主所受损失的 600 万元中的 500 万元可由保险公司承担。雇主用 20 万元保险费避免了 500 万元的损失。

由于办理了第三者责任保险，第三者责任险投保金额为 50 万元，因此周围农田受淹损失中的 100 万元中的 50 万可由保险公司赔偿。需交纳的第三者责任险保险费为：

$$50\times3‰=0.15（万元）$$

承包人用 0.15 万元保险费避免了 50 万元的损失。

承包人未投保人员伤亡险和施工机械设备险。

表 10-5 中括号内的数据为保险公司承担费用。

表 10 - 5　损失赔偿处理一览表

序号	受损项目	合同依据	承担人	损失(万元)
1	部分路基	20.4	业主和保险公司	500(500 × 5/6)
2	水泥仓库	20.4	业主和保险公司	30(30 × 5/6)
3	临时设施	20.4	业主和保险公司	70(70 × 5/6)
4	施工机械	22.1	承包人	30
5	农田被淹损失	24.1	承包人和保险公司	100(50)
6	承包人人员伤亡	22.1	承包人	20
7	停工窝工和机械闲置	40.1	业主	50

【案例7】　某项工程业主与承包商签订了工程承包合同,估算工程数量为 5 500 m^3,经协商合同价为 150 元/m^3,承包合同规定:

①开工预付款为合同价的 15%;

②业主自第一个月起,从承包商的工程款中,按 5% 的比例扣保留金;

③当实际工程量超过估算工程量 10% 时,超过部分按 0.9 的调整系数进行调价;

④监理工程师签发月度付款最低金额为 25 万元;

⑤预付款在每月的进度款中扣 25%。

承包商各月实际完成并经监理工程师签证认可的工程量为:1 月份 1 400 m^3,2 月份 1 800 m^3,3 月份 1 800 m^3,4 月份 1 500 m^3。

问题:

(1)每月工程量价款是多少?监理工程师应签证的工程款是多少?实际签发的付款凭证金额是多少?

(2)业主共扣多少保留金?承包商共得到多少工程款?

解:

(1)开工预付款为:5 500 × 150 × 15% = 12.375(万元)

第一个月工程价款为:1 400 × 150 = 21(万元)

应签证的工程款为:21 × 0.95 = 19.95(万元)

应付款为:19.95 - 12.375 × 25% = 16.86(万元)

由于 16.86 元 < 25 万元(月度付款最低金额),故本月监理工程师不予签发付款凭证;

第二个月工程价款为:1800 × 150 = 27(万元)

应签证的工程款为:27 × 0.95 = 25.65(万元)

应付款为:25.65 - 12.375 × 25% = 22.56(万元)

本月实际签发付款凭证金额为:22.56 + 16.86 = 39.42(万元)

第三个月工程价款为:1800 × 150 = 27(万元)

应签证的工程款为:27 × 0.95 = 25.65(万元)

应付款为:25.65 - 12.375 × 25% = 22.56(万元)

由于 22.56 万元 < 25 万元(月度付款最低金额),故本月监理工程师不予签发付款凭证;

第四个月累计完成总工程量为:1 400 + 1 800 + 1 800 + 1 500 = 6 500(m^3)超过估算工程量的 10%,即:(6 500 - 5 500)/5 500 = 18.18% > 10%

超过 10% 的工程量为:6500 - 5500 × (1 + 10%) = 450(m^3)

其单价应调整为：$150 \times 0.9 = 135(\text{元}/\text{m}^3)$

故本月工程价款为：$(1500 - 450) \times 150 + 450 \times 135 = 21.825(\text{万元})$

应签证的工程款为：$21.825 \times 0.95 = 20.73(\text{万元})$

应付款为：$20.73 - 12.375 \times 25\% = 17.64(\text{万元})$

本月实际签发付款凭证金额为：$17.64 + 22.56 = 40.2(\text{万元})$

(2)业主共扣保留金：$(21 + 27 + 27 + 21.825) \times 0.05 = 4.84(\text{万元})$

承包商共得到工程款：$12.375 + 39.41 + 40.2 = 91.985(\text{万元})$

【案例 8】 某工程合同总价为 100 万美元，其组成为土方工程费 10 万美元，占 10%；砌体工程费 40 万美元，占 40%；钢筋混凝土工程费 50 万美元，占 50%。可调部分占工程价款 85%。人工材料费中各项费用比例如下所述：

(1)土方工程：人工费 50%，机具折旧费 26%，柴油 24%。

(2)砌体工程：人工费 53%，钢材 5%，水泥 20%，骨料 5%，空心砖 12%，柴油 5%。

(3)钢筋混凝土工程：人工费 53%，钢材 22%，水泥 10%，骨料 7%，木材 4%，柴油 4%。

假定该合同的基准日期为 2003 年 1 月 4 日，2003 年 9 月完成的工程价款占合同总价的 10%。有关月报的工资、材料物价指数如表 10 - 6 所示。

表 10 - 6   工资、材料物价指数

费用项目	代号	2003 年 1 月指数	代号	2003 年 8 月指数
人工费	M_{10}	100.0	M_{11}	116.0
钢材	M_{20}	153.4	M_{21}	187.6
水泥	M_{30}	154.8	M_{31}	175.0
骨料	M_{40}	132.6	M_{41}	169.3
柴油	M_{50}	178.3	M_{51}	192.8
机具折旧	M_{60}	154.4	M_{61}	162.5
空心砖	M_{70}	160.1	M_{71}	162.0
木材	M_{80}	143.7	M_{81}	159.5

问题：

求 2003 年 9 月实得工程款比原价款应多出多少万美元？

解： 计算如下所示。

人工费：$(50\% \times 10\% + 53\% \times 40\% + 53\% \times 50\%) \times 85\% \approx 45\%$；

钢 材：$(5\% \times 40\% + 22\% \times 50\%) \times 85\% \approx 11\%$；

水 泥：$(20\% \times 40\% + 10\% \times 50\%) \times 85\% \approx 11\%$；

骨 料：$(5\% \times 40\% + 7\% \times 50\%) \times 85\% \approx 5\%$；

柴 油：$(24\% \times 10\% + 5\% \times 40\% + 4\% \times 50\%) \times 85\% \approx 5\%$；

机具折旧：$26\% \times 10\% \times 85\% \approx 2\%$；

空心砖：$12\% \times 40\% \times 85\% \approx 4\%$；

木 材：$4\% \times 50\% \times 85\% \approx 2\%$；

不调值费用占工程价款的比例为15%。则2003年9月的工程款经过调值后，调价值为：

$$\Delta P = 10\% P_0 \left(0.15 + 0.45 \frac{M_{11}}{M_{10}} + 0.11 \frac{M_{21}}{M_{20}} + 0.11 \frac{M_{31}}{M_{30}} + 0.05 \frac{M_{41}}{M_{40}} + \right.$$

$$\left. 0.05 \frac{M_{51}}{M_{50}} + 0.02 \frac{M_{61}}{M_{60}} + 0.04 \frac{M_{71}}{M_{70}} + 0.02 \frac{M_{81}}{M_{80}} - 1 \right)$$

$$= 10\% P_0 \left(0.15 + 0.45 \times \frac{116}{100} + 0.11 \times \frac{187.6}{153.4} + 0.11 \times \frac{175.0}{154.8} + 0.05 \times \frac{169.3}{132.6} + \right.$$

$$\left. 0.05 \times \frac{192.8}{178.3} + 0.02 \times \frac{162.5}{154.4} + 0.04 \times \frac{162.0}{161.1} + 0.02 \times \frac{159.5}{142.7} - 1 \right)$$

$$= 1.33 (\text{万美元})$$

通过调值，2003年9月实得工程款比原价款多1.33万美元。

【案例9】 下面是某高速公路一号合同北京段由于气候异常提出的延期：

北京合同段：2008年7、8月份，北京地区连降大雨，降雨量超过本地区20年平均水平。由于大雨的影响，迫使正在施工的路基土方工程停工。为此，承包人根据合同通用条款第23条、专用条款第11条的规定，提出延期申请。

问题：

(1)承包人申请延期的依据是什么？是如何进行延期计算的？

(2)分析监理工程师对降雨天数影响的评估计算。

(3)分析监理工程师对降雨量影响的评估计算。

解：(1)承包人申请延期的证据：承包人随工程延期申请附上了2008年7、8月份的降雨量、降雨天数和前20年平均降雨量、降雨天数的对照表以及工地施工记录。前20年平均降雨天数和降雨量为向当地气象局索取的统计资料，2008年后的情况为施工现场的实测资料。这些资料见表10-7、表10-8和表10-9。

表10-7　北京地区2008年前20年气候数据(1988—2007年)

月份	项目	朝阳区	通州区	大兴区	平均值
7月份	降雨量(mm)	186.9	161.6	176.4	175.0
	降雨天数(天)	13.6	15.4	13.3	14.1
8月份	降雨量(mm)	187.2	175.2	181.3	181.2
	降雨天数(天)	12.9	13.6	11.9	12.8

表10-8　北京地区2008年气候数据

月份	项目	朝阳区	通州区	大兴区	平均值	施工现场
7月份	降雨量(mm)	260.6	220.0	248.0	243.0	286.0
	降雨天数(天)	17	16.0	17.0	16.7	10.0
8月份	降雨量(mm)	255.8	264.4	243.3	254.5	407.5
	降雨天数(天)	14	15.0	16.0	15.0	12.0

注：朝阳区、通州区、大兴区是施工现场附近的几个区。

表 10 - 9 降雨量比较表

月份	现测值(mm)		施工现场	超过率(%)
	1988—2007 年	2008 年		
7 月份	175	243	286.6	1.64
8 月份	181.2	254.5	407.5	2.25
合计	356.3	497.5	694.1	1.949

从表 10 - 9 中可看出,在施工现场,2008 年 7、8 月份的降雨量分别为常年降雨量的 1.6 倍和 2.3 倍,是两个月份的 1.9 倍。

承包人又申述:在 2008 年 7、8 月份的 62 天中,实际只有 6 天进行了土方工程施工。其原因是由于全线大部分土是粉质黏土,这种土遇水含水量易增高,且施工现场地下水位只有 1.5 m,而路基高度平均只有 1.6 m,所以土方吸收了大量的雨水不易晒干,在这种情况下不能进行施工操作。

计算方法:用预计工作日与实际工作日的差值为其所需延期天数的方法计算。

预计工作日计算方法:

日历天数 - (20 年平均降雨天数 × 影响系数) = 预计工作日

其计算结果如表 10 - 10 所示,可得申请延期天数为 37 天。

表 10 - 10 承包人延期申请计算结果表

月份	预计工作日(天)	实际工作日(天)	差值(天)
7 月份	3 114.1 × 0.7 = 21.1	6	15.1
8 月份	3 112.8 × 0.7 = 22.0	0	22
合计	43.1	6	37.1

注:其中 0.7 的系数,是承包人根据高速公路施工经验所得。

(2)监理工程师评估意见:

①承包人的延期申请符合合同专用条款的规定,且发生的延误在关键线路上。根据合同专用条款的规定,延期申请可以接受。

②承包人延期申请报告中,采用 0.7 的系数来预计工作日的方法,因缺乏可靠依据,所以不能接受。应采用通常将一个下雨日等于 1.5 个非工作日的办法进行计算。

③采用承包人提供的 2008 年前 20 年的降雨平均记录及 1988 年的降雨记录,并采用 1.5 的影响系数,则由于降雨天数引起的差额工作日为:

7 月份:(14.1 - 16.7) × 1.5 = -3.9 ≈ -4(天)

8 月份:(12.6 - 15) × 1.5 = -3.3 ≈ -3(天)

即由于降雨天数差额而需弥补的工作天数为 7 天。

(3)由表 10 - 11 可以明显看出,2008 年 7 ~ 8 月份雨量远大于按 20 年统计的 7 ~ 8 月份平均降雨量,分别超出 38.9% 和 40.5%。施工现场雨量更大,分别超出 63.8% 和 124.9%,而采用 1.5 系数的计算方法,仅仅体现了常规雨量及下雨天数的影响,没有真正反映特殊雨量和特别异常气候的影响。因此，以此计算出的天数显然不尽合理。承包人在报告中提出 7~8 月份实际工作仅 6 天，经驻地监理工程师核实，基本可以接受。考虑雨天对工作的综合影响及实际工作情况，则由于异常降雨所引起的差额工作日为：

7 月份：$31 - (14.1 \times 1.5) - 6 = 3.85 \approx 4$（天）

8 月份：$31 - (12.8 \times 1.5) - 0 = 11.8 \approx 12$（天）

表 10 - 11　监理工程师审查降雨量比较表

月份	项目	20 年平均值	2008 年平均值	差值
7 月份	降雨量（mm）	175	243	超 38.9%
	降雨天数（天）	14.1	16.7	多 2.6
8 月份	降雨量（mm）	181.2	254.5	超 40.5%
	降雨天数（天）	12.8	15.0	多 2.2

即综合考虑各方面由于异常雨天的影响，对承包人所提 7~8 月份由于异常降雨所引起的工程延期的申请报告，批准为 16 天。

【案例 10】

某高速公路 K0 +600 ~ K1 +450 段为下穿式铁路顶进桥引道，地下水位较高，最高地下水高程为 32.3 ~ 29.84mm，而该地段高速公路路堑最低点高程为 29.94m，水头高差最大达 2.36m。原设计该路段为连续式钢筋混凝土路面及扶壁式挡墙，对混凝土路面的纵、横缝，扶壁式挡墙与路面的缝隙，在水头作用下可能出现的涌水、冻胀等未引起重视。同时，原设计的排水泵站，也未考虑地下水的涌入量。故业主提出对此段作出变更设计，变更后的结构形式为钢筋混凝土 U 形槽。由于变更设计后，变更设计图纸迟迟未能发出，影响了承包人的工期。承包人根据合同条款的规定，业主方迟交图纸延误了工期，特提出工程延期申请。申请延期天数：523 天。

问题：

（1）分析该延期事件的特点。

（2）承包人的延期计算及监理工程师的评估意见。

解：（1）该延期事件特点：这项延期是比较特殊的一个，由于在工程刚开始阶段，业主就提出变更要求，直到第二年 6 月 1 日起，才陆续提供图纸，完全打乱了承包人的施工计划安排，工程性质也与原工程不一样，无法按常规的办法，即按承包人原来的施工计划与实际延误时间来确定工程延期的天数。

（2）承包人的工期计算及监理工程师的评估意见：

承包人依据相关规定提出了计算合理工期的方法，并提交了关键线路网络图和详细的工期计算等资料。

1）合同条款：承包人根据当时合同专用条款第 6.4 条提出延期交图而导致工期延长，但延期交图完全是由于工程变更引起的，故应根据合同专用条款第 44.2(b)、(c) 子款提出工程延期才更适用、更合理。

根据合同专用条款第 44.2(b)、(c) 子款，此项延期发生在关键线路上，该项延期申请可以接受。

2）开工时间：承包人提出该段工程恢复施工起始日期为 2008 年 10 月 6 日，其中 U 形槽施工起始日期为 2008 年 10 月 29 日，而不是监理工程师确定的 2008 年 9 月 12 日。理由为 9 月 12 日为交图日期，之后还需要加上熟悉图纸、制定施工组织计划的时间。

事实上，最后提供的平面总体施工图为 2008 年 9 月 12 日。但其他图纸均从 2008 年 6 月 1 日起陆续提供，并没有影响独立单位工程的开工。根据驻地监理工程师批准的开工报告及实际工程进展的资料记载，以 2008 年 9 月 12 日作为该段正式恢复施工的起始日期是合理的。承包人的理由不充分，不能接受。

3）工程延期的测定

（1）工期的测算方法

在当时交通部尚没有工期定额的情况下，承包人采用中华人民共和国建设部颁发的《全国市政工程工期定额》作为工期测算的依据进行替代计算。由于此《工期定额》具有较高的权威性和合法性，因此，该测算方法可以接受。

（2）该段工程的关键线路

涉及该段的工程单项有铁路顶进桥一座、跨线桥一座、U 形槽工程 850 m 和路面工程 950 m。承包人制定的该段工程网络计划中，U 形槽与部分路面为关键线路，经监理工程师审核，认为是合理的。

（3）工期测算

在确定了该段工程的关键线路后，只需计算关键线路上工程的工期即可。

根据《工期定额》规定，整个工期由基本工期加上附加工期组成。

①基本工期

由于《工期定额》中没有与之相应的 U 形槽工程，故采用与 U 形槽相近的方沟工程工期定额进行代换的近似方法。方沟工程计算的基本工期是 237 天，采用 1.47 的代换系数，代换后的基本工期为 $237 \times 1.47 = 349$（天）（具体计算略）。

②附加工期

施工排水：根据《工期定额》承包人可以得到施工排水工期，定额中的调整系数为 0.58，考虑到系数中所含的工作内容与实际不尽相同，相应的系数予以折减，故采用 0.58 的 2/3 即 0.39 的调整系数，即 $349 \times 0.39 = 136$（天）。

冬、雨季：根据《工期定额》总说明第九条，应补偿冬、雨季的工期。考虑到实际工程（按计算工期算）将经过两个冬季一个雨季。故每个冬季补偿一个月，雨季补偿 15 天，即 $30 \times 2 + 15 = 75$（天）。

③大型 U 形槽共需工期

$$349 + 136 + 75 = 560（天）$$

④关键线路共需工期

根据承包人的网络计划，在关键线路上的部分道路工程工期需 30 天，则该段工程关键线路上的项目最终总工期为：$560 + 30 = 590$（天）。

（4）延期确定

原合同竣工期是 2009 年 6 月 23 日，该段工程开工期是 2008 年 9 月 12 日，应扣除此段时间共 285 天，故此项延期为：$590 - 285 = 305$（天）。

最后批准延期 305 天。

【案例 11】 某施工单位（乙方）与某建设单位（甲方）签订了公路工程施工承包合同，合同价款为 1500 万元，其中包括中桥一座，基础为扩大基础，上部结构为预应力混凝土 T 梁，开工前，施工单位提交了详细的施工组织设计并得到批准，合同规定，变更工程超过合同总价的 15% 时，监理工程师应与业主和承包人协商确定一笔管理费调整额。

问题：

(1) 在进行桥梁工程基础开挖时，发现地基和设计不符，不能满足承载力的要求，承包商应该如何处理？

(2) 在工程施工过程中，乙方根据监理工程师的指示就部分工程进行了变更施工，试问变更部分合同价款根据什么原则确定？

(3) 签发交工证书时，监理工程师发现变更工程的价款累计金额为 302 万元，假设投标报价的管理费费率为直接费的 10%，业主、监理工程师和承包人协商后确定管理费调整 2 个百分点，在其他工程内容不变的情况下，请问工程价款如何调整？

解析：

(1) 承包商应根据合同规定，及时通知甲方，要求对工程地质重新勘察并对设计进行变更，按变更后的设计图纸进行施工，并及时申报变更费用。

(2) 变更部分合同价款根据下列原则确定：合同中已有适用于变更工程的价格，按合同已有的价格计算变更合同价款；合同中有类似于变更工程的价格，可以参照此价格确定变更价格，变更合同价款；合同中没有适用或类似于变更工程的价格，由承包人提出适当的变更价格，经工程师确认后执行。

(3) 当变更工程超过合同总价的 15% 时，超过部分的管理费应下调 2 个百分点。

管理费调整的起点为：$1\,500$ 万元 $\times (1 + 15\%) = 1\,725$（万元）；

管理费调整部分的金额：$(1\,500 + 302 - 1\,725)$ 万元 $= 77$（万元）；

管理费调整部分的直接费为：77 万元 $/(14.10\%) = 70$（万元）；

调整后的工程价款为：$1\,725$ 万元 $+ 70$ 万元 $\times (1 + 8\%) = 1\,800.6$（万元）。

【案例 12】　某施工合同约定，施工现场主导施工机械一台，由施工企业租得，台班单价为 300 元/台班，租赁费为 100 元/台班，人工工资为 40 元/工日，窝工补贴为 10 元/工日，以人工费为基数的综合费率为 35%，在施工过程中，发生了如下事件：①出现异常恶劣天气导致工程停工 2 天，人员窝工 30 个工日；②因恶劣天气导致场外道路中断抢修道路用工 20 工日；③场外大面积停电，停工 2 天，人员窝工 10 工日。

问题：

施工企业可向业主索赔费用为多少？

解：

各事件处理结果如下：

(1) 异常恶劣天气导致的停工通常不能进行费用索赔。

(2) 抢修道路用工的索赔额 $= 20 \times 40 \times (1 + 35\%) = 1\,080$（元）。

(3) 停电导致的索赔额 $= 2 \times 100 + 10 \times 10 = 300$（元）。

总索赔费用 $= 1\,080 + 300 = 1\,380$（元）。

【案例 13】　某工程项目采用了固定单价合同。工程招标文件参考资料中提供的用砂地点距离工地 4 km。但是开工后，检查该砂质量不符合要求，承包商只得从另一距离工地 20 km 的供砂地点采购。而在一个关键工作面上又发生了 4 项临时停工事件：

事件 1：5 月 20 日至 5 月 26 日承包商的施工设备出现了从未出现过的故障；

事件 2：应于 5 月 24 日交给承包商的后续图纸直到 6 月 10 日才交给承包商；

事件 3：6 月 7 日至 6 月 12 日施工现场下了罕见的特大暴雨；

事件 4：6 月 11 日至 6 月 14 日该地区的供电全部中断。

问题：

(1)承包商的索赔成立的条件是什么？

(2)由于供砂距离增大，必然引起费用增加，承包商仔细认真计算后，在业主指令下达的第 3 天，向业主的造价工程师提交了将原用砂单价每吨提高 5 元人民币的索赔要求。该索赔要求是否成立？为什么？

(3)若承包商对因业主原因造成的窝工损失进行索赔时，要求设备窝工损失按台班价格计算，人工窝工损失按日工资标准计算是否合理？如不合理应怎样计算？

(4)承包商按规定的索赔程序针对上述 4 项临时停工事件向业主提出了索赔，是说明每一项事件工期和费用索赔能否成立？为什么？

(5)试计算承包商应得到的工期和费用索赔是多少？（如果索赔成立，则业主按 2 万元人民币/天补偿给承包商）

解：

问题(1)：

承包商的索赔要求成立必须同时具备如下四个条件：

(1)与合同比较，已造成了实际额外费用或工期损失；

(2)造成费用的增加或工期损失不是由于承包商的过错而引起的；

(3)造成费用增加或工期损失不是承包商应承担的风险；

(4)承包商在事件发生后的规定时间内提出了索赔书面意向通知索赔报告。

问题(2)：

因供砂距离增大提出索赔期要求不能批准，原因是：

(1)承包商应对自己就招标文件的解释负责；

(2)承包商应对自己的报价的正确性和完备性负责；

(3)作为一个有经验的承包商可以通过现场踏勘确认招标文件参考资料中提供的用砂质量是否合格，若承包商没用通过现场踏勘发现用砂质量问题，其相关风险应由承包商承担。

问题(3)：

不合理。因窝工闲置的设备折旧费或停滞台班费计算，不包括运转费部分；人工费损失应考虑这部分工作的工人调做其他工作时工效降低损失费用；一般用工日单价乘以一个测算的降效系数计算该部分损失，而且只按成本费用计算，不包括利润。

问题(4)：

事件 1：工期费用索赔不好成立，因为设备故障属于承包商应承担的风险。

事件 2：工期和费用索赔成立，因延误发放图纸属于业主承担的风险。

事件 3：特大暴雨属于双方共同的风险，工期索赔成立，设备和人工的窝工费用索赔不成立。

事件 4：工期和费用索赔均成立，因为停电属于业主承担的风险。

问题(5)：

事件 2：5 月 27 日至 6 月 9 日，工期索赔 14 天，费用索赔 14 天×2 万/天 =28（万元）。

事件 3：6 月 10 日至 6 月 12 日，工期索赔 3 天。

事件4：6月13日至6月14日，工期索赔2天，费用索赔2天×2万/天=4（万元）。

合计：工期索赔19天，费用索赔32万元。

【案例14】 在非洲某国112 km道路升级项目中，业主为该国国家公路局，出资方为非洲发展银行（ADF），由法国BCEOM公司担任咨询工程师，我国某对外工程承包公司以1713万美元的投标价格第一标中标。该项目旨在将该国两个城市之间的112 km道路由砾石路面升级为行车道宽6.5m，两侧路肩各1.5m的标准双车道沥青公路。项目工期为33个月，其中前3个月为动员期。项目采用1987年版的FIDIC合同条件作为通用合同条件，并在专用合同条件中对某些细节进行了适当修改和补充规定，项目合同管理相当规范。在工程实施过程中发生了若干件索赔事件，由于承包商熟悉国际工程承包业务，紧扣合同条款，准备充足，证据充分，索赔工作取得了成功。下面将在整个施工期间发生的五类典型索赔事件进行介绍和分析：

1. 放线数据错误

按照合同规定，工程师应在6月15日向承包商提供有关的放线数据，但是由于种种原因，工程师几次提供的数据均被承包商证实是错误的，直到8月10日才向承包商提供了被验证为正确的放线数据，据此承包商于8月18日发出了索赔通知，要求延长工期3个月。

工程师在收到索赔通知后，以承包商"施工设备不配套，实验设备也未到场，不具备主体工程开工条件"为由，试图对承包商的索赔要求予以否定。对此，承包商进行了反驳，提出：在有多个原因导致工期延误时，首先要分清哪个原因是最先发生的，即找出初始延误，在初始延误作用期间，其他并发的延误不承担延误的责任。而业主提供的放线数据错误是造成前期工程无法按期开工的初始延误。

在多次谈判中，承包商根据当时合同第6.4款"如因工程师未曾或不能在一合理时间内发出承包商按第6.3款发出的通知书中已说明了的任何图纸或指示，而使承包商蒙受误期和（或）招致费用的增加时……给予承包商延长工期的权利"，以及第17.1款和第44.1款的相关规定据理力争，此项索赔最终给予了承包商69天的工期延长。

2. 设计变更和图纸的延误

按照合同谈判纪要，工程师应在8月1日前向承包商提供设计修改资料，但工程师并没有在规定时间内提交全部图纸。承包商于8月18日对此发出了索赔通知，由于此事件具有延续性，因此承包商在提交最终的索赔报告之前，每隔28天向工程师提交了同期纪录报告。

项目实施过程中主要的设计变更和图纸延误情况记录如下：

（1）修订的排水横断面在8月13日下发；

（2）在7月21日下发的道路横断面修订设计于10月1日进行了再次修订；

（3）钢桥图纸在11月28日下发；

（4）箱涵图纸在9月5日下发。

根据FIDIC合同条件第6.4款"图纸误期和误期的费用"的规定，"如因工程师未曾或不能在一合理时间内发出承包商按第6.3条发出的通知书中已说明了的任何图纸或指示，而使承包商蒙受误期和招致费用的增加时，则工程师在与业主和承包商作必要的协商后，给予承包商延长工期的权利"。承包商依此规定，在最终递交的索赔报告中提出索赔81个阳光工作日。最终，工程师就此项索赔批准了30天的工期延长。

在有雨季和旱季之分的非洲国家，一年中阳光工作日（Sunny Working Day）的天数要小于工作日（Working Day），更小于日历天，特别是在道路工程施工中，某些特定的工序是不能在雨天进行的。因此，索赔阳光工作日的价值要远远高于工作日。

3. 借土填方和第一层表处工程量增加

由于道路横断面的两次修改，造成借土填方的工程量比原 BOQ（工料测量单）中的工程量增加了 50%，第一层表处工程量增加了 45%。

根据合同 52.2 款"合同内所含任何项目的费率和价格不应考虑变动，除非该项目涉及的款额超过合同价格的 2%，以及在该项目下实施的实际工程量超出或少于工程量表中规定之工程量的 25% 以上"的规定，该部分工程应调价。但实际情况是业主要求借土填方要在同样时间内完成增加的工程量，导致承包商不得不增加设备的投入。对此承包商提出了对赶工费用进行补偿的索赔报告，并得到了 67 万美元的费用追加。

对于第一层表处的工程量增加，根据第 44.1 款"竣工期限延长"的规定，承包商向业主提出了工期索赔要求，并最终得到业主批复的 30 天工期延长。

4. 边沟开挖变更

本项目中没有边沟开挖的支付项，在技术规范中规定，所有能利用的挖方材料要用于 3 km 以内的填方，并按普通填方支付，但边沟开挖的技术要求远大于普通挖方，而且由于排水横断面的设计修改，原设计的底宽 3 m 的边沟修改为底宽 1 m，铺砌边沟底宽 0.5 m。边沟的底宽改小后，人工开挖和修整的工程量都大大增加，因此边沟开挖已不适用按照普通填方单价来结算。

根据合同第 52.2 款"如合同中未包括适用于该变更工作的费率或价格，则应在合理的范围内使合同中的费率和价格作为估价的基础"的规定，承包商提出了索赔报告，要求对边沟开挖采用新的单价。经过多次艰苦谈判，业主和工程师最后同意，以 BOQ 中排水工程项下的涵洞出水口渠开挖单价支付，仅此一项索赔就成功地多结算 140 万美元。

5. 迟付款利息

该项目中的迟付款是因为从第 25 号账单开始，项目的总结算额超出了合同额，导致后续批复的账单均未能在合同规定时间内到账，以及部分油料退税款因当地政府部门的原因导致付款拖后。

特殊合同条款第 60.8 款"付款的时间和利息"规定："……业主向承包商支付，其中外币部分应该在 91 天内付清，当地币部分应该在 63 天内付清。如果由于业主的原因而未能在上述的期限内付款，则从迟付之日起业主应按照投标函附录中规定的利息以月复利的形式向承包商支付全部未付款额的利息。"

据此承包商递交了索赔报告，要求支付迟付款利息共计 88 万美元，业主起先只愿意接受 45 万美元。在此情况下，承包商根据专用合同条款的规定，向业主和工程师提供了每一个账单的批复时间和到账时间的书面证据，有力地证明了有关款项确实迟付；同时又提供了投标函附录规定的工程款迟付应采用的利率。由于证据确凿，经过承包商的多方努力，业主最终同意支付迟付款利息约 79 万美元。

6. 索赔管理经验总结

结合 FIDIC 合同条件，通过前面的案例分析，以下几个因素在该项目的索赔管理工作中至关重要：

(1)遵守索赔程序，尤其要注意索赔的时效性。

FIDIC 合同条件规定了承包商索赔时应该遵循的程序，并且提出了严格的时效要求：承包商应该在引起索赔的事件发生后 28 天内将索赔意向递交工程师；在递交索赔通知后的 28

天内应该向工程师提交索赔报告。在索赔事件发生时，承包商应该有同期记录，并应允许工程师随时审查根据本款保存的记录。

在本案例中，承包商均在规定时间内提出了索赔意向，确保了索赔权。如在"放线数据错误"这个事件结束即 8 月 10 日之后，承包商于 8 月 18 日向工程师提出了书面索赔通知，严格遵守时效要求奠定了索赔成功的基础。

（2）索赔权进行充分的合同论证。

一般来说，业主和工程师为确保自身利益，不会轻易答应承包商的要求，通常工程师会以承包商索赔要求不合理或证据不足为由来进行推托。此时，承包商应对其索赔权利提出充分论证，仔细分析合同条款，并结合国际惯例以及工程所在国的法律来主张自己的索赔权。

在"放线数据错误"的索赔事件中，工程师收到索赔要求后，立即提出工期延误是由于承包商不具备永久工程的开工条件，企图借此将工期延误的责任推给承包商。承包商依据国际惯例对其索赔权利进行了论证，认为不具备永久工程开工条件和业主提供的放线数据错误都是导致工期延误的原因，但是初始延误是业主屡次提供了错误的放线数据。承包商指出，试验设备没有到场可以通过在当地租赁的形式解决，而放线数据错误才是导致损失的最根本的原因。最终工程师不得不批准承包商的索赔要求。在这个事件中，承包商对其索赔权的有力论证保证了该项索赔的成功。

（3）积累充足详细的索赔证据。

在主张索赔权利时，必须要有充分的证据作支持，索赔证据应当及时准确，有理有据。承包商在施工过程开始时，就应该建立严格的文档管理制度，以便于在项目实施过程中不断地积累各方面资料；在索赔事项发生时，要做好同期记录。

在迟付款利息的索赔中，起先业主对数额巨大的利息款并不能全部接受，承包商随即提供了许多证据，包括每一个账单的批复时间与到账时间的书面证据，工程款迟付期间每日的银行利率等。正是这些详细的数据使得业主不得不承认该索赔要求是合理的，最终支付了绝大部分的利息款。

（4）进行合理计算，提交完整的索赔报告。

按照 FIDIC 索赔的程序，承包商应该在提交索赔通知后 28 天内向工程师提出完整的索赔报告。这份索赔报告应该包括索赔的款额和要求的工期延长，并且附有相应的索赔依据。这就要求承包商要事先对准备索赔的费用和工期进行合理的计算，在索赔报告中提出的索赔要求令业主和工程师感到可以接受。

目前较多采用的费用计算方法为实际费用法，该方法要求对索赔事项中承包商多付出的人工、材料、机械使用费用分别计算并汇总得到直接费，之后乘以一定的比例来计算间接费和利润，从而得到最后的费用。而分析索赔事件导致的工期延误一般采用网络分析法，并借助进度管理软件进行工期的计算。

（5）处理好与业主和工程师的关系。

在施工索赔中，承包商能否处理好与业主和工程师的关系在一定程度上决定了索赔的成败。如果承包商与工程师之间平时关系恶劣，在索赔时，工程师就会处处给承包商制造麻烦。而与业主和工程师保持友善的关系，不仅有利于承包商顺利地实施项目，有效地避免合同争端，而且在索赔中会得到工程师较为公正的处理，有利于索赔取得成功。

【案例 15】 某高速公路的某一合同，原设计为两边是高架桥，中间有 980 m 路堤。在承包人施工期间，业主对此合同设计方案进行变更，取消 980 m 路堤段，改为高架桥，即为全桥方案。但业主对此变更尚在研究，并未取得有关部门的正式认可，且没有正式通知监理工程师的情况下，就向承包人提供了变更工程草图，承包人根据草图进行了施工。当监理工程师得知这一情况后，于 2008 年 7 月 18 日正式下文通知承包人：凡没有按正常渠道受理和批准的变更令，任何未按合同文件施工的工程不能予以支付，且承包人应承担由此带来的法律和经济后果。承包人接文后，暂停了这部分工程，并准备按原合同文件进行。此时，业主正式通知监理工程师，将对此段工程进行变更，希望暂停这部分的工程。据此，监理工程师于 7 月 28 日正式下达停工令。9 月 20 日在业主变更方案获得批准后，监理工程师下达正式复工令。由于上述原因，承包人根据合同条款的规定，提出停工期间的费用索赔。

问题：

（1）承包人是如何进行索赔计算的？

（2）监理工程师是如何评估的？

解：

问题（1）：承包人的索赔计算

承包人随费用索赔申请书附上了有关文件、票据和详细的费用计算书。承包人称他在 7 月 18 日收到监理工程师的文件后就停止了施工，至 9 月 21 日收到复工令，停工时间为 65 天。索赔金额为 2 287 976.21 元，汇总如表 10 - 12 所示。

表 10 - 12　承包人索赔费用汇总表

名称及规格	数量	单位	单价	金额（元）	备注
1. 误工费	1	天		2 176.80	
2. 机械停置费	1	天		11 409.20	
3. 水电费	1	天		157.50	
4. 贝雷租金	1	天		300.00	
5. 履约保函费	1	天		520.30	
6. 工程咨询费	1	天		3 624.30	
7. 管理费用	1	天		5 464.12	
日计	1	天		23 650.22	
合计	65	天		1 537 264.30	
8. 其他直接费				150 711.91	
9. 间接费用				600 000.00	
总计				2 287 976.21	

具体计算结果如下：

1. 误工费（2 176.80 元/天）

2008 年 8 月份，我二分部实际支付的生产工人工资总额为人民币 65 277.36 元，平均每人每天的工资费用为 65 277.36/240/30 = 9.07（元/天）。每天的误工费为 9.07 × 240 = 2 176.80（元）。

注：由于施工场地及计划安排的闲置，上述人员不能转移到别处工作。

2. 机械停置费(11 409.20 元/天)

3. 水电费(157.50 元/天)

(1)水费：2008 年 6 ~ 12 月共缴纳 6 630.40 元，平均每天为 6 630.40/214 = 30.98(元)。

(2)电费：2008 年 8 月份总共电费为 644.05 元，平均每天为 20.78 元。

4. 贝雷租金

根据口头协议，贝雷片每片的租金为 1 元/天，共租 300 片，故贝雷租金为 300 元/天。

5. 履约保函费

为提供履约保函，一次性共支付手续费 33 960 元，银行贷款押金为 6 792 500 元，月息为 0.45%。

我部提供履约保函的实际费用为：33 960 + 67 925 000 × 0.45% × 36 = 1 134 345.00(元)，与数量清单 101 项相比平均每天超支：(1 134 345.00 − 10 500.00)/36/30/2 = 520.30(元)。

6. 工程咨询费

根据合同附表 1 外汇需求明细表，某外国公司的咨询费用总额为 279 627 美元，按合同协议，外国公司将负责 500 项桩基部分的技术工作，时间为 13 个月，这样，平均每天的费用为：

$$279\ 627 \times (1 - 4.3\%)/13/30 \times 76\% = 521.48(美元) = 3\ 624.30(元)$$

这里 4.3% 为投标时的降价百分比；76% 为该项费用的直接费部分；当时人民币对美元汇率为 1 美元 = 6.95 元人民币。

7. 管理费用

2008 年 8 月份实际发生的管理费用：

计算方法为：二分部管理费 + 经理部管理费/2

(1)工作人员工资：18 337.82 + 10 766.02/2 = 23 720.83(元)；

(2)工资附加费：2 383.92 + 699.79/2 = 3 083.71(元)；

(3)办公费：6 069.13 + 2 536.50/2 = 7 337.38(元)；

(4)差旅费：4 960.00 + 1 637.70/2 = 5 778.85(元)；

(5)固定资产使用费：5 241.35 + 10 512.00/2 = 10 497.35(元)；

(6)工具、用具使用费：7 283.53 + 393.10/2 = 7 480.08(元)；

(7)劳动保护费：7 632.12 + 989.00/2 = 8 126.62(元)；

(8)房产、车船税：3000.00 + 700.00/2 = 3 350.00(元)；

(9)职工教育经费：2 839.50 + 1 376.40/2 = 3 527.70(元)；

(10)利息支出：26 250.00(元)；

(11)其他费用(包括业务招待费)：3 742.80 + 1 936.50/2 = 4 711.05(元)；

(12)公司管理费：60 000.00(元)。

以上各项合计：163 863.57 元，平均每天：163 863.57/30 = 5 462.12(元)。

8. 其他直接费

(1)索赔准备费：900.00 元。

(2)1 ~ 7 项索赔金额为 1 537 264.30 元，在 2008 年 9 月 21 日复工后即应得到赔偿。但至 2008 年 10 月 21 日仍没有得到赔偿，应付利息：

$$1537264.30 \times 7.5\% \times 13 = 149\ 883.27(元)。$$

（3）上述本息 1 537 264.30 + 149 883.26 = 1 687 147.57（元），应按 0.25‰计算每天的利息为 1 687 147.57 × 0.25‰ = 421.79（元），直至本索赔全部得到赔付。

9. 间接费用

由于停工使得在停工期间本应完成的工作量 200 万元被迫推迟至 2010 年进行。预计通货膨胀率将在 30% 左右，那么推迟施工所造成的损失为：

$$2\ 000\ 000 \times 30\% = 600\ 000（元）。$$

问题（2）：监理工程师的评估

1. 合同条款

按照合同条款的规定，此项费用索赔可以成立，且承包人应按合同要求，在监理工程师书面下达停工令后的 28 天以内提供了费用索赔意向。故此项费用索赔按合同要求被接受。

2. 提供期限

承包人主张停工时间应从 2008 年 7 月 18 日算起。但监理工程师认为，7 月 18 日的指令是因为承包人未能按合同文件的要求进行施工才下发的。尽管承包人申述其未按合同规定的图纸施工是业主的原因，但本项费用索赔是根据合同条款的规定，以监理工程师的书面令为准。故停工时间应以承包人正式收到的停工令和复工令的时间计算。经确认，承包人于 2008 年 7 月 29 日收到正式的停工令，2008 年 9 月 21 日收到正式的复工令，因此，批准的停工期限为 55 天。

在书面停工令颁发之前的任何强制性停工不在本项费用索赔中考虑，承包人可以另案提出。

3. 索赔费用的确定

批准索赔金额为 376 718.55 元，汇总表如表 10 - 13 所示。

表 10 - 13　监理工程师审批的索赔费用汇总表

名称	数量	单位	金额（元）	备注
（1）误工费	1	天	1 810.54	
（2）机械停置费	1	天	3 283.56	
（3）水电费	1	天	131.51	
（4）贝雷租金	1	天	300	
（5）管理费用	1	天	1 346.81	
日计	1	天	6 839.61	
合计	55	天	376 179	

（1）误工费：1 836.43 元/天。

2008 年 8 月份，二分部实际支付生产工人工资额减去超产奖后加上基本工资为 60 206.20 元，平均每人每天的工资为：

$$60\ 206.20/240\ 人/31\ 天 = 8.09（元/人/天）。$$

监理工程师现场实测人数为 277 人，即：

$$8.09\ 元/人/天 \times 277\ 人 = 1\ 836.43（元/天）。$$

扣除停工期间试桩墩钻孔桩施工的人工费,即:

　　　1 836.43 元/天 – (194.16 元 + 1 229.68 元)/55 天 = 1 810.54(元/天)。

(2)机械停置费:3 283.56 元/天。

(3)水电费:131.51 元/天。

①水费:2008 年 6 ~ 12 月 × × × 中学共缴纳 3 290.70 元,平均每天缴纳水费为 3 290.70 元/214 天 = 15.38(元/天)。

②电费:2008 年 8 月份平均支付电费为 3 227.97 元/31 天 = 105.74(元/天)。

③基地水电费:2008 年 8 月份总共电费为 644.05 元,平均每天为 20.78 元,因经理部所用应除以 2,即:

　　　15.38 元 + 105.74 元 + 10.39 元 = 131.51(元/天)。

(4)贝雷租金:300 元/天,按实际支付为 300 元/天。

(5)管理费用:1 102.37 元/天。

参照承包人提供的 2008 年 8 月份管理费用资料,计算方法为:

　　　二分部管理费 + 经理部管理费/2

①工作人员工资:15 462.26 + 10 455.02/2 = 20 689.77(元);

②工资附加费:2010.09 + 1 359.15/2 = 2 689.67(元);

③办公费:6 069.13 + 2536.50/2 = 737.38(元);

④差旅费:4 960.00 + 1 637.70/2 = 5 778.85(元);

⑤职工教育经费:(59 900.18 + 10 766.02/2) × 1.5% = 979.25(元);

⑥其他费用:3 742.80 + 1 936.50/2 = 4 711.05(元);

以上 6 项费用共计 42 185.97(元)。

　　　42 185.97 元/31 天 = 1 360.84(元/天)。

扣除停工期间试桩和 112 号墩钻孔桩施工的管理费,即:

　　　1 360.84 元/天 – (170.06 元 + 601.40 元)/55 天 = 1 346.81(元/天)。

(6)停工期间仍进行施工的工作人员、机械和管理费用应减去的总费用有:

①112 号墩施工:(1 号桩施工)953.76 元。

a. 人工费:8.09 × 12 × 2 = 194.16(元);

b. 机械费:290.82 元/天;290.82 元/天 × 2 天 = 581.64(元);

c. 履带吊 1 台:189.24 元/天;

d. 混凝土车 1 台:71.03 元/天;

e. 混凝土搅拌站 1 台:30.55 元/天;

f. 管理费:

(194.16 + 581.64) × 21.92% = 170.06(元);

194.16 + 581.64 + 170.06 = 945.86(元)。

②试桩施工:3 395.03 元。

a. 人工费:80.9 元/人/天 × 19 人 × 8 天 = 1 229.68(元);

b. 机械费(吊车 1 台):189.24 元/天 × 8 天 = 1 513.92(元);

c. 管理费:

(1 229.68 + 1 513.92) × 21.92% = 601.40(元);

1 229.68 + 1 513.92 + 601.40 = 3 345.00(元)。

附　录

附录1　公路工程标准施工招标资格预审申请文件表格

1. 申请人基本情况表

表 1 – 1　申请人基本情况表

申请人名称						
注册地址				邮政编码		
联系方式	联系人			电话		
	传真			电子邮件		
法定代表人	姓名		技术职称		电话	
技术负责人	姓名		技术职称		电话	
成立时间			员工总人数：			
企业资质等级				项目经理		
营业执照号				高级职称人员		
注册资金		其中		中级职称人员		
基本账户开户银行				初级职称人员		
基本账户账号				技工		
经营范围						
资产构成情况及投资参股的关联企业情况						
备注						

表 1 – 2　申请人企业组织机构框图

以框图方式表示

说明

表 1 – 3 拟委任的项目经理和项目总工资历表

姓　名		年　龄		专　业	
职　称		公司单位 职　务		拟在本标段 工程担任职务	
毕业学校	_____年____月毕业于_____学校_____专业，学制_____年				

经　历

____年— ____年	参加过的工程项目名称	担任何职	发包人及 联系电话

	获奖情况	
目前任职 项目状况	项目名称	
	担任职位	
	可以调离日期	
	备　注	

表 1 – 4 拟委任的其他主要管理人员和技术人员汇总表

姓名	年龄	拟在本项目中担任的职务	技术职称	工作年限	类似施工经验年限

表 1-5　拟委任的其他主要管理人员和技术人员资历表

姓　名		年　龄		专　业	
职　称		公司单位职　务		拟在本标段工程担任职务	
毕业学校	_____年____月毕业于_____学校_____专业，学制_____年				

经　历			
_____年—_____年	参加过的工程项目名称	担任何职	发包人及联系电话

目前任职项目状况	获奖情况	
	项目名称	
	担任职位	
	可以调离日期	
	备　注	

表 1-6 拟投入本标段的主要施工机械表

序号	设备名称	型号规格	国别产地	制造年份	额定功率(kW)	生产能力	数量(台)				预计进场时间
							小计	其中			
								自有	新购	租赁	

表 1 – 7　拟配备本标段的主要材料试验、测量、质检仪器设备表

序号	仪器设备名称	型号规格	数量	国别产地	制造年份	用途	备注

2. 近年财务状况表

2 – 1　财务状况表

项目或指标	单位	＿＿＿年	＿＿＿年	＿＿＿年
一、注册资金	万元			
二、净资产	万元			
三、总资产	万元			
四、固定资产	万元			
五、流动资产	万元			
六、流动负债	万元			
七、负债合计	万元			
八、营业收入	万元			
九、净利润	万元			
十、现金流量净额	万元			
十一、主要财务指标				
1. 净资产收益率	%			
2. 总资产报酬率	%			
3. 主营业务利润率	%			
4. 资产负债率	%			
5. 流动比率	%			
6. 速动比率	%			

2－2 银行信贷证明

银行名称：＿＿＿＿＿＿＿＿＿＿＿＿＿＿＿＿＿＿＿＿＿

地　　址：＿＿＿＿＿＿＿＿＿＿＿＿＿＿＿＿＿＿＿＿＿

日期：＿＿＿＿＿＿＿＿＿

致：＿＿（招标人全称）＿＿＿

兹开具最高限额为人民币＿＿＿万元的银行信贷，供＿＿＿（申请人注册地点）＿＿＿（申请人名称）于＿＿＿__年＿＿＿月＿＿＿日之前，在＿＿＿＿＿＿＿＿＿＿＿（项目名称）需要时使用。我行保证由＿＿＿＿＿＿＿＿＿＿＿＿（申请人名称）提供的财务报表中所开列的作为流动资产的各项中无一项包含在上述提到的银行信贷中。

此项目若未中标，该信贷证明自动失效，无需退回我行。

银　　　　　　行（盖章）：＿＿＿＿＿＿＿＿＿＿＿

银行主要负责人（签字）：＿＿＿＿＿＿＿＿＿＿

银行主要负责人姓名、职务：＿（打印）＿

银　行　电　话：＿＿＿＿＿＿＿＿＿＿

银　行　传　真：＿＿＿＿＿＿＿＿＿＿

3. 近年完成的类似项目情况表

项目名称	
项目所在地	
发包人名称	
发包人地址	
发包人电话	
合同价格	
开工日期	
交工日期	
承担的工作	
工程质量	
项目经理	
项目总工	
总监理工程师及电话	
项目描述	
备注	

4. 正在施工的和新承接的项目情况表

项目名称	
项目所在地	
发包人名称	
发包人地址	
发包人电话	
签约合同价	
开工日期	
计划交工日期	
承担的工作	
工程质量要求	
项目经理	
项目总工	
总监理工程师及电话	
项目描述	
备注	

5. 近年发生的诉讼及仲裁情况

项　　目	申请人情况说明

注：本表后应附法院或仲裁机构做出的判决、裁决等有关法律文书复印件。

附录 2　施工组织设计附表

1. 施工总体计划表

年度 主要工程项目	年 1	2	3	4	5	6	7	8	9	10	11	12	年 1	2	3	4	5	6	7	8	9	10	11	12	年 1	2	3	4	…
1. 施工准备																													
2. 路基处理																													
3. 路基填筑																													
4. 涵洞																													
5. 通道																													
6. 防护及排水																													
7. 路面基层																													
(1) 底基层																													
(2) 基层																													
8. 路面铺筑																													
9. 路面标志标线																													
10. 桥梁工程																													
(1) 基础工程																													
(2) 墩台工程																													
(3) 梁体工程																													
(4) 梁体安装																													
(5) 桥面铺装及人行道																													
11. 隧道																													
12. 其他																													

2. 分项工程进度率计划（斜率图）

年度													年____													年____									
季度	一			二			三			四				一			二			三			四													
月份	1	2	3	4	5	6	7	8	9	10	11	12		1	2	3	4	5	6	7	8	9	10												
图例：100(%)																																			
施工准备　90																																			
路基填筑　80																																			
路面基层　70																																			
路面面层　60																																			
防护及排水　50																																			
涵洞及通道　40																																			
桥梁下部工程　30																																			
桥梁上部工程　20																																			
隧道　10																																			

注：（1）应按各标段实际工程内容填写；（2）各个项目的进程可用线条的长短来表示。

3. 工程管理曲线

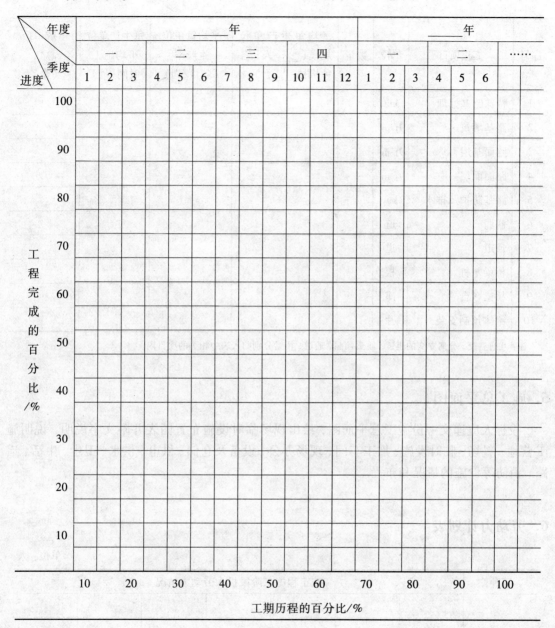

4. 分项工程生产率和施工周期表

序号	工程项目	单位	数量	平均每生产单位规模（____人，各种机械____台）	平均每单位生产率（数量/周）	每生产单位平均施工时间（周）	生产单位总数（个）
1	特殊路基处理	km					
2	路基填筑	万 m³					
3	路面基层	万 m²					
4	路面面层	万 m²					
5	路基防护及排水	km					
6	涵洞	道					
7	通道	道					
8	桥梁基桩	根					
9	桥梁墩台	座					
10	梁体预制安装	片					

注：互通立交、分离立交的匝道、匝道涵洞、通道、桥梁分别归入表中相关的项目内。

5. 施工总平面图

投标人应递交一份施工总平面图，绘出现场临时设施布置图表并附文字说明，说明施工营地、料场、临时设施、加工车间、现场办公、设备及仓储、供电、供水、卫生、生活、道路、消防等设施的情况和布置。

6. 劳动力计划表

单位：人

工种	按工程施工阶段投入劳动力情况					

7. 临时占地计划表

用　　　途	面　积(m²)					需用时间 ___年___月至 ___年___月	用地位置		
	菜地	水田	旱地	果园	荒地		桩号	左侧 (m)	右侧 (m)
一、临时工程									
1. 便道									
2. 便桥									
3. ……									
……									
二、生产及生活临时设施									
1. 临时住房									
2. 办公等公用房屋									
3. 料库									
4. 预制场									
……									
租用面积合计									

8. 外供电力需求计划表

用电位置		计划用电 数量 (kW·h)	用　途	需用时间 _____年___月至_____年___月	备　注
桩号	左或右 (m)				

9. 合同用款估算表

从开工月算起的时间（月）	投标人的估算			
	分　　期		累　　计	
	金额(元)	（%）	金额(元)	（%）
第一次开工预付款				
1～3				
4～6				
7～9				
10～12				
13～15				
……				
……				
缺陷责任期				
小　　计		100.00		

投标价：

说明

参考文献

［1］中华人民共和国交通运输部. 公路工程标准施工招标资格预审文件(2009 年版)［M］. 北京：人民交通出版社, 2009

［2］中华人民共和国交通运输部. 公路工程标准施工招标文件(2009 年版)［M］. 北京：人民交通出版社, 2009

［3］国家九部委. 中华人民共和国标准施工招标资格预审文件(2007 年版)［M］. 北京：中国计划出版社, 2007

［4］国家九部委. 中华人民共和国标准施工招标文件(2007 年版)［M］. 北京：中国计划出版社, 2007

［5］李明顺, 刘艺等. FIDIC 条件与合同管理［M］. 北京：冶金工业出版社, 2011

［6］FIDIC. Conditions of Contract for Works of Civil Engineering Construction［M］. 北京：航空工业出版社, 2001

［7］交通专业人员资格评价中心, 交通公路工程定额站. 公路工程施工招投标与计量［M］. 北京：人民交通出版社, 2010

［8］崔新媛, 周直. 工程项目招标与投标［M］. 北京：人民交通出版社, 2004

［9］陈赟. 工程风险管理［M］. 北京：人民交通出版社, 2007

［10］乌云娜等. 项目采购与合同管理［M］. 北京：电子工业出版社, 2007

［11］田威. FIDIC 合同条件实用技巧［M］. 北京：中国建筑工业出版社, 2002

［12］田威. FIDIC 合同条件应用实务［M］. 北京：中国建筑工业出版社, 2009

［13］白思俊. 项目管理案例教程［M］. 北京：机械工业出版社, 2008

［14］全国建筑施工企业项目经理培训教材编写委员会. 工程招投标与合同管理［M］. 北京：中国建筑工业出版社, 2000

［15］邬晓光. 工程进度监理［M］. 北京：人民交通出版社, 2003

［16］李宇峙, 秦仁杰. 工程质量监理［M］. 北京：人民交通出版社, 2007

［17］邱闯. 国际工程合同原理与实务［M］. 北京：中国建筑工业出版社, 2002

［18］周直. 工程项目管理［M］. 北京：人民交通出版社, 2003

［19］袁剑波. 工程费用监理［M］. 北京：人民交通出版社, 2007

［20］雒应. 合同管理［M］. 北京：人民交通出版社, 2007

［21］刘钦. 工程招投标与合同管理［M］. 北京：高等教育出版社, 2004

［22］中国建设监理协会. 建设工程合同管理［M］. 北京：知识产权出版社, 2005

［23］李永军. 合同法［M］. 北京：法律出版社, 2004

［24］苏号朋. 合同的订立与效力［M］. 北京：中国法制出版社, 1999

［25］解洪, 曾玉成. 菲迪克(FIDIC)条款在中国的应用［M］. 成都：四川人民出版社, 2004

［26］张水波, 何伯森. FIDIC 新版合同条件导读与解析［M］. 北京：中国建筑工业出版社, 2003

［27］方自虎. 建设工程合同管理实务［M］. 北京：中国水利水电出版社, 2005

［28］梁鑑, 潘文, 丁本信. 建设工程合同管理与案例分析［M］. 北京：中国建筑工业出版社, 2004

图书在版编目（C I P）数据

工程招投标与合同管理／李明顺主编 . --长沙：中南大学出版社，2013.9

ISBN 978－7－5487－0952－7

Ⅰ.工… Ⅱ.李… Ⅲ.①建筑工程－招标－教材②建筑工程－投标－教材③建筑工程－经济合同－管理－教材

Ⅳ.TU723

中国版本图书馆 CIP 数据核字(2013)第 199504 号

工程招投标与合同管理

李明顺 主编

□责任编辑	刘 灿
□责任印制	易红卫
□出版发行	中南大学出版社
	社址：长沙市麓山南路　　　　邮编：410083
	发行科电话：0731－88876770　传真：0731－88710482
□印　　装	长沙市宏发印刷有限公司

□开　　本	787×1092　1/16　□印张 18.75　□字数 476 千字
□版　　次	2013 年 9 月第 1 版　　□2017 年 7 月第 3 次印刷
□书　　号	ISBN 978－7－5487－0952－7
□定　　价	39.80 元